■ 朱欢 闫黎 陈巧霞 李江新 编著

Jewel CAD
珠宝设计教程

Jewelry Design Tutorials For Jewel CAD

·北京·

Jewel CAD 是珠宝首饰领域中应用最广的软件，同时也是实践性很强的软件，需要在使用过程中不断实践和积累知识。本书详细介绍了 Jewel CAD 软件的功能和使用方法，同时结合各类珠宝首饰的设计过程，配合大量实例介绍软件的设计方法和设计技巧。

本书适宜从事首饰设计专业的技术人员以及相关专业的学生参考。

图书在版编目（CIP）数据

Jewel CAD 珠宝设计教程 / 朱欢等编著．—北京：化学工业出版社，2013.5（2023.11 重印）

ISBN 978-7-122-16741-5

Ⅰ．①J… Ⅱ．①朱… Ⅲ．①宝石－计算机辅助设计－应用软件－教材 Ⅳ．①TS934.3-39

中国版本图书馆 CIP 数据核字（2013）第 052866 号

责任编辑：邢　涛　　　　文字编辑：林　丹

责任校对：蒋　宇　　　　装帧设计：韩　飞

出版发行：化学工业出版社（北京市东城区青年湖南街 13 号　邮政编码 100011）

印　　装：中煤（北京）印务有限公司

787mm×1092mm　1/16　印张 15　字数 368 千字　2023 年 11 月北京第 1 版第 11 次印刷

购书咨询：010-64518888　　　　售后服务：010-64518899

网　　址：http://www.cip.com.cn

凡购买本书，如有缺损质量问题，本社销售中心负责调换。

定　　价：58.00 元

前 言

FOREWORD

Jewel CAD 是在首饰设计领域中普及最广的三维软件，同时也是一个实践性和操作性很强的软件，用户在学习此软件时必须在练中学、学中练，将理论付诸实践才能够掌握具体的软件操作知识与技能。

由于该软件是一个与艺术联系较为紧密的软件，因此要想掌握此软件并最终进入珠宝首饰设计相关领域，还需要提高自身的审美能力和艺术修养。同时，该软件兼备生产制作首饰模型的功能，这就要求用户必须加强对首饰制作工艺的了解。

本书在编写过程中，力求做到信息量大、紧密结合教学实践，注重理论与实践的结合，由浅入深地详细介绍 Jewel CAD 的功能，能满足高等职业技术类首饰设计专业、高等教育艺术设计专业、首饰设计专业培训等教学需求，并可作为首饰设计人员的参考用书。本书的主要特点如下。

① 根据初学者学习的特点，讲解实例循序渐进，知识点逐步展开，相对基础较薄弱的读者也可以轻松入门。在内容的编排上，充分考虑了 Jewel CAD 软件在使用时的操作性问题。

② 突出实践性，侧重以实例讲解功能和知识要点，配有大量的案例并列出详细的制图步骤，并根据课程需要增加相关的课堂练习题，利于知识的巩固和提高。

③ 根据珠宝首饰的类型，例如吊坠、耳环等，进行分类实例讲解，满足多元化的需求。增加相关的首饰制作工艺和首饰设计内容的介绍，以拓宽学习者的知识面。

本书共分为四个部分，12 章。其中第一部分介绍了 Jewel CAD 基础知识，包括工作界面的认识与操作基础；第二部分为初级实例教程，在功能学习的基础上，制作较为简单的首饰图形；第三部分为中级实例教程，使学习者在具备基础的情况下，制作较为复杂组合的首饰图形；第四部分则为与该软件相关的参考资料，涵盖了首饰制作工艺方面的内容，并通过实例介绍 Jewel CAD 软件进行首饰设计的技巧。

本书由广州番禺职业技术学院珠宝学院首饰设计教研室的教师共同执笔完成，其中朱欢执笔第1~4章，7、10、11章，附表1、2；闫黎执笔第8章和第9章；陈巧霞执笔第5、6章和附表3；李江新执笔Jewel CAD中级实例教程中7.5、7.6、7.7、8.3、9.3共5个例题以及附表4；初稿完成后由朱欢进行统稿。

在本书即将付诸出版之际，我们要由衷地感谢广州番禺职业技术学院珠宝学院王昶教授和袁军平教授的大力支持和帮助，还要衷心地感谢广州番禺职业技术学院珠宝学院老师们的支持。正是由于他们的关心和帮助，本书才能得以及时出版。

由于作者水平有限，书中不足之处还望各位专家、同行批评指正。

朱欢、闫黎、陈巧霞、李江新

2013年1月

广州番禺职业技术学院

CONTENTS

目　录

第一部分 Jewel CAD 基础知识

第 1 章 Jewel CAD 软件的相关知识

第 2 章 Jewel CAD 系统简介

第二部分
Jewel CAD 初级实例教程

第 3 章 零部件的制作

第4章 戒指的制作

第5章 吊坠的制作

第6章 耳饰的制作

第三部分

Jewel CAD 中级实例教程

第 7 章 戒指的制作

第 8 章 项饰的制作

第 9 章 耳饰的制作

第四部分
Jewel CAD 相关参考资料

第10章 Jewel CAD 基本的操作技巧和实例

第11章 珠宝首饰加工方法简介

附录

第一部分

Jewel CAD 基础知识

传统的首饰设计通过纸笔作为媒介传达设计者的思想，并且经由起版师傅之手制成实物首版。在科技迅猛发展的今天，首饰三维设计软件以其快速精准的绘图能力，良好的渲染效果，以及快速成型的优势而得到广泛应用。三维设计软件的使用促使一部分设计师，从手绘转变到电绘起版。其中 Jewel CAD 是一种专门的首饰设计模型建构软件，界面简单，易学易操作，在首饰行业中使用率较高。

第 1 章 Jewel CAD 软件的相关知识

1.1 Jewel CAD 软件简介

Jewel CAD 是香港电脑珠宝科技有限公司于 1990 年开发的专门针对珠宝首饰设计及制作的专业化制图软件，能够与 CAD/CAM 系统相结合，实现首饰制作加工的自动化与快捷化。常规的手绘制图到起版成型需要耗费较多的人工和时间，若与起版师傅沟通不畅，制作出来的作品很可能和设计者的意图有偏差，影响设计美感，并造成工期的延滞。先进的计算机快速成型技术能够较好地解决这个难题，当 Jewel CAD 绘图完成后输出标准的无缝合线的 STL 和 SLC 数据，在成型过程中计算机能够有效地控制喷嘴，快速制成精美的树脂首饰样板或蜡首饰样板。

Jewel CAD 软件经过二十余年的发展与完善，功能日趋强大，操作更具人性化，今日已发展成为高性能、专业化和高效率的珠宝首饰设计 / 制造的专业软件。虽然在渲染效果方面仍有待提高，但是它对计算机配置要求低、简单易学、操作容易、针对性强、渲染速度快、工作效率高，并能够连接快速成型机直接参与建模。Jewel CAD 在当今珠宝首饰设计制作产业中仍占有重要地位，对当今首饰设计制作行业产生了深远的影响，推进了珠宝首饰工业的科技化和现代化发展。

1.2 Jewel CAD 的特点

Jewel CAD 作为专业的首饰设计软件，具有手绘制图和其它三维软件所不具备的优势和特点，主要优点如下。

① 界面简单，方便理解，容易操作。

② 资料库中包含了大量的首饰零部件、宝石琢型及镶嵌方式，易于修改，方便建模。同时，用户可将自己设计的首饰文件存储于资料库中，减少了重复性的工作，节约时间，提高工作效率。

③ 绘图工具灵活，创建修改曲线和曲面便捷，能够灵活地创建和修改复杂的设计。

④ 对制图的数据要求精准，材料信息体现明确，有效地组织设计师进行制图，并全方位地表现首饰细节。

⑤ 能够高效地制作单元重复性的实体，如项链和手链。特别在套件首饰的设计中，能够有效地对相同或相似元素进行修改，极大地提高了工作效率。

⑥ 具有简单高效的布尔运算功能，适用于自由状态曲面的设计制作。

⑦ 能根据所设定的贵金属成分精准地进行金重计算，估算出首饰的成本。

⑧ 渲染速度较快，图像效果具有真实感，减少由于绘图质量差所导致的误差与错误。可创建新的材质进行渲染，输出高品质的彩色图像，用于广告展示和宣传图册等方面。

⑨ 输出标准的 STL 和 SLC 数据，能快速地制作成树脂模型或蜡模，用于生产加工，减少了手工起版等繁杂的工作。

⑩ 对电脑配置要求较低，运行和制图反应速度较快。

1.3 Jewel CAD 的安装

Jewel CAD 软件安装对电脑系统需求如下。

① 操作系统　推荐使用较为稳定的 Microsoft Windows NT/2000/XP/WIN7。

② CPU　Pentium 或 AMD 系列产品，166MHz 以上。

③ 内存　最低要求为 32MB，推荐更高的内存。

④ 显卡　最低支持 256 色显卡，800×600 像素的分辨率。推荐使用显示模式为 1024×768×32BIT 的 AGP 或 PCI 类型的显卡，颜色质量为 32 位。

⑤ 硬盘　至少 1GB 以上的空间。

⑥ CD-ROM　用于安装软件。

第 2 章 Jewel CAD 系统简介

本章主要介绍 Jewel CAD 软件的界面及基本工具的操作原理和技巧。这是对 Jewel CAD 软件功能的基本介绍，为后面章节的学习奠定理论基础。

2.1 Jewel CAD 界面介绍

软件安装完毕后，首次打开 Jewel CAD 软件，呈现为系统默认的英文软件界面。为了方便理解和操作，可以通过以下方法使其切换成中文界面。

通过单击选择左上角的【File】“文件”，找到【Language】“语言”（图 2-1），单击后选择打开对话框里的“Simplified Chinese 简体中文”，再单击“OK”完成设置（图 2-2），便会切换成中文界面。

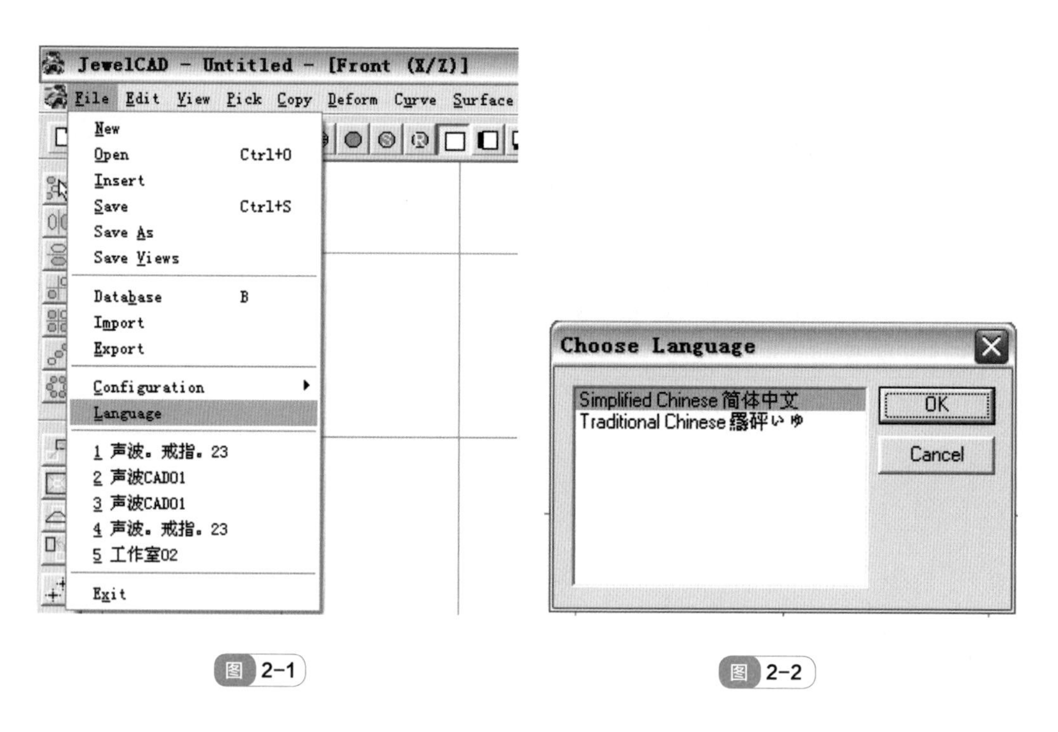

图 2-1

图 2-2

接下来对 Jewel CAD 软件的工作界面进行一个全面的认识——该软件界面的设计与大多数软件一样，基本分为文件名及视图信息、菜单栏（命令控制栏）、工具栏（快捷图标）、状态栏（信息提示区）和绘图区五个部分（图 2-3）。

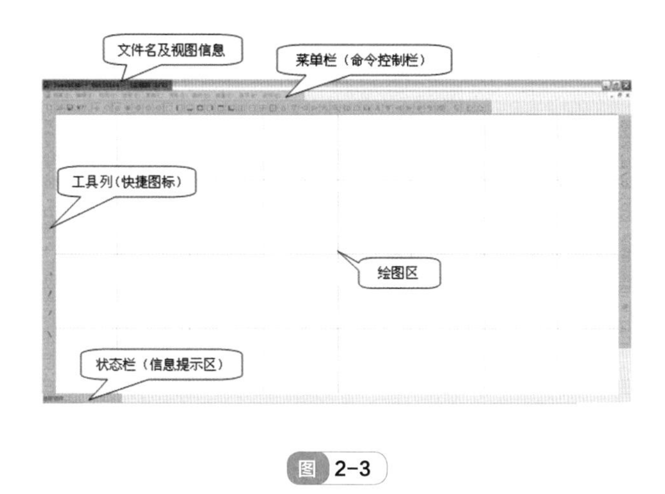

图 2-3

（1）文件名及视图信息

图 2-3 中的红色部分，显示了软件的名称——“Jewel CAD”。破折号后面显示的是当前操作文件的名称，因图中尚为空白，所以为“Untitled”（未命名）。最后一项显示为视图的信息，该图为“正视图”，绘图区纵横交错的坐标轴线分别为 X 方向和 Z 方向。

（2）菜单栏（命令控制栏）

图 2-3 中的蓝色部分，菜单栏中有【档案】、【编辑】、【检视】、【选取】、【复制】、【变形】、【曲线】、【曲面】、【杂项】和【说明】十个部分。里面包含了 Jewel CAD 软件的全部功能，可以通过单击相应的菜单选项选择其中的命令。如果命令旁边有个黑色的小三角形，则表示该命令下方有子菜单。当菜单中的命令呈现灰色时，则表示该命令当前不可用，需要进行相关的设置和操作后才可以使用。另外，命令旁边的英文字母表示该命令的快捷操作键，熟记后可便捷地进行菜单操作。

（3）工具列（快捷图标）

工具列为图 2-3 中的绿色部分，里面包含了常用的操作命令，增强了操作的快捷性。将鼠标移动到快捷图标的上方停留几秒，可显示该快捷图标的名称。工具列是浮动面板，可通过如下方法改变工具列的位置——对准快捷图标上方的灰色区域并单击鼠标左键拖拽，到达既定位置时松开鼠标便可切换摆放位置，满足用户的个性需求。当工具列拖拽出来的时候，工具列上方会显示该工具列的名称，如图 2-4 所示。

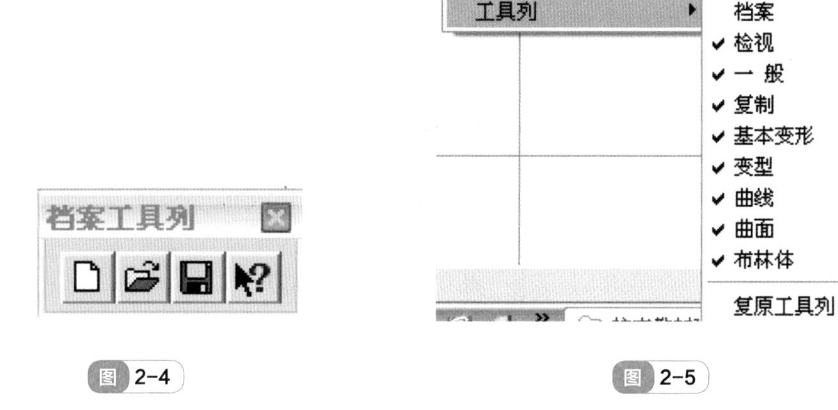

图 2-4　　图 2-5

点击右上角的☒按钮即可关掉当前工具列，若要重新打开，可以从菜单栏中找到【检视】命令，选择下拉菜单中的最后一项【工具列】，在右边的子菜单中找到前面没有带“√”符号的子菜单，如图 2-5 所示，显示刚才关闭的是【档案】工具列，单击选择【档案】，便可复原所关闭的工具列。

如果想恢复软件默认的工具列摆放位置，则可以选择【检视】中【工具列】子菜单的最后一项【复原工具列】，这时便可恢复初始的工具列摆放状态。

（4）状态栏（信息提示区）

状态栏在视窗的左下角，图 2-3 中的橙色部分。能够显示当前的选择和操作，如显示测量的距离参数、提示命令的操作顺序等，随着步骤的发展变换而提示信息。

（5）绘图区

相当于手绘的画纸，是 Jewel CAD 软件进行绘图和图形编辑的区域，见图 2-3 中占主体面积的白色区域。系统默认的绘图区域是灰色的，用户可根据个人喜好调节颜色，在后面的章节将具体介绍。绘图区是有网格的，有利于数据的精准性。当滑动鼠标的滚轮时，网格会放大或缩小，这只是视觉上的缩放，并没有发生实际的尺寸变化。

2.2 菜单栏的介绍

菜单栏是 Jewel CAD 软件的核心区域，里面包含了 Jewel CAD 的所有命令选项。熟悉菜单栏下对应的子菜单位置，能够有效地提高工作效率。下面具体介绍子菜单的详细功能与操作。

2.2.1 【档案】菜单（图 2-6）

（1）【开新档案】

该命令用于建立新的 Jewel CAD 文件。如果当前视窗下有未保存的文件，会弹出对话框提示你进行保存（图 2-7），需要保存的话选择“是”，按提示继续完成操作。开新档案的话则选择“否”，尚未保存的物件都会彻底删除，这时就可以创建一个新的绘图界面。

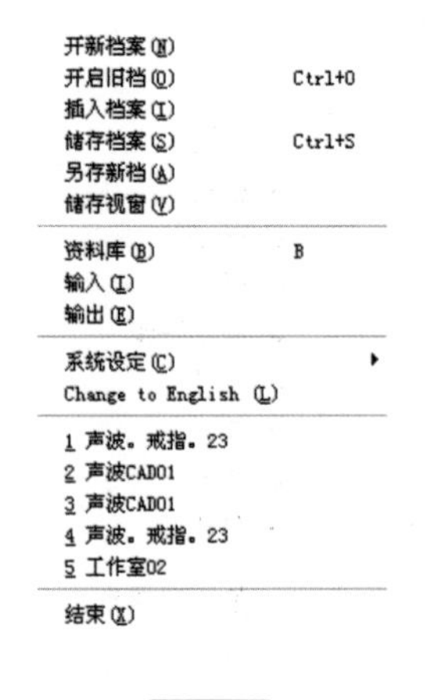

图 2-6

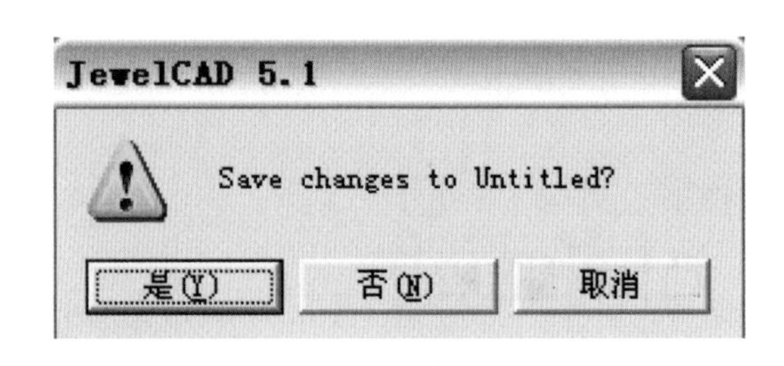

图 2-7

(2)【开启旧档】

点击该指令，弹出“Open”对话框（图 2-8），可选择电脑里面已有的格式为 jcd 的文档，选择“打开”。打开的文件中如果有隐藏的物件，它也将载入，但不会在绘图区显示出来，只有通过“不隐藏”命令才能将其显示出来。

图 2-8

(3)【插入档案】

该命令可以使绘图区在现有物件的基础上，插入其它 jcd 格式的物件，包括其隐藏的物体，使两者或更多的物件可以同时出现在一个画面中。不会像【开启旧档】命令在导入其它图形的同时，把现有的物件取缔掉。多用于重复性工作的快速建模，减少制作的时间。

(4)【储存档案】

该指令与 Word 软件中的【保存】命令相似，如果是新建的文件，当点击该指令时，会弹出“Save As”的对话框，文件名默认为“Untitled”，可修改存储的路径和文件名称。文件保存的格式为“.jcd”，存储的是建模信息，可以方便以后调文件进行修改。如果当前的文件曾经命名和确定存储的路径，那么选择该命令时，系统将默认以原文件名及原路径进行储存，将不再弹出“Save As”的对话框。

(5)【另存新档】

该指令与 Word 软件中的【另存为】命令相似，当对物件进行修改之后，打算保存新的文档，使原有文档不被覆盖则选择此命令。储存时需注意重新对文件命名，以免覆盖原有文件。

(6)【储存视窗】

这是保存平面图形的一种命令，能保持当前视窗下绘图区中所呈现的角度与图形效果。如图 2-9 所示，在“保存类型”选项中，可单击右侧的三角形选择存储的格式，有“.bmp”和“.jpg”两种，这是可以在 Windows 中可通过图形图像软件直接预览的两种格式。“.bmp”格式的文件所占的空间略大于“.jpg”格式文件，建议选择“JPEG Files”。需要注意的是，通过【储存视窗】存储的文件由于格式不兼容，不能导入 Jewel CAD 软件中打开，所以也不能对原有的首饰建模进行修改。如果想要日后调出首饰模型进行修改，只能是通过【储存档案】或【另存新档】的方法存储“.jcd”文档。

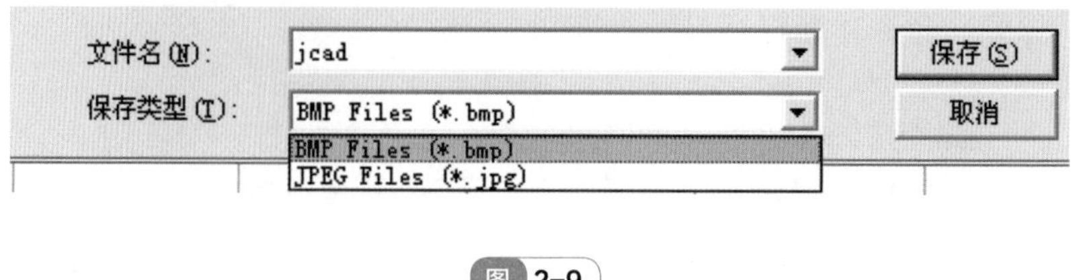

图 2-9

（7）【资料库】

资料库的存在大大缩短了用户的制图时间，可以直接从资料库里面调出相关的图形进行设计的再创造，一定程度上可以激发设计者的创意灵感。

软件中自带的资料库包含有“Designs”（设计）、“Parts”（零部件）、“Rings”（戒指）和“Setting”（宝石镶嵌）四个部分（图 2-10）。点击前面的“⊞”号，可展开下面的子菜单。单击相应的图形，该图形便会出现在当前的绘图区中。

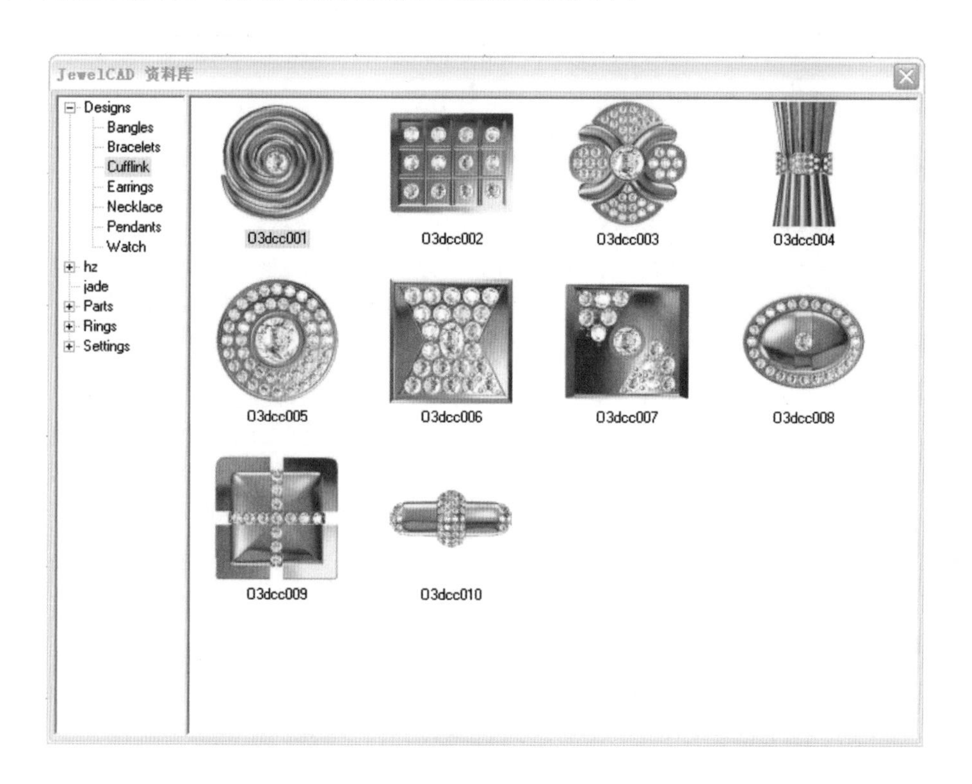

图 2-10

其中,“Designs”（设计）包含了“Bangles”(手镯)、“Bracelets”(手链)、“Cufflink”(袖扣)、“Earrings”(耳饰)、“Necklace”(项链)、“Pendants”(吊坠）和“Watch”(手表)。

“Parts”（零部件）内包含“Bails”（瓜子扣）、“Parts”（零部件），内有曲面图形、链条、项链搭扣等零部件、“Pin”（耳钉）和“Plate”（金属板）。

“Rings”(戒指)下面的子菜单中包含了素圈和镶嵌宝石的各式戒指,戒圈款式比较丰富。

“Settings”(宝石镶嵌)内包含了常见宝石琢型的镶嵌图形,镶嵌方法主要为包镶和爪镶。分为“Heart”(心形)、“ Marquise”(橄榄形)、“Octagon”(八方形)、“Octalong”(八角形)、“Oval”(椭圆形)、“Pear”(梨形)、“Round”(圆形)、“Square”(正方形)和“Triangle”(三角形)。

可以在资料库里加入自己所设计的图形文件,方便日后的操作,具体的步骤详见本书第 10 章。

(8)【输入】

该指令可以将其它三维软件中建模的图形载入到 Jewel CAD 软件中,支持的文件格式为 DXF、IGS 和 STL 三种。

DXF:这是 Auto CAD 软件的一种图形交换格式标准,是包含有图形信息的文本文件,其它的 CAD 系统可以读取此种文件中的数据信息。

IGS:这是 CAD 文件的一种通用格式,主要用于不同三维软件系统的文件转换。可以使用 3D MAX、Rhino 软件打开。

STL:这种格式是大多数快速成型系统所应用的标准文件类型,STL 用三角网格来表现 3D CAD 模型。比如通过快速成型机喷制树脂模版,则需要此种格式的文件。

(9)【输出】

该指令可以保存格式为 DXF、IGS、STL 和 JCV 类型的文件(图 2-11),该指令支持的输出格式和它所支持的输入文件格式相同。

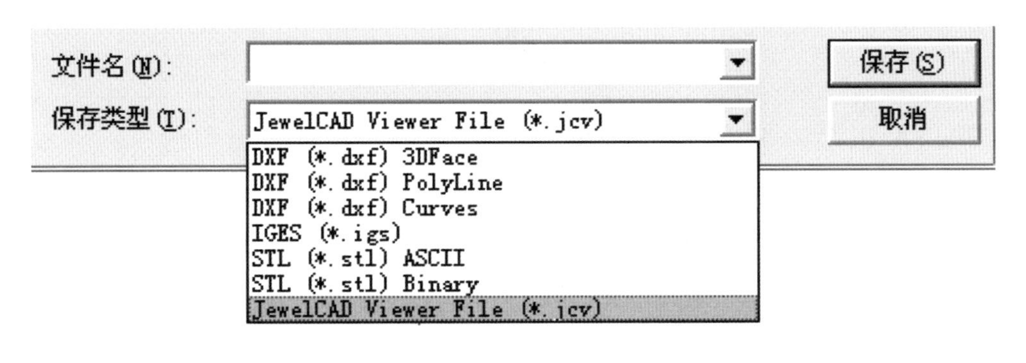

图 2-11

(10)【系统设定】

【系统设定】命令下有三个子命令,分别为【颜色】、【资料夹】和【热键】。

①【颜色】 用户可以根据个人喜好设置绘图区颜色,单击【颜色】子命令,弹出“颜色设定”对话框,如图 2-12。分别有“背景颜色”、“轴线颜色”、“网格颜色”和“选取物件颜色”四个对象。单击文字右边所对应的颜色色块,会弹出另一个颜色选择的对话框,只需选择所需的颜色按“确定”即可。当颜色全部选择完毕后,单击“确定”完成操作。如单击“重新设定”的话,四个颜色将恢复到软件默认的颜色状态。

注意:在选择的时候,尽量将“背景颜色”和“选取物件颜色”区分开来,“轴线颜色”和“网格颜色”也尽量选取对比分明的色彩。另外,由于软件默认物件未被选取时呈现紫蓝色的线条,所以“选取物件颜色”不宜设置为同样的颜色,避免视觉混淆,影响操作。

图 2-12　　图 2-13

②【资料夹】(图 2-13)　用户可以通过该指令设置资料库和材料的目录，可以单击前面的“资料库”或“材料”文字框重新设定位置。一般运用于集体在网络上工作时共享资料库和材料。

③【热键】(图 2-14)　即“快捷键”，对话框中显示了系统默认指令相对应的快捷键操作方式，可以根据个人习惯设置快捷键。

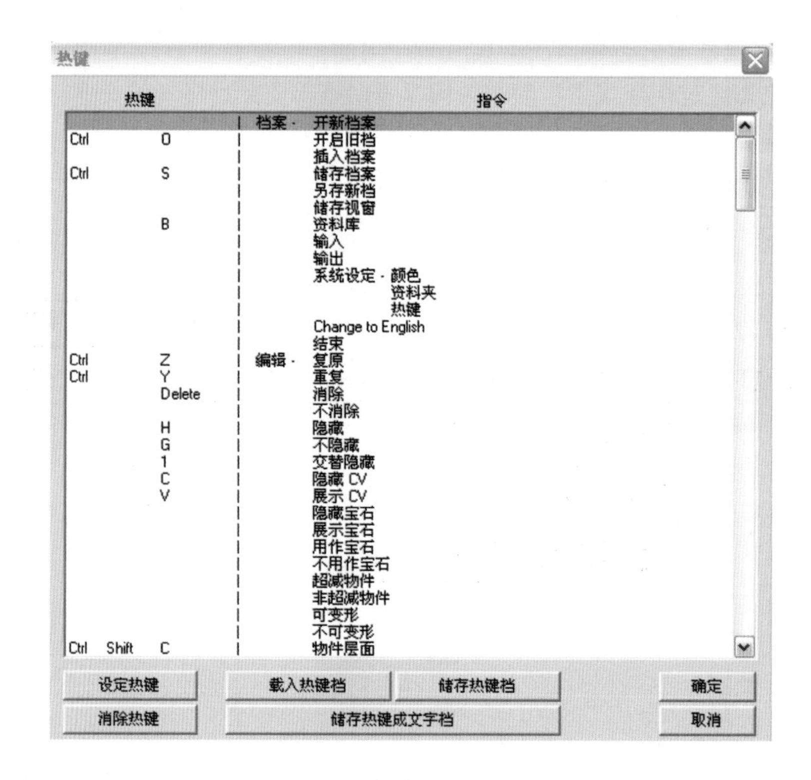

图 2-14

设定热键：可在下拉菜单中选择数字或字母与“Ctrl”或“Shift”键进行组合，点击“确定”或回车，可以重新设定热键。

消除热键：选择某一热键后，点击该按钮则删除热键。

载入热键档案：点击后打开选择文件对话框，选择 HKY 文件为热键档案。

储存热键档案：将当前热键设定保存为 HKY 文件。

储存热键成文字档案：可以将热键保存为文本文件，方便记忆。

（11）【语言】

Jewel CAD 软件默认为英语，可支持中文、日文等，方便用户的使用。

（12）【结束】

该命令可退出 Jewel CAD 软件，如有未保存的图形，将提示用户进行保存。另外，如果先前有文件操作的话，在【语言】和【结束】之间的位置会有最近打开的 jcd 文件目录，可单击打开进行文件操作。

2.2.2 【编辑】菜单

在学习【编辑】菜单之前，插入【选取】菜单中的【选取物件】命令进行介绍。

【选取物件】命令：该命令可以使物体在选中和未选中的状态间切换，从【资料库】中调出图形后，展示的图形是普通线图，一般情况下是未被选中的物件层面颜色——蓝紫色，如果选中的情况下则是右边的红色（系统默认是白色），见图 2-15（联系【档案】→【系统设定】→【颜色】→【选取物件颜色】中所设定的颜色进行理解）。只有物体在被选中的情况下，才能进行编辑，如放大、移动命令等。

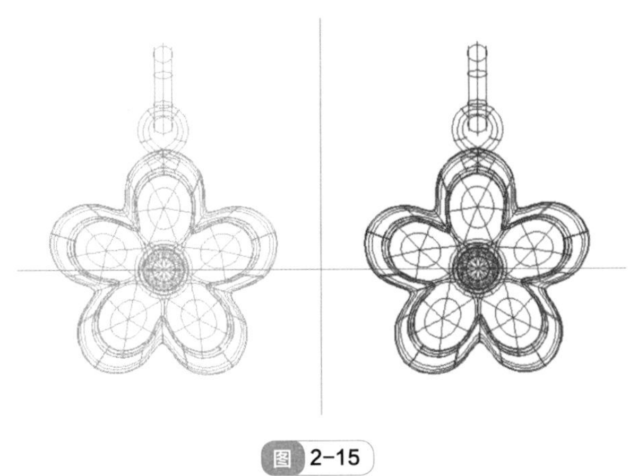

图 2-15

选取物件方式如下。

① 左键逐个单击物体可以进行选取，如果在同一地方再次单击则取消选择。

② 单击鼠标左键不放进行拖拽，拉出一个矩形选框，松开鼠标，在框内的图形将会被选中。取消选择同样可以拖拽选框。

③ 可以通过在物件以外的绘图空白区域单击鼠标右键快速地取消选择。

④ 按住 Ctrl 键，按住鼠标左键并拖动出一个任意形状，松开鼠标时，这一形状所包围和接触到的物件选取状态变成相反的状况。

【选取物件】命令是 Jewel CAD 软件中最基本的命令，提前学习该命令有助于【编辑】菜单中命令的练习与理解。【编辑】菜单包括了图 2-16 中的所有命令。

复原(U)	Ctrl+Z
重复(R)	Ctrl+Y
消除(D)	Delete
不消除(E)	
隐藏(H)	H
不隐藏(I)	G
交替隐藏(S)	1
隐藏 CV (C)	C
展示 CV (V)	V
隐藏宝石 (T)	
展示宝石 (W)	
用作宝石 (B)	
不用作宝石 (L)	
超减物件(U)	
非超减物件(P)	
可变形(F)	
不可变形(N)	
物件层面(O)	Ctrl+Shift+C
材料(M)	Shift+1
追新/修改 材料(T)	

图 2-16

（1）【复原】

用于取消上一次的操作命令，系统默认的取消连续操作步数是有限的。

（2）【重复】

该指令用于恢复上一次取消的操作命令，与【复原】命令功用相对。

（3）【消除】

该指令可将选中的物件删除，该物件将不被保存。

（4）【不消除】

该命令可以取消上一步所操作的【消除】命令，消除的物件将被恢复，多次使用此命令可以将较早消除的物件逐次恢复。

（5）【隐藏】

将物件选中后，单击【隐藏】命令，可以将物件隐身于显示屏之外，它实际是存在的文件。方便对结构复杂首饰的观察和制作。

（6）【不隐藏】

可以将所有隐藏起来的物件全部显现在绘图区中。

（7）【交替隐藏】

可以使显示在绘图区的物件与被隐藏的物件之间互相切换。重复点击时，隐藏与未被隐藏的物件将会交替出现在绘图区中，相当于软件中同时可以存在两个画面的概念，能够有效地提高工作效率。

（8）【隐藏CV】和【展示CV】

"CV"指的是曲线或者是曲面的"控制点"，一般情况下资料库中的首饰CV都是默认隐藏状态的，如图2-17所示，选中该物件后，点击【展示CV】，可以看到图2-18中出现了一些小方框，这些便是"CV"——控制点。在【选取】菜单中的【选点】命令中将具体介绍CV的具体操作。

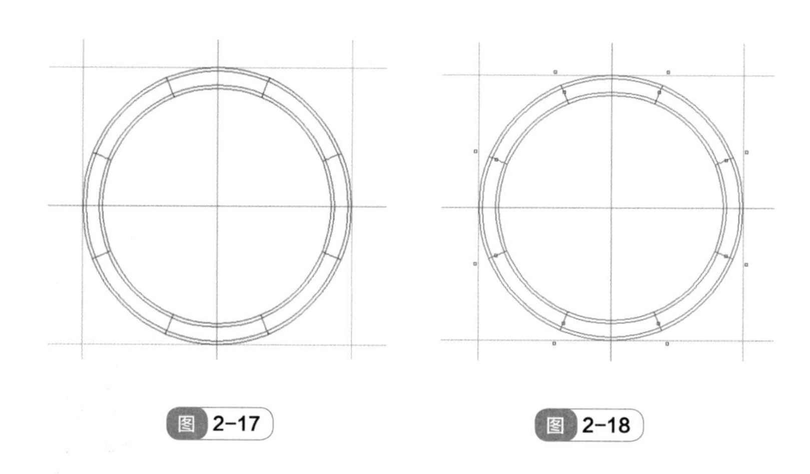

图2-17　　图2-18

（9）【隐藏宝石】

该命令可以将选中图形中的宝石隐藏起来，方便对金属部位的查看和操作。如果有布林体联集的宝石也将会被隐藏起来。

注意：要保证图形在选中的情况下。

（10）【展示宝石】

隐藏的宝石将被展示出来。

（11）【用作宝石】和【不用作宝石】

用户可以根据个人需要建模宝石琢型，当建立好的宝石琢型在被选中的情况下实施了【用作宝石】的命令，它会具有和宝石一样的属性。比如在实施【隐藏宝石】或【选取宝石】的命令时，该物体会被选中。如果想取消对该物体宝石属性的定位，则可在选中之后实施【不用作宝石】的命令。

（12）【超减物件】和【非超减物件】

【超减物件】命令可以实现掏空金属的效果，作用于实体物件，与【杂项】菜单中【布林体】命令下的“相减”作用相似。下面通过实例来介绍【超减物件】命令的功用。

从【曲面】菜单中分别调出“圆柱曲面”和“球体曲面”（图 2-19），单击选中球体曲面后，找到左边工具栏的【移动】图标，将球体曲面摆放如图 2-20 所示。使球体曲面为选中状态，单击【超减物件】命令后，将图像切换到光影图效果，单击视窗上方，将呈现图 2-21 的效果。可单击查看效果如图 2-22。在普通线图下，“超减物件”的两个物件都还存在，而且在球体曲面选中的情况下，可以再实施【移动】——命令，改变超减的位置，如图 2-23 所示。要取消其超减属性，则切换到普通线图，点击，在选中球体曲面的情况下，点击【非超减物件】，则在光影图将还原球体曲面。

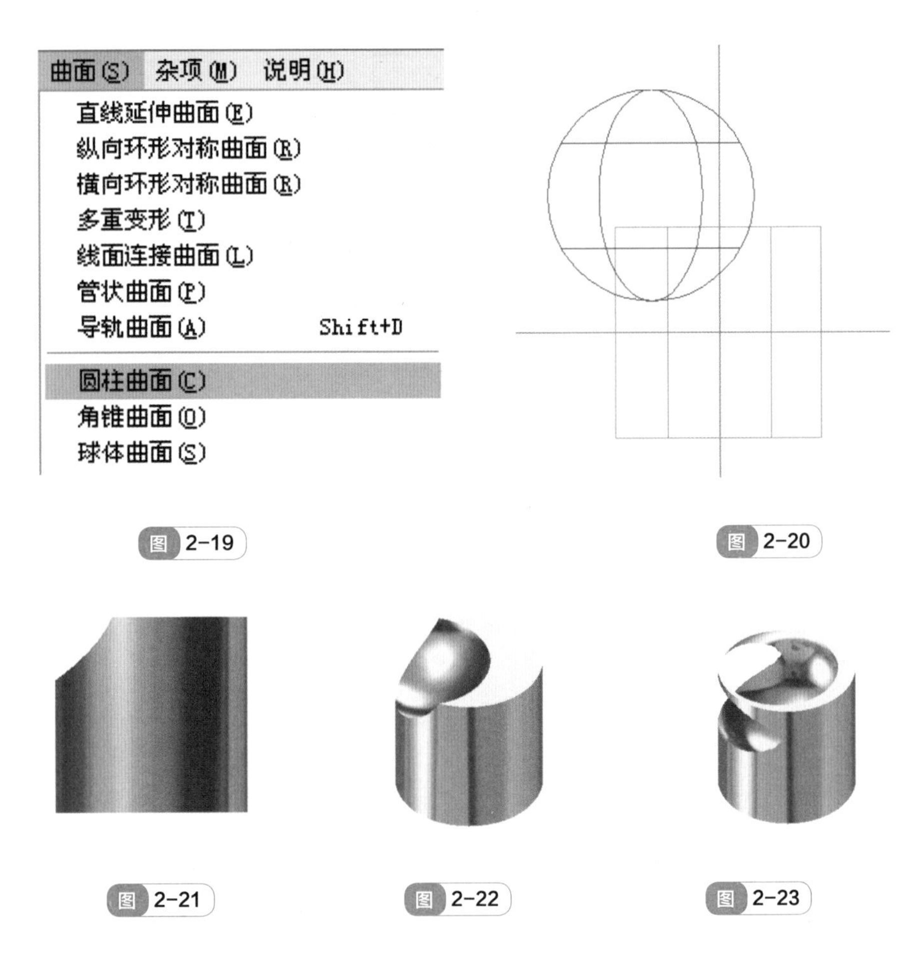

图 2-19

图 2-20

图 2-21

图 2-22

图 2-23

【超减物件】虽然在光影效果上与【相减布林体】类似，但是布林体命令中被减去的物件位置是固定的，不能再移动。这两个命令常用于戒指表面宝石镶嵌位置的掏空，戒圈的掏空等。

（13）【可变形】和【不可变形】

这也是相对的两个命令，Jewel CAD 软件中默认曲面都可以产生变形，选中图形后，在进行“弯曲”、“梯形化”、“投影”或“映射”等相关命令时，都会发生形状上的改变。

如果要使其不发生变形，则可以选中该物件，单击【不可变形】命令。

（14）【物件层面】

该命令可以改变物件层面的性质。当选择这一指令时，弹出“层面”对话框，如图 2-24 所示。

指的是“可编辑性”，如果该复选框被勾选，该层面的物件可以被选取和改变。

指的是“可视性”，如果该复选框被勾选，该层面的物体可以显示在绘图区中，否则不能显示。

颜色：不同层面的物件颜色是不一样的。点击颜色按钮，会弹出一个颜色对话框，可以设置层的颜色。默认的物件层面线条颜色为紫蓝色，可以选中物件，改变物件层面颜色。当物体由多个部件组成的时候，为了方便辨认和选择，可以将不同的部位选中后设置为不同的层面颜色。如图 2-25 所示，展示的是物体未被选取的状态，图 2-26 则为选取的状态。

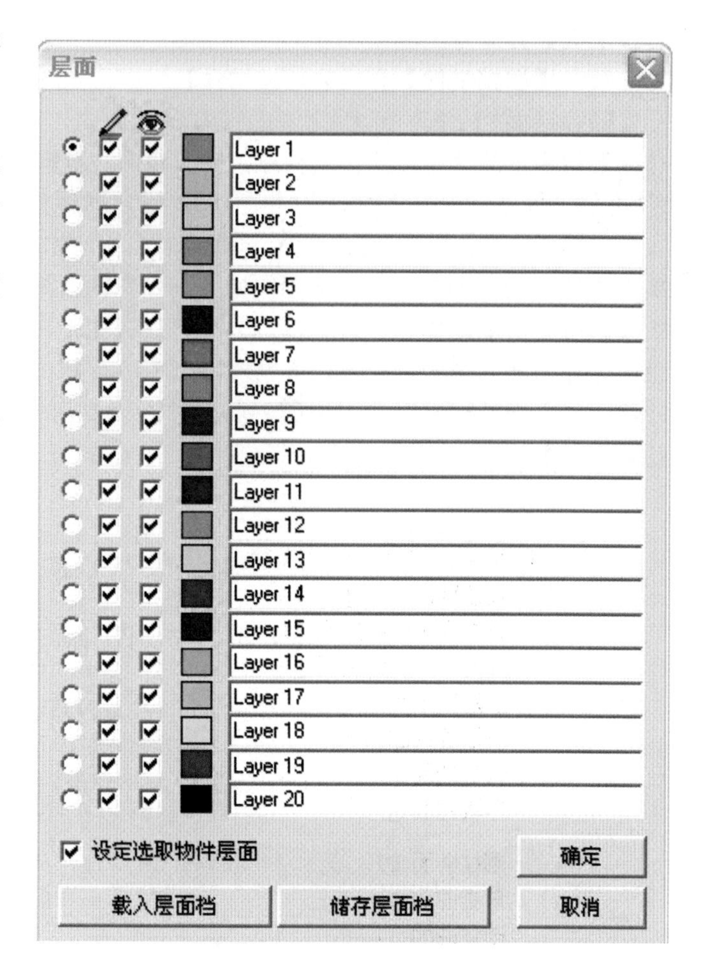

图 2-24

图 2-25　　图 2-26

层面名称：各个层面都有默认的名称，比如“Layer 1”，可以更改名称。

载入层面档：能把层面文件档载入到当前对话框中。

储存层面档：能将当前的层面文件的属性以“.lyr”的格式保存下来。

可以在圆圈中单击自由选择物件层作为当前层，新产生的物件会被分配到该层中，物件层面颜色会随之发生改变。

（15）【材料】

可以改变宝石或金属的材料，能够有效地渲染建模首饰。具体操作方法是，首先选中需要改变材质的物体，然后打开“Jewel CAD 材料”对话框（图 2-27），单击想要的材料就可以实现更改。单击 图标，通过光影图来观察效果。

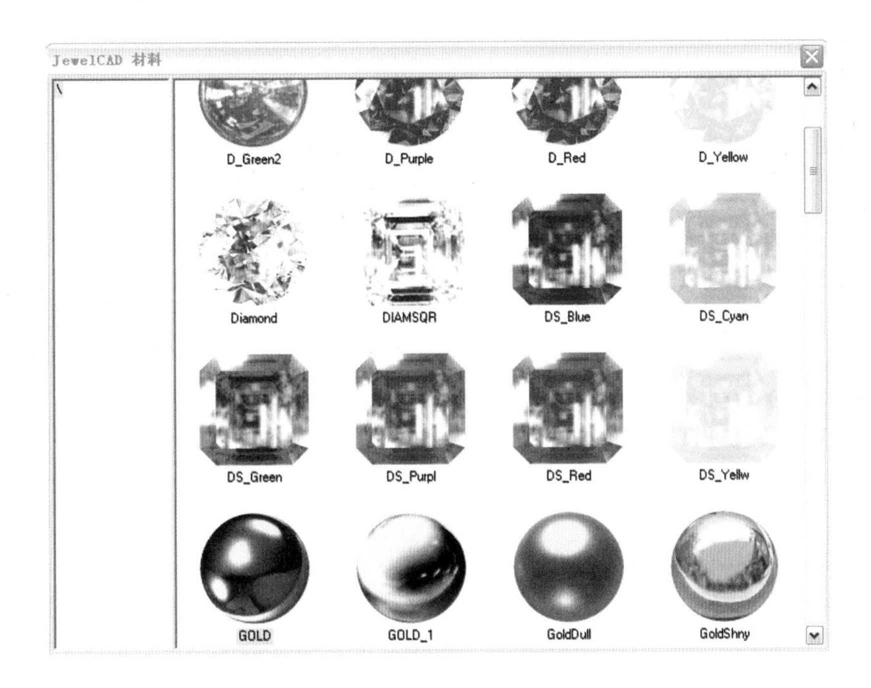

图 2-27

（16）【造新 / 修改材料】

如果材料库中的材质与肌理效果不能满足用户的需求，则可以通过此命令来创新材料，具体操作步骤详见第 10 章。

2.2.3 【检视】菜单（图 2-28）

（1）【背景】

Jewel CAD 软件默认的背景是空白的，单击该命令可以更换背景。主要用于将手绘图形扫描后导入系统中，进行电脑起版，使制作图形最大程度上接近设计原稿。

单击【背景】后，弹出“背景图像”的对话框（图 2-29）。里面默认圈选“空白背景”，更改背景的话选择第二行前方的圆圈。单击“浏览”，则可以将电脑里格式为 BMP 的文件作为背景。选择好文件之后，有以下几个选项可以对背景图像进行调节。

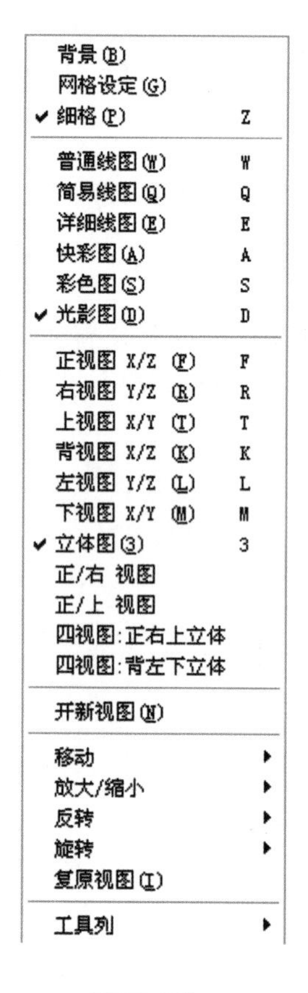

图 2-28

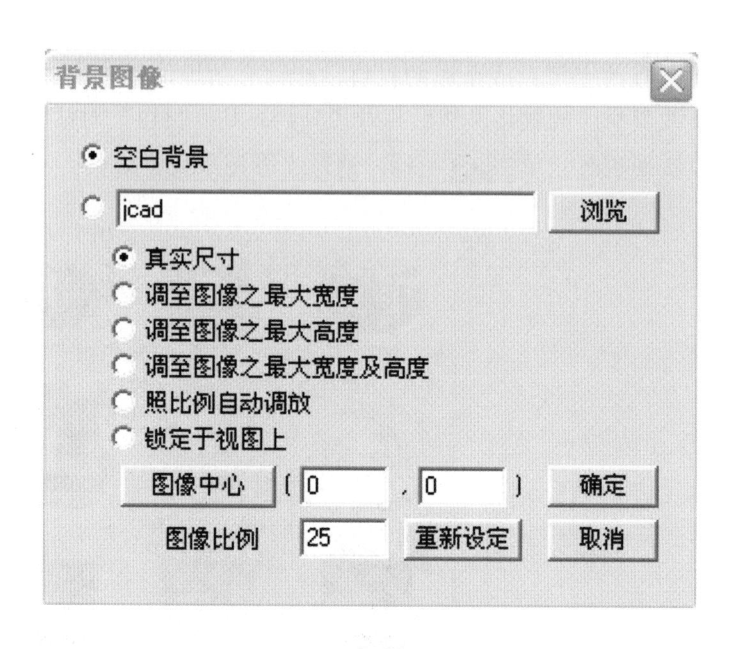

图 2-29

真实尺寸：在背景中央以 BMP 图像的实际大小摆放。

调至图像之最大宽度：按比例缩放，使图像背景的宽度与视窗的宽度适合。

调至图像之最大高度：按比例缩放，使图像背景的高度与视窗的宽度适合。

调至图像之最大宽度及高度：使图像背景的宽度和高度都与视窗相对应，图像有可能会发生变形。

照比例自动缩放：按图像原有比例调入视窗中，有可能使图像的一部分不可见。

锁定于视图上：当按以上方式放置背景图片时，会发现滚动鼠标滚轮的时候，图片大小不会与网格同时发生变化。只有选中此选项，图片才会随着背景的大小变化而发生相应的改变。

图像中心：默认为原点，可以自行设置纵横坐标轴确定图片的中心位置。

图像比例：系统默认为 25 倍，可以输入 1 ～ 10000 的数值设置图像缩放的倍数。

如想恢复原有数据，单击“重新设定”即可恢复默认值。所有数值选好之后，单击“确定”。

（2）【网格设定】

网格是绘图区的重要组成部分，对首饰的尺寸设计有着重大的参考作用。Jewel CAD 软件默认的网格距离为 10mm，见图 2-30。可以

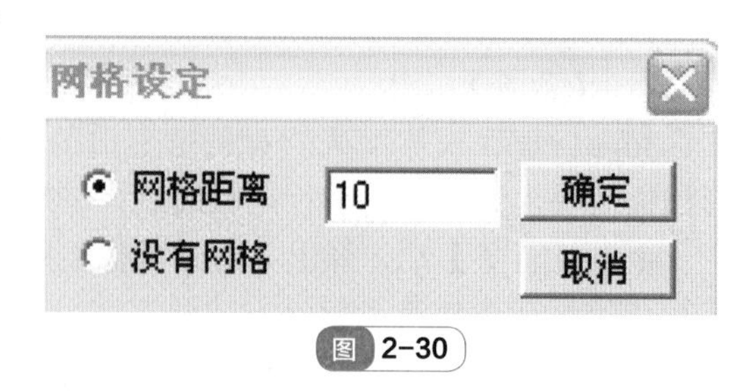

图 2-30

更改里面的数字重新设定网格的边长。当选中“没有网格”时，绘图区中只会显示水平轴线和垂直轴线。

（3）【细格】

该命令起捕捉网格的辅助作用。系统默认为【细格】的选中状态，在这种情况下，对各项功能使用时的精准度达到 0.05。如果不选择该项，各项功能的精确度为 0.5。

（4）【普通线图】

【普通线图】是系统默认的图形，如图 2-31。在制作阶段一般采用此种视图，方便观察，命令操作反应较快。热键为“W”。

（5）【简易线图】

【简易线图】命令操作反应快于【普通线图】，但是线条过于简单，不便观察图形，如图 2-32。热键为“Q”。

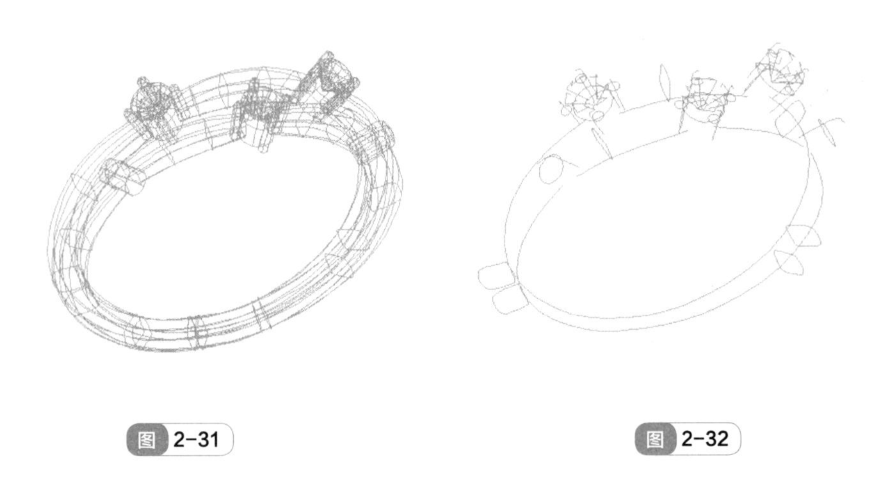

图 2-31　　图 2-32

（6）【详细线图】

【详细线图】的轮廓显示比【普通线图】更为具体，仍是未经渲染的线图模式，如图 2-33 所示。热键为“E”。

（7）【快彩图】

【快彩图】对物体进行了最粗略的渲染，快捷键为“A”键。效果如图 2-34 所示。

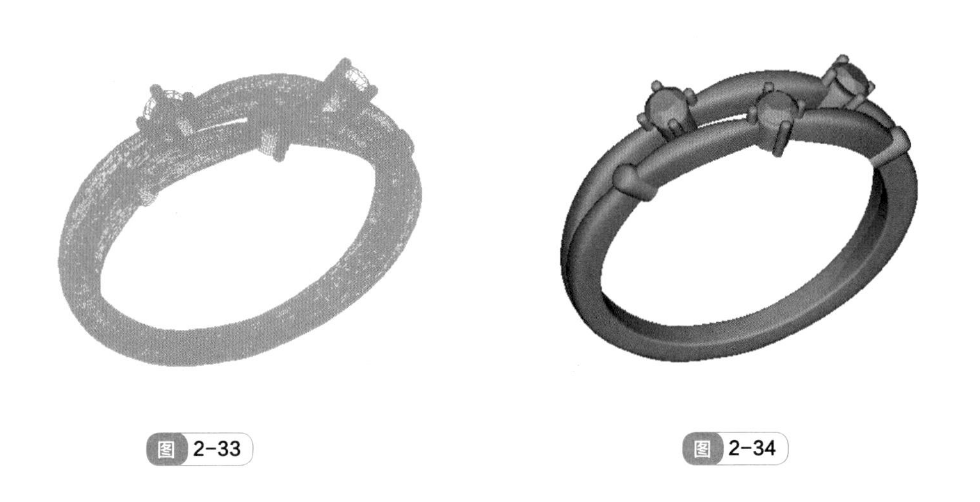

图 2-33　　图 2-34

（8）【彩色图】

【彩色图】的效果略比【快彩图】真实，渲染速度介于【快彩图】和【光影图】直接，如图 2-35 所示。热键为“S”。

（9）【光影图】

【光影图】是渲染效果最佳的视图方式，能够最大程度上还原首饰的真实材质效果，如图 2-36 所示。但是，当遇到较为复杂的群镶宝石款式时，其渲染速度会减慢。热键为“D”。

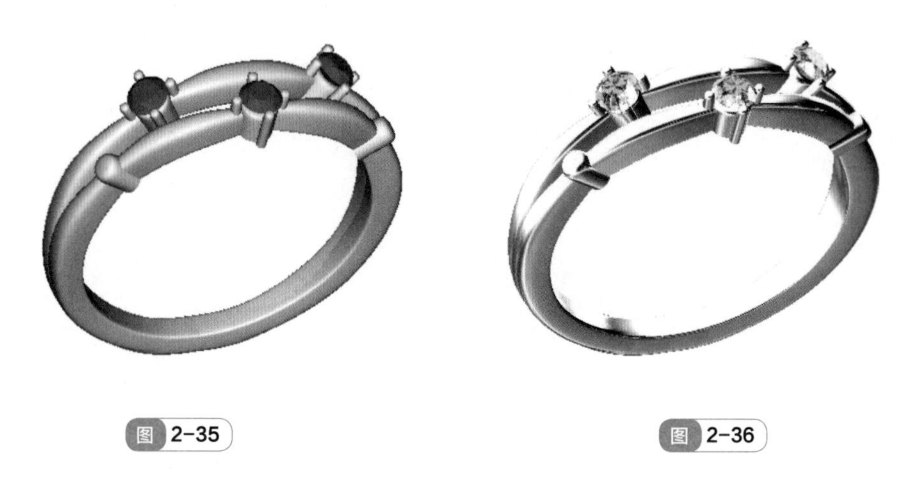

图 2-35　　图 2-36

（10）视图操作

Jewel CAD 里的视图主要有【正视图】、【右视图】、【上视图】、【背视图】、【左视图】、【下视图】和【立体图】，如图 2-37 所示。打开软件时，系统默认是以【正视图】显示。另外，为了方便同时多角度观察三维物体，还有【正 / 右视图】、【正 / 上视图】、【四视图 : 正右上立体】和【四视图 : 背左下立体】可以选择。

注意：【正视图】快捷键为“F”;【右视图】快捷键为“R”;【上视图】快捷键为“T”;【背视图】快捷键为“K”;【左视图】快捷键为“L”;【下视图】快捷键为“M”。

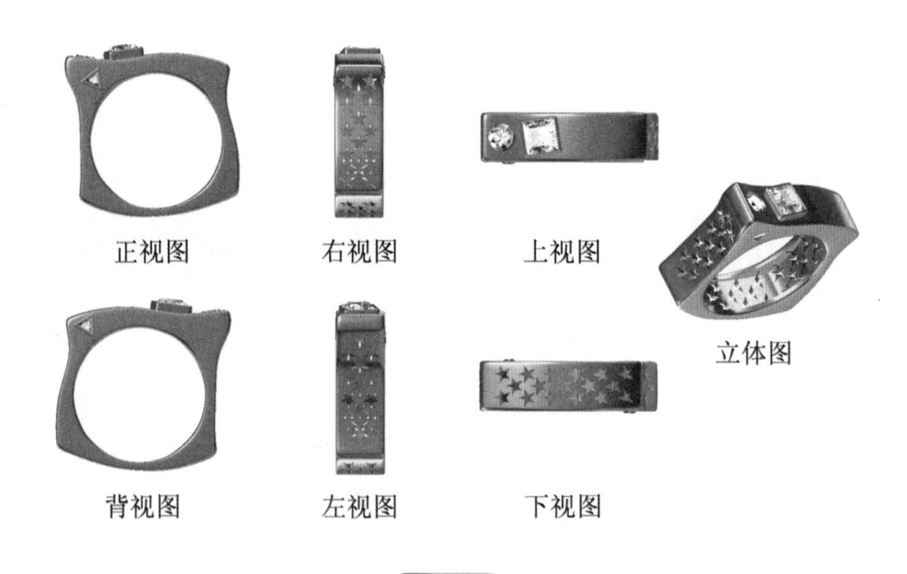

图 2-37

（11）【开新视图】

该命令时根据所选中的当前视窗新增的一个副本。如，图 2-38 有四个视图，选中【正视图】标题栏，单击【开新视图】命令，会在原有窗口上新增一个【正视图】视窗，用户可对视窗进行编辑。

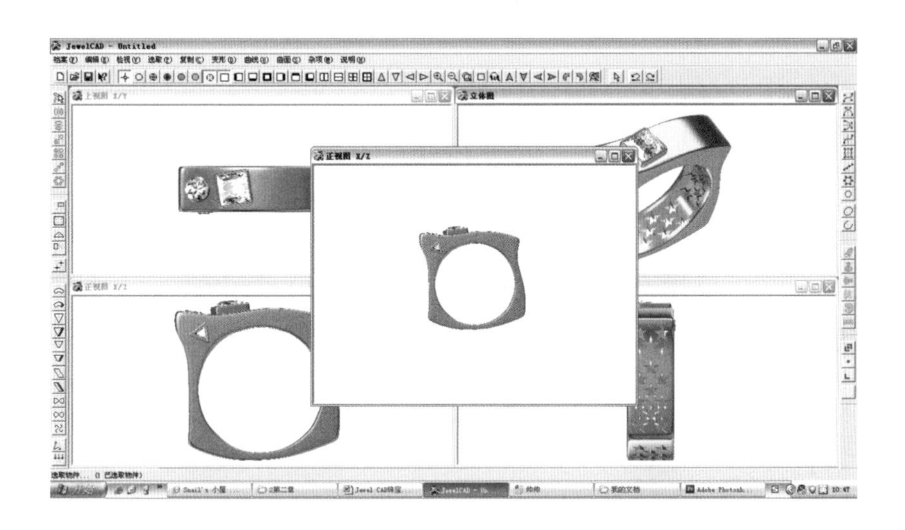

图 2-38

（12）【移动】

子菜单中有【上移】、【下移】、【左移】和【右移】可以选择，能够使视图位置发生改变。

注意：此【移动】命令有别于【变形】菜单中的【移动】命令，该命令起到的是检视作用，物体和背景同时产生位移。可以通过快捷方式完成以上命令，首先同时按下“Tab”键和“Ctrl”键，再按下鼠标左键不放，就可以随意拖动视图。当位置确定后，松开键盘和鼠标，结束命令操作。

（13）【放大／缩小】

这是对视窗的大小进行改变的命令，包括 6 个子命令，分别是【放大】、【缩小】、【格放】、【全图】、【缩放 1：1】和【比率设定】。【放大】、【缩小】是对视图进行缩放的操作命令。当点击【格放】命令的时候，鼠标会变成形状，单击鼠标左键进行拖拽，选中在蓝框内的物体将会被放大显示在绘图区中，便于物体局部的观察。但检视完毕后，可以单击【全图】，使视图内的物体以其最高或最宽的尺寸显现在绘图区内。【比率设定】命令设定可以在里面输入数值，直接影响到【缩放 1：1】时物体的大小。

（14）【反转】

【反上】、【反下】、【反左】和【反右】这几个命令可以向上、向下、向左和向右旋转视图，使用【工具栏】中的快捷图标操作会便捷一些。

注意：热键是在选中物体的前提下，按下“Tab”键的同时，按住鼠标左键进行拖拽，角度确定时，松开键盘和鼠标。

（15）【旋转】

选择【转左】是按逆时针方向旋转视图，【转右】是按顺时针方向旋转视图。

注意：在选中物体的前提下，可以按住“Ctrl”键的同时，滚动鼠标滚轮，进行视图旋转。

如果鼠标没有滚轮的话，可以先按住“Tab”键，再同时按住“Ctrl”键，单击鼠标右键拖动，进行视图的旋转。

（16）【复原视图】

可以使视图恢复到【移动】、【缩放】、【反转】和【旋转】之前的状态。

注意：这里的【移动】、【缩放】、【反转】和【旋转】命令是【检视】菜单下的，不是【变形】命令下的。

（17）【工具列】

可以参照“2.1 Jewel CAD 界面介绍”中关于工具列的介绍。菜单栏里比较常用的命令选项都可以在工具列里找到相对应的快捷图标，方便进行操作。

2.2.4 【选取】菜单

（1）【选取物件】

2.2.2【编辑】菜单中对【选取物件】命令已做了详细的介绍，这是 Jewel CAD 最基本的操作命令。

（2）【选点】

首先选中要选点的物体，通过【编辑】菜单下的【展示 CV】显示 CV（控制点），在空白处单击鼠标右键取消选择，再选择【选点】命令，鼠标单击选择点或者是框选都可以（和“选取物件”的选择方式相同）。可以通过【选点】命令进行局部的调整和操作，如图 2-39 所示。当操作结束后，仍然需切换到【选取】菜单下的【选点】，在空白处单击鼠标右键取消点的选择，否则后续命令的操作会对选中的点产生影响。

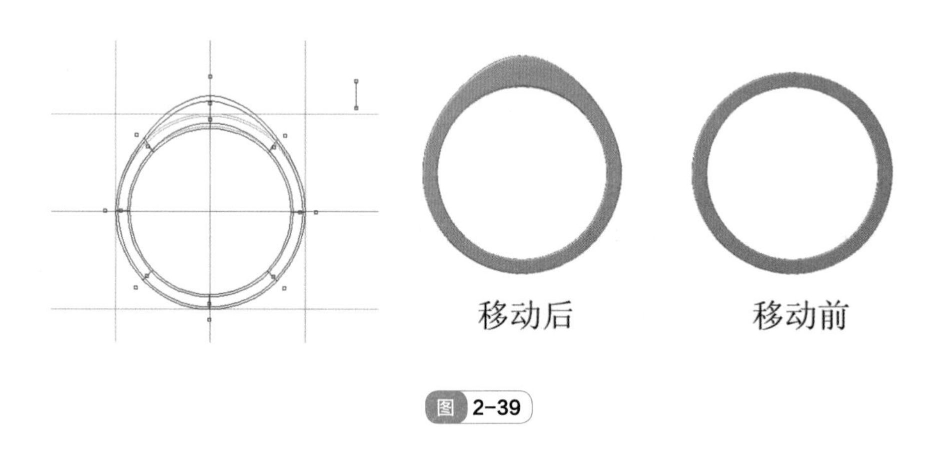

图 2-39

（3）【选取辅助线】

辅助线是在绘图中起到参考作用的线条，它的绘制是在【杂项】菜单下的【辅助线】命令中。当选中此命令，光标上出现一个十字形的时候，可以单击鼠标左键拖拽绘制辅助线，位置确定时松开鼠标。选取它需要单击【选取辅助线】的命令，当光标上出现一个十字形时，可以选取辅助线，操作方法与【选取物件】命令一样。选取之后，可以对其进行删除或移动等命令。

（4）其它选取命令

①【全选】 执行该命令之后，绘图区中的所有物件都会被选中，除了辅助线。

②【曲线】 执行该命令之后，绘图区中的所有曲线将会被选中。

③【曲面】 执行该命令之后，绘图区中的所有曲面将会被选中，除了执行了【布林体】命令的曲面。

④【布林体】 执行该命令之后，绘图区中的布林体将会被选中。

⑤【块状体】 执行该命令之后，绘图区中的块状体将会被选中。

⑥【宝石】 执行该命令之后，绘图区中的宝石将会被选中。

⑦【多面体】 执行该命令之后，绘图区中的多面体将会被选中。

⑧【辅助线】 执行该命令之后，绘图区中的辅助线将会被选中。

2.2.5 【复制】菜单（图 2-40）

（1）【剪贴】

此命令是指将剪下的物体贴在另一物体上，多用于镶嵌宝石。例如，首先从【资料库】中调出爪镶圆形钻石一颗，再调出戒指一枚。在线图模式“ ”中，选中圆钻。选择【剪贴】命令，圆钻消失进入复制状态，将视图切换到彩色图模式“ ”三个模式中的任何一个，并切换至上视图“ ”（或单击 T 键）单击鼠标进行粘贴，可单击数次进行重复粘贴，得到如图 2-41 的效果。结束命令单击“选取物件” 图标，或者按下键盘上的“空格”键。

如果想改变剪贴物体的大小，可以在剪贴的状态下，先按下“Shift”键，再单击鼠标左键进行拖拽，可以改变圆钻的大小，如图 2-42。

如果想改变剪贴物体的方向，可以在剪贴的状态下，先按下“Shift”键，再单击鼠标右键进行拖拽，可以改变圆钻的方向，如图 2-43 所示。

剪贴(P) Shift+W
反转复制(F)
隐藏复制(I)
左右复制(V)
上下复制(H)
旋转 180
上下左右复制(C)
直线复制(E)
环形复制(R)
多重变形(T)

图 2-40

图 2-41　　图 2-42　　图 2-43

注意：① 如果在线图模式下对物体进行剪贴，剪贴对象不会在立体表面上放置。

② 在进行物体剪切前，需将物体放置在原点（即世界中心）位置，否则，剪贴的位置会发生跑偏。如图 2-44 中 *A*、*B*、*C* 三处，宝石剪贴前处于纵轴的不同位置，在剪贴后放置的高度会产生差异。

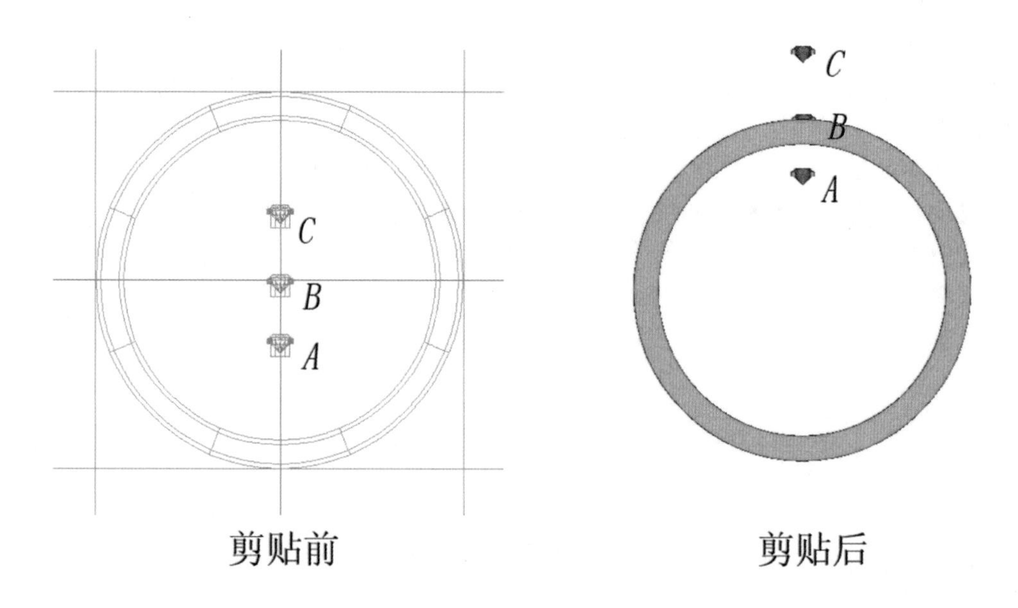

图 2-44

（2）【反转复制】

可以对选中的物体进行复制，复制的副本会在原始物件基础上旋转 90°。

反上：沿横轴向上旋转 90° 复制一个副本。

反下：沿横轴向下旋转 90° 复制一个副本。

反左：沿纵轴向左旋转 90° 复制一个副本。

反右：沿纵轴向右旋转 90° 复制一个副本。

注意：快捷方式为按住键盘上的“Ctrl”键，再按键盘上的“上”、“下”、“左”或“右”键。在立体图中观察比较清晰。

（3）【隐藏复制】

该命令会对选中的物体进行复制，并将复制后的副本隐藏。

（4）【左右复制】

该命令会对选中的物体以纵轴为中心，进行左右的镜像复制，如图 2-45 所示。

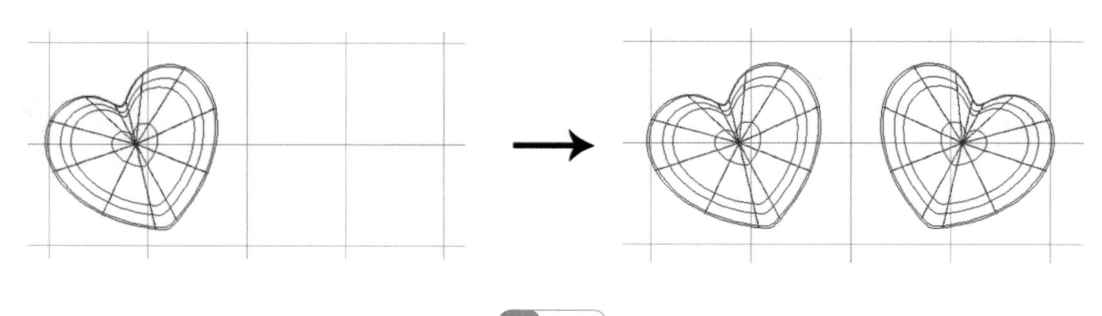

图 2-45

（5）【上下复制】

该命令会以横轴为中心，对选中的物体进行上下的镜像复制，如图 2-46 所示。

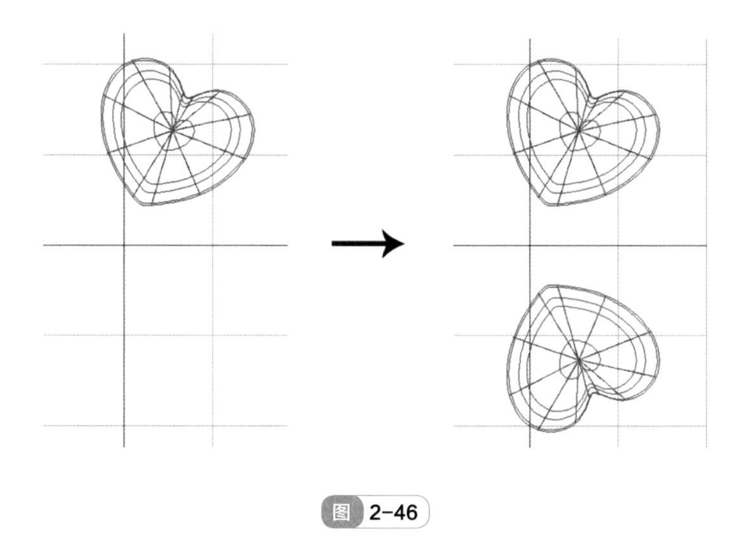

图 2-46

（6）【旋转 180° 】

该命令以原点为中心，对选中的物体旋转 180° 镜像复制，如图 2-47 所示。

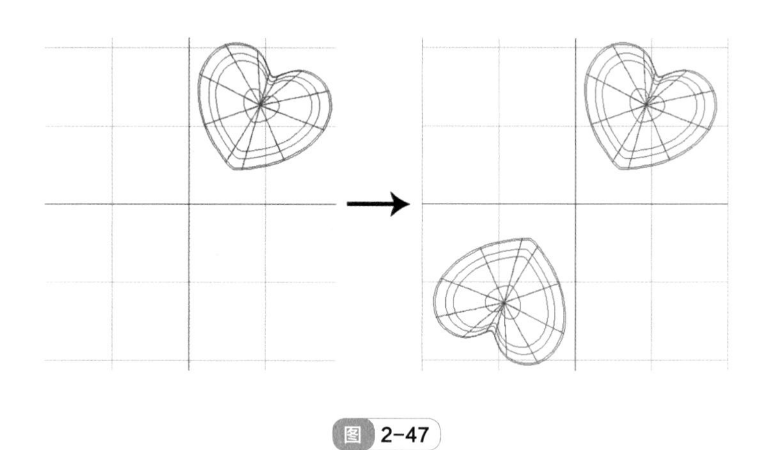

图 2-47

（7）【上下左右复制】

该命令是指将选中的物体沿着横轴和纵轴进行上下及左右的对称复制，如图 2-48 所示。

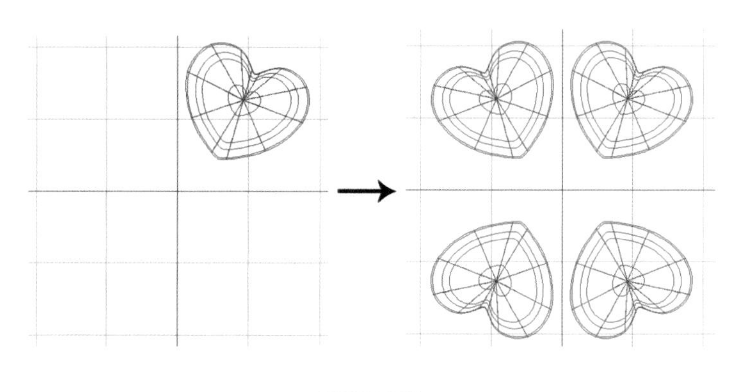

图 2-48

(8)【直线复制】

该命令是指将选中的对象向指定的方向延伸复制。首先选中要复制的物体，单击【直线复制】命令后，弹出一个对话框，如图 2-49 所示。

图 2-49

延伸数目：是指复制的数目，包括原件的数目，所以最小值为 2。

--：水平方向延伸复制的距离数值，单位 mm。

|：垂直方向延伸复制的距离数值，单位 mm。

+：进出轴方向延伸复制的距离数值（复制效果在侧视图中可观察），单位 mm。

<：单击后，可将鼠标在画面上随意转动，自行设定复制延伸的数值，单位 mm。

除了在对话框中设定水平、垂直和进出轴方向的延伸数值外，也可以在对话框弹出后，用鼠标在绘图区中按住鼠标左键任意拖拽方向，里面的数值也会跟着发生改变，确定数值后，松开鼠标，单击“确定”，便可看到复制效果，如图 2-50 所示。

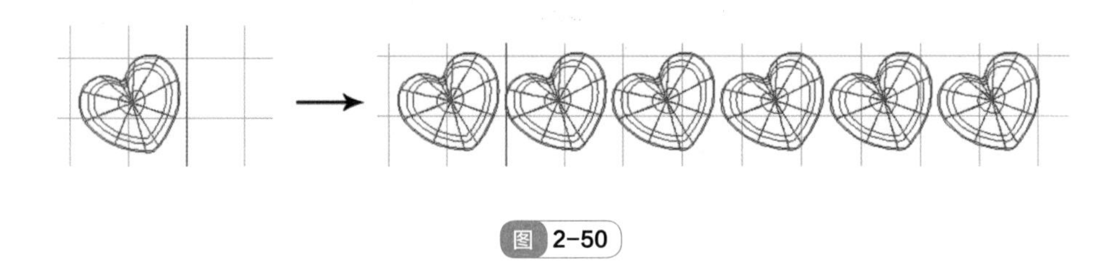

图 2-50

(9)【环形复制】

该命令是以原点为中心，进行环形的旋转性复制。点击该命令后，弹出【环形】对话框，如图 2-51 所示。

图 2-51

数目：指需要复制的个数，包括被选中的原型。

角度：指复制物体之间分隔的角度。

全方位：指平均分配所有复制对象的分隔角度。选中此项时，当“数目”发生改变时，“角度”也会跟随发生变化，反之亦然。

顺时针：系统默认是以逆时针方向复制图形的，如果勾选此项则为顺时针方向复制。

复制效果如图 2-52 所示。

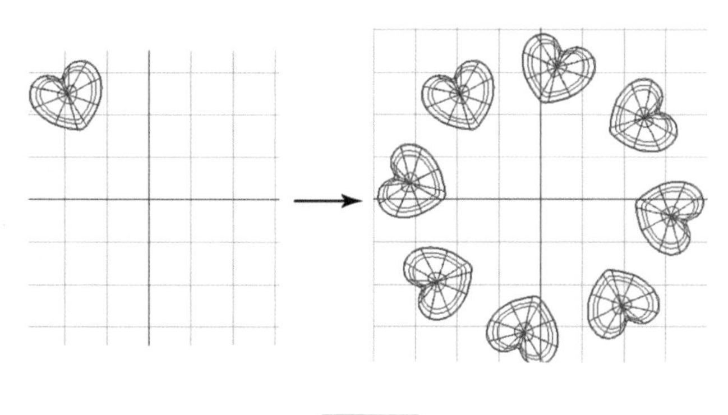

图 2-52

（10）【多重变形】

该命令会对选中的物体进行复制，并使复制的副本可同时发生移动、放大、缩小、变形和旋转的命令。单击该命令后，弹出【多重变形】对话框，如图 5-53 所示。

图 2-53

移动：有横向、纵向和进出方向可以选择，复制的副本的位置将发生变化，类似于【直线复制】命令。

尺寸：单击“尺寸”，后面灰色的数字会变成白底的可选状态，可输入数值进行放大或缩小。

比例：单击“比例”，后面灰色的数字会变成白底的可选状态，可输入数值，复制的副本将发生变形。

旋转：单击“旋转”，在可选状态下修改数值，分别控制所复制的副本在 x 轴、y 轴和 z 轴上所旋转的角度。

复制数目：最小值为 2，包括了被复制原件的数目。

世界坐标：选中此命令，物体是默认以原点为中心进行相关的复制。

物件坐标：选中此命令，物体是以物体自身的中心进行相关的复制。

2.2.6 【变形】菜单

【变形】菜单中的移动、尺寸、反转和旋转命令有别于【检视】中的移动、尺寸、反转和旋

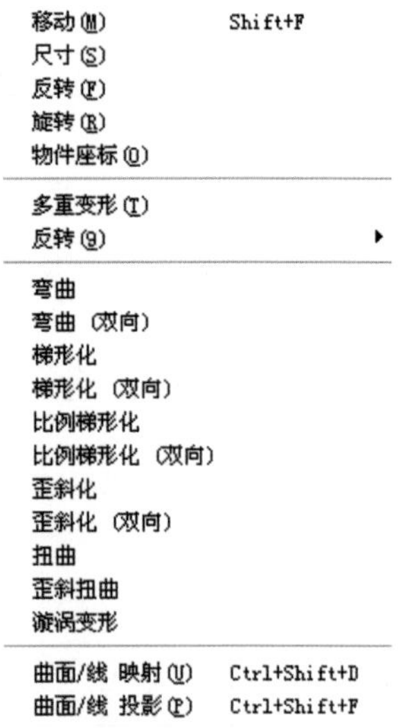

转命令，此处的命令对物体已经实施了实际意义上的变形操作，而不是视觉上的。【变形】菜单如图 5-54 所示。

注意：在实施完移动、尺寸、反转和旋转等变形命令之后，如果鼠标上还带有变形命令的小图标，需单击图标或者按下“空格”键，结束操作命令。

移动(M)　Shift+F
尺寸(S)
反转(F)
旋转(R)
物件座标(O)
多重变形(T)
反转(G)
弯曲
弯曲 (双向)
梯形化
梯形化 (双向)
比例梯形化
比例梯形化 (双向)
歪斜化
歪斜化 (双向)
扭曲
歪斜扭曲
漩涡变形
曲面/线 映射(U)　Ctrl+Shift+D
曲面/线 投影(P)　Ctrl+Shift+F

图 2-54

（1）【移动】

该命令可将选中的物体移至指定的位置。单击鼠标左键时，能够在上下左右的方向移动物体。单击鼠标右键时，可以在任意方向移动物体。确定位置后，松开鼠标，并单击“空格”键结束操作命令。

注意：在【世界坐标】，物体以原点为中心移动。如果使用了【变形】菜单中的【物件坐标】命令后，物件的移动以自身的中心为基准移动。

（2）【尺寸】

【尺寸】命令可以将选中的物体进行缩放，改变物体的大小。

注意：选中物体后，按住鼠标左键进行拖拽时，对物体实施等比例的缩放。按住鼠标右键拖拽时，可以对物体进行不等比例的缩放，实施变形。

如果默认为【世界坐标】，物体以原点为中心进行缩放命令。如果切换到【物件坐标】，则以物体自身的中心为基准进行缩放命令。

（3）【反转】

该命令是以坐标轴系为中心将物体旋转至一个新的角度。选中物体后，按住鼠标左键进行上下方向拖拽时，物体以单方向进行反转。按住鼠标右键进行拖拽时，物体以任意方向进行反转。

如果默认为【世界坐标】，物体的反转是以原点为基准的。如果切换到【物件坐标】，则以物体自身的中心为基准进行反转命令 。

（4）【旋转】

该命令是以原点为中心，将选中的物体进行顺时针或逆时针的转动。如果默认为【世界坐标】，物体以原点为基准执行旋转命令。如果切换到【物件坐标】，则以物体自身的中心为基准进行旋转命令。

（5）【物件坐标】

当选中【物件坐标】时，物体在执行移动、尺寸、反转、旋转等变形命令时，将围绕自身所在的位置为中心进行操作。如果物体在原点位置，则物体自身的坐标与原点位置会重合，则围绕原点做相关的变形命令。如果画面中有多个物体，在执行变形命令时，每个物体都围绕着自己的坐标轴进行变化。一般情况下，建议使用【世界坐标】，即默认的状态。

（6）【多重变形】

该命令相当于综合了【变形】菜单的移动、尺寸和旋转的命令，可以改变物体的位置、大小和方向。首先选中物体，选择【多重变形】命令，弹出【多重变形】对话框，如图 2-55。对话框中有【移动】、【尺寸】、【比例】和【旋转】等选项，并可以在横向、纵向和进出轴方向设定精确的数值。可以对选中的物体实行变形。该命令与【复制】菜单中的【多重变形】命令功能相似，只是【复制】菜单中的【多重变形】命令是对复制的物体产生变形，该命令是对原物体产生变形，无复制的功能。

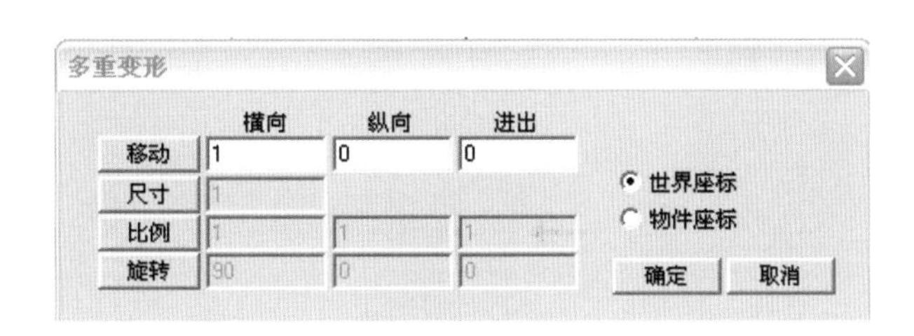

图 2-55

（7）【反转】

【反转】命令下有【反上】、【反下】、【反左】和【反右】四个子菜单。选中物体后，执行【反上】和【反下】命令是围绕着横轴为中心分别向上、向下旋转 90°。执行【反左】和【反右】命令，则是围绕着纵轴为中心分别向左、向右旋转 90°。

（8）【弯曲】

【弯曲】命令将选中的物体进行弯曲化处理。物体的 CV 数目及物体与世界中心的位置都会影响弯曲的结果，效果如图 2-56 所示。

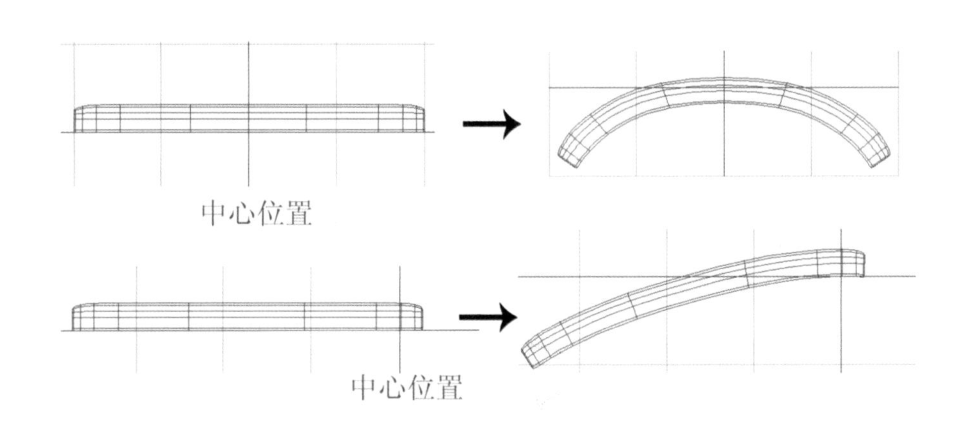

图 2-56

（9）【弯曲（双向）】

【弯曲（双向）】命令使物体发生双向的弯曲，在正侧视图可以观察到，如图 2-57 所示。

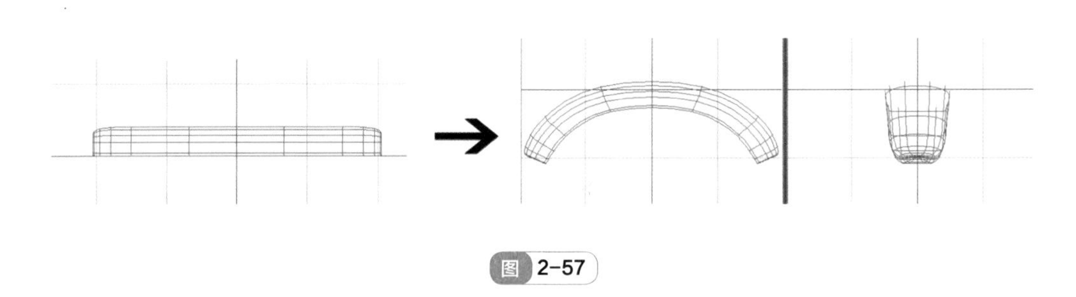

图 2-57

（10）【梯形化】

【梯形化】命令将选中的物体进行单向的梯形化变形处理，如图 2-58 所示。拖拽方向不一样，产生的效果也有区别。

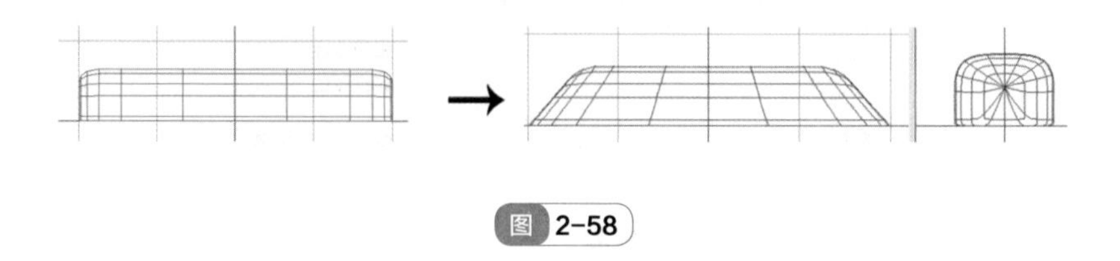

图 2-58

（11）【梯形化（双向）】

该命令将选中的物体进行双向的梯形化处理，即物体的横截面也会发生相应的变化，效果如图 2-59 所示，可以对比图 2-58 侧视图的效果理解。

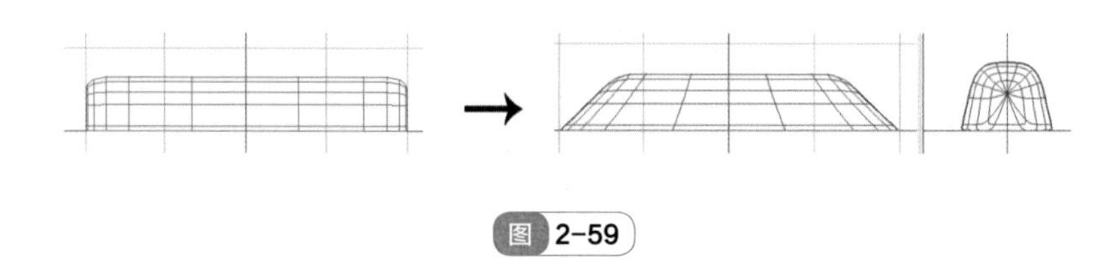

图 2-59

（12）【比例梯形化】、【比例梯形化（双向）】

【梯形化】和【比例梯形化】命令都是对物体进行梯形化的变形处理，但是【比例梯形化】命令则使物体之间的 CV 发生了等比例的变形，如图 2-60 所示。【比例梯形化（双向）】则是使物体的横截面也发生了变形，与其它双向化的命令相似。

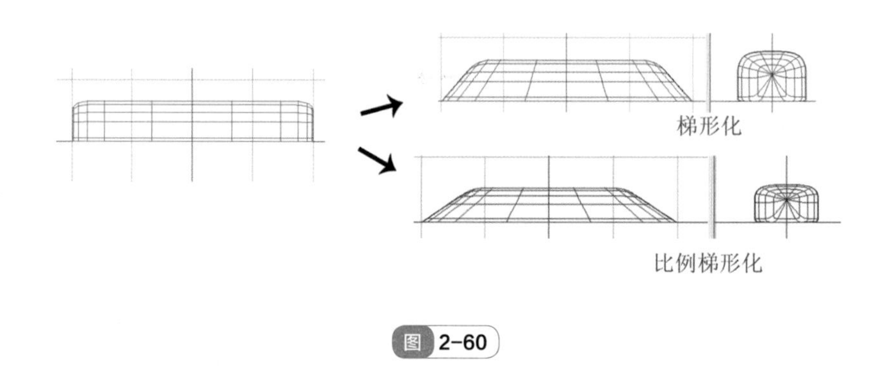

图 2-60

（13）【歪斜化】、【歪斜化（双向）】

该命令使选中的物体产生歪斜化的变形，类似于平行四边形，效果如图 2-61 所示。

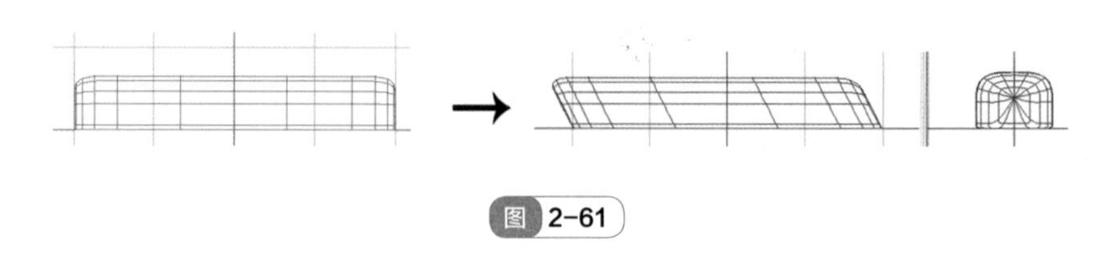

图 2-61

【歪斜化（双向）】命令使物体的横截面也发生了变化，效果如图 2-62 所示。可以比较图 2-61 的效果。

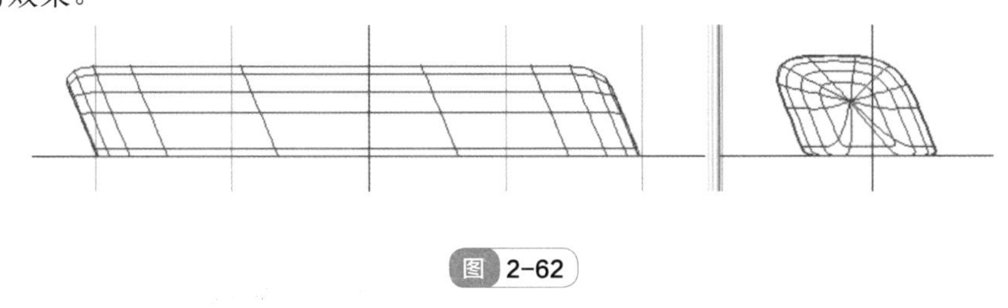

图 2-62

（14）【扭曲】

该命令可以对选中的物体实行扭曲变形，效果如图 2-63 所示。

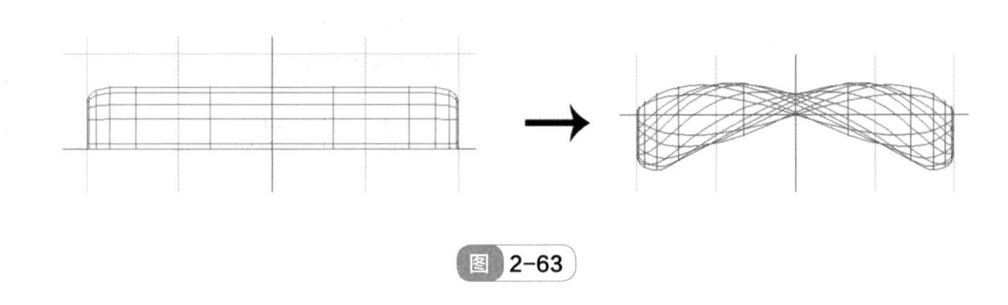

图 2-63

（15）【歪斜扭曲】

该命令可以使物体产生歪斜扭曲的变化，效果如图 2-64 所示。

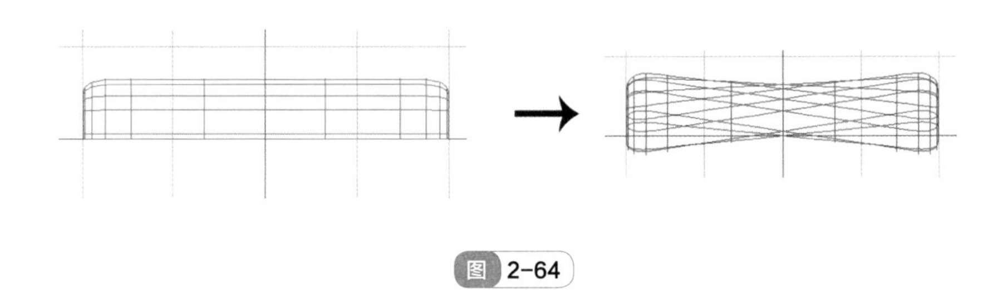

图 2-64

（16）【漩涡变形】

该命令可使选中的对象在横向、纵向和进出方向产生变形，使物体表面产生起伏的效果，类似“S”形，效果如图 2-65 所示。

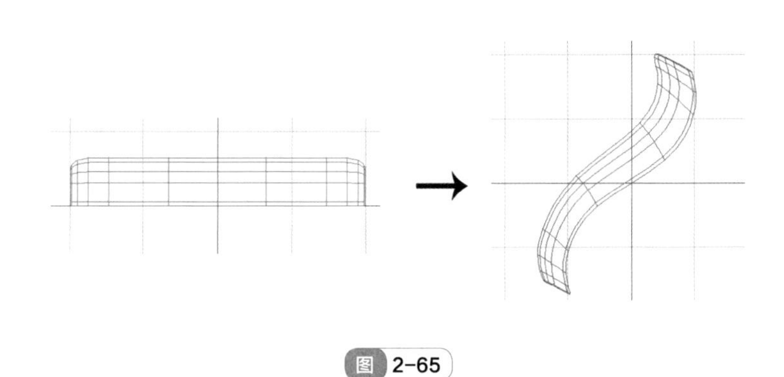

图 2-65

（17）【曲面 / 线映射】

【曲面 / 线映射】和【曲面 / 线投影】命令需要联系【曲线】命令进行演示和练习，最好将此命令放置在【曲线】菜单中最后一部分进行学习。

【曲面 / 线映射】是【变形】菜单中比较重要的命令，可以使选中的物体映射在设置好的曲线或者是曲面上。单击该命令后，弹出【曲面 / 线映射】对话框，如图 2-66 所示。

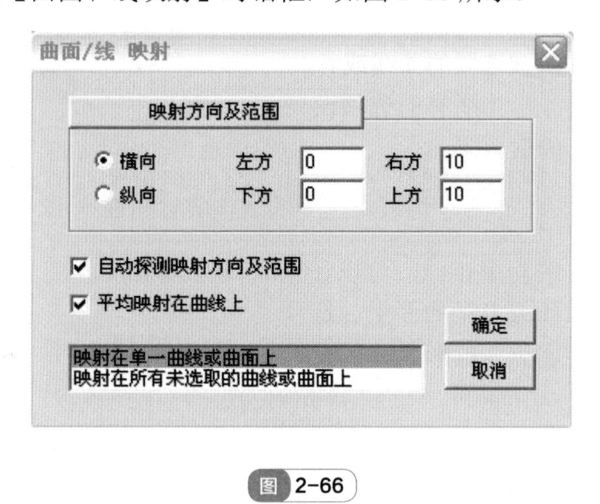

图 2-66

① 映射方向及范围：单击此框，会隐藏【曲面 / 线映射】对话框，并在绘图区中出现一个蓝色的方框，可以单击鼠标左键对其拖拽，改变大小。拖动鼠标左键确定范围后，单击鼠标右键，这时候出现【曲面 / 线映射】对话框，“左方”、“右方”、“下方”和“上方”的数值也会随之发生改变。

例如，在图 2-67 中，用任意曲线绘制一条曲线，并从【曲面】菜单里选择“球体曲面”，使用【直线复制】命令复制 8 个球体。选中需要映射的球体，单击【曲面 / 线映射】命令，并单击“映射方向及范围”该框。拖动鼠标左键确定范围后，单击鼠标右键，这时候出现【曲面 / 线映射】对话框。单击“确定”后，再选择所需映射的曲线，这时产生的效果如图 2-68 所示。在蓝框范围内的物体被映射到了曲线上，而范围之外的物体将不会被映射到曲线上。

注意：Jewel CAD 软件中的物体都是默认可产生变形的，所以映射到曲线上的球体发生了变形。如果不想使球体发生变形，需要在执行【曲面 / 线映射】命令之前选中球体，执行【编辑】菜单中的【不可变形】命令。

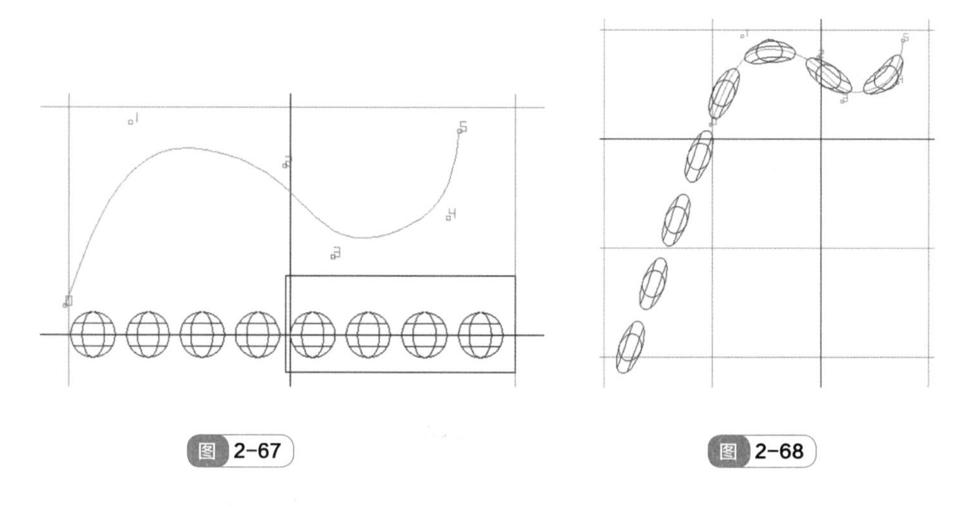

图 2-67　　图 2-68

② 横向：可以确定物体映射的方向为被选取物件的水平轴。

③ 纵向：可以确定物体映射的方向为被选取物件的垂直轴。

④ 自动探测映射方向及范围：选择此项后，用户设定的映射方向及范围将失效，软件

默认被选取物件的外缘边界作为映射的范围，并自动生成映射的方向。

⑤ 平均映射在曲线上：选择此项后，被映射的物件将在曲线上平均分布。否则，物件将根据曲线 CV 的疏密分布进行排列，如果控制点近则分布密集，控制点远的话分布较疏。

⑥ 映射在单一曲线或曲面上：当选中此项后，用户单击“确定”命令后，需选择一条曲线或者曲面作为映射对象，被选取的物体则会映射到这条曲线或者曲面上。

⑦ 映射在所有未选取的曲线或曲面上：选择此项，单击“确定”后，物件将被映射到未被选取的曲线或者曲面上。

当所有的选项设置完毕，单击“确定”，并选择曲线或者曲面作为映射的对象，可生成映射效果。

（18）【曲面 / 线投影】

【曲面 / 线投影】命令与【曲面 / 线映射】命令的功用相似，可以使选中的物体映射在设置好的曲线或者是曲面上。选中该命令后，弹出图 2-69【曲面 / 线投影】对话框。

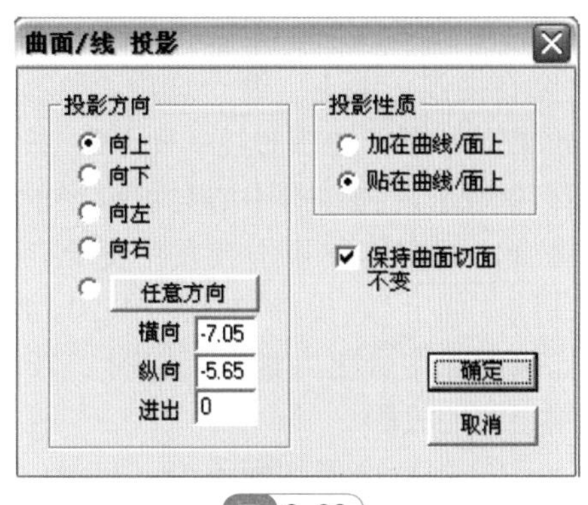

图 2-69

① 投影方向：通过该选项，可以设定物体要投影在曲线或曲面的方向。有“向上”、“向下”、“向左”、“向右”和“任意方向”五个选项。其中，单击“任意方向”条框时，这时按住鼠标左键便可在绘图区内拖拽，松开鼠标，在“横向”、“纵向”、“进出”框内的数据也会随之改变。也可以按住鼠标右键进行随意拖拽。

注意：方向性是【曲面 / 线投影】命令区别于【曲面 / 线映射】命令的重要特征。如图 2-70 中，因选择的投影方向一个为“向上”，另一个为“向下”，产生的结果也是有明显区别的。

难点：在被执行【投影】或者【映射】命令之前，应将物体的水平中心与世界中心相吻合，如果是上下方向的映射或投影，则将物体的水平中心与横轴相重合。如果是左右方向的映射或投影，则将物体的垂直中心与纵轴相重合。否则，物体将偏离投影或映射的物件。如图 2-71 所示，投影的球体高于横轴，投影后则高于被投影物体的表面。

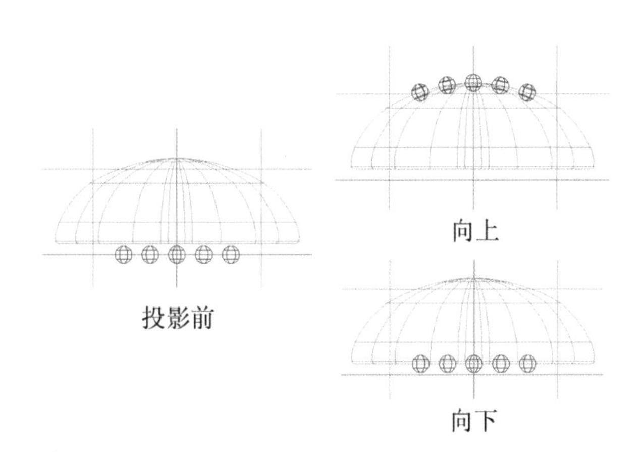

图 2-70

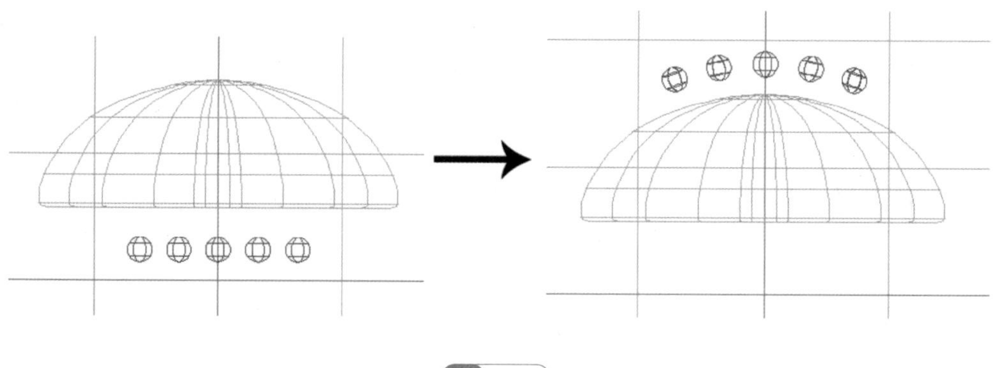

图 2-71

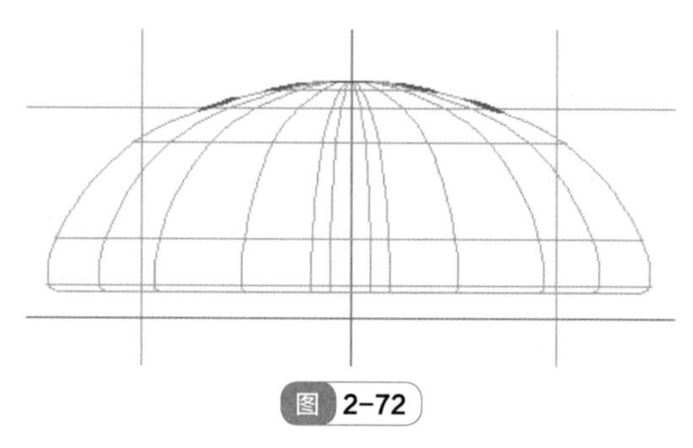

图 2-72

② 投影性质：包括“加在曲线 / 面上”和“贴在曲线 / 面上”两个选项，直接影响到投影效果。选择“加在曲线 / 面上”，投影物体如图 2-70 所示，物件的中心与被投影的线 / 面中心重合，而物体体积不会发生变化。选择贴“在曲线 / 面上”，投影物体的中心与被投影的线 / 面接触面贴合更为紧密，如图 2-72 所示，一般用于线的投影。

③ 保持曲面切面不变：Jewel CAD 软件中的物体都是默认可产生变形的，所以投影到曲线 / 面上的物体易发生变形。为了避免此种情况的产生，勾选该选项。

④ 操作步骤：选中需要投影的物体，选择【曲面 / 线投影】命令，设置完对话框内的数据后，单击“确定”，并选择曲线或者曲面作为投影的对象，完成命令效果。

2.2.7 【曲线】菜单

【曲线】菜单是 Jewel CAD 软件中最基础的部分，也是使用最多的部分之一。可以用来绘制曲线和修改曲线，主要包含有图 2-73 中的命令。

任意曲线(S) 2
左右对称线(V)
上下对称线(H)
旋转 180
上下左右对称线(C)
直线重复线(E)
环形重复线(R)
多重变形(T)
徒手画(K)
直线(L)
圆形(I)
多边形(P)
螺旋(X)
修改(A) ▸
封口曲线
开口曲线
倒序编号
增加控制点
连接曲线
切开曲线
偏移曲线 4
中间曲线 5
曲线长度
Restore removed curves 3

图 2-73

(1)【任意曲线】

【任意曲线】命令可以随意的绘制曲线。选中该命令后，鼠标箭头后方将带有一个蓝色的小图标，这个是任意曲线的快捷图标。

① 绘制曲线：在绘图区进行单击，每单击一次增加一个 CV（即控制点）。曲线起始点的默认为“0”，每增加一个点，数字相应增加。

② 移动控制点：线条在蓝色的可编辑状态时，按住鼠标左键拖动控制点，便可以改变线形。

③ 删除控制点：线条在蓝色的可编辑状态时，在需要删除的控制点处，同时按下鼠标左右键，便可以删除控制点。

④ 绘制尖角：我们可以在绘制的图中观测到点与点之间的角都是圆弧角，如果需要生成尖角，需要在控制点处双击鼠标左键，使两个点重合。一般来讲，三个点重合就已足够尖锐，如图 2-74 所示，

不需要四个点以上的重合。

⑤ 增加新的任意曲线：在蓝色的可编辑状态，按住“Ctrl”键在线以外的地方单击，松开“Ctrl”键，便可以再生成新的任意曲线。

结束线的编辑：绘制完成后，按下键盘上的“空格键”或者是单击【选取物件】的快捷图标。这时线段会由蓝色变成软件设置中选中的颜色，再单击则不可进行编辑。

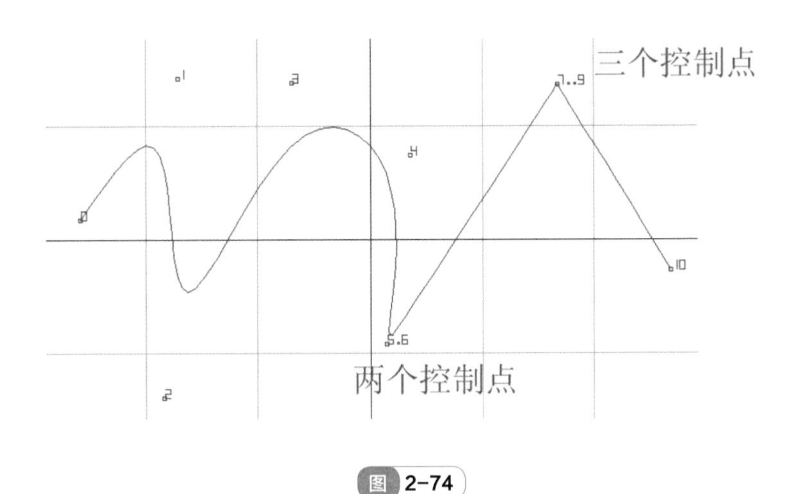

图 2-74

(2)【左右对称线】

该命令以纵轴为中心对称进行绘制曲线，操作方法方法与【任意曲线】基本一致，效果如图 2-75 所示。

(3)【上下对称线】

该命令以横轴为中心对称进行绘制曲线，操作方法方法与【任意曲线】基本一致，效果如图 2-76 所示。

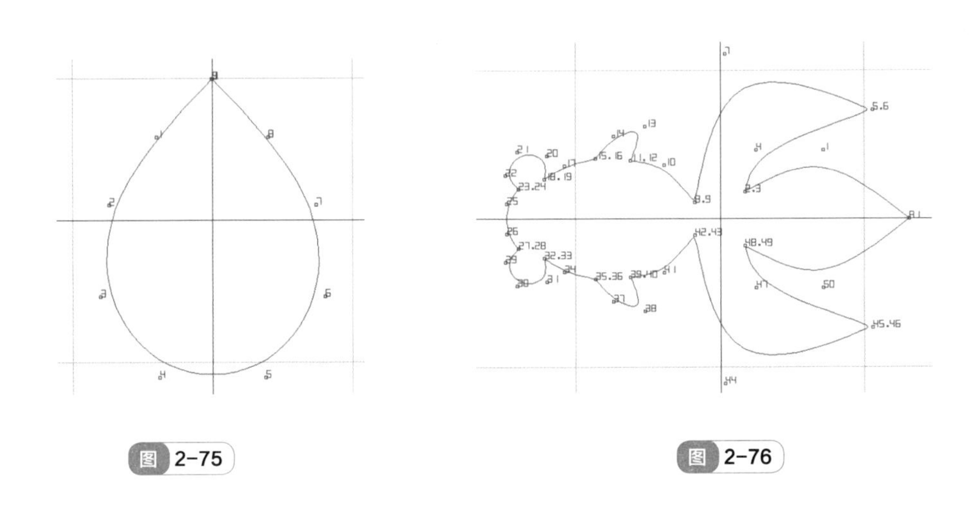

图 2-75　　图 2-76

(4)【旋转 180】

该命令以原点为中心旋转 180° 绘制曲线，操作方法方法与【任意曲线】基本一致，效果如图 2-77 所示。

（5）【上下左右对称线】

该命令能够创建上下对称，同时左右对称的线条。每单击一次产生 4 个 CV，操作方法方法与【任意曲线】基本一致，效果如图 2-78 所示。

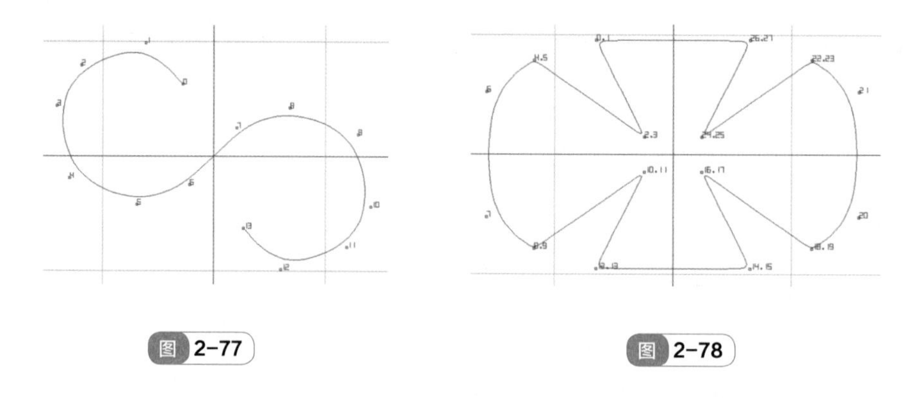

图 2-77　　图 2-78

（6）【直线重复线】

单击【直线重复线】命令，弹出一个对话框，如图 2-79 所示。

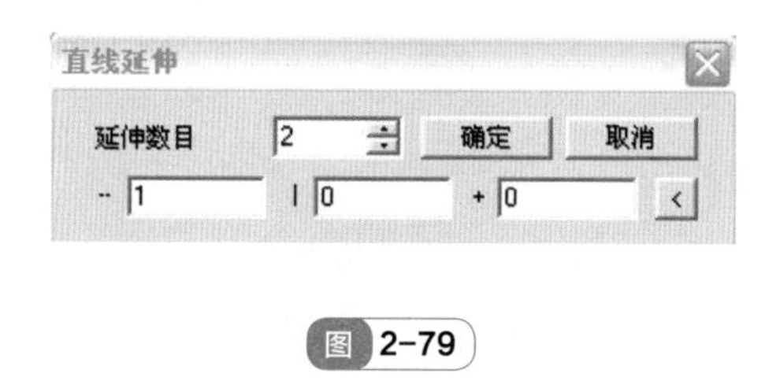

图 2-79

延伸数目：是指每单击一次产生的 CV 数目，最小值为 2。

-- ：水平方向延伸的距离数值，单位为 mm。

| ：垂直方向延伸的距离数值，单位为 mm。

+ ：进出轴方向延伸的距离数值（效果在侧视图中可观察），单位为 mm。

< ：单击后，可将鼠标在画面上随意转动自行设定复制延伸的数值，单位为 mm。

除了在对话框中设定水平、垂直和进出轴方向的延伸数值外，也可以在对话框弹出后，用鼠标在绘图区中按住鼠标左键任意拖拽方向，里面的数值也会跟着发生改变，确定数值后，松开鼠标，单击“确定”。

例如，设定延伸数目为 5，水平移动距离为 5，单击“确定”后。在绘图区按鼠标左键单击，便可看到效果如图 2-80 所示。每单击一次产生 5 个 CV，每个 CV 的距离为 5mm。如果再单击一次，则会出现波浪线的效果，如图 2-81 所示。

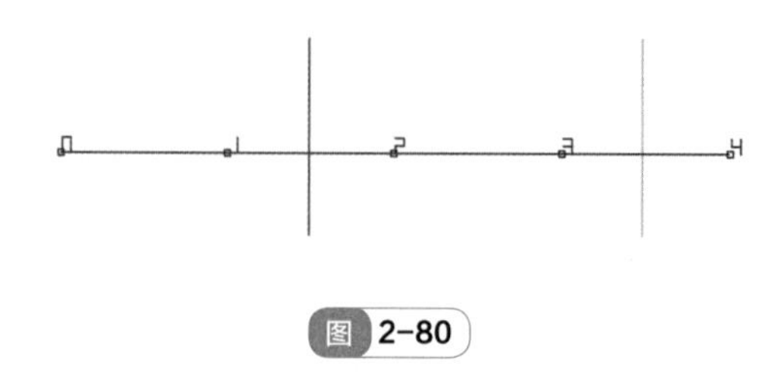

图 2-80

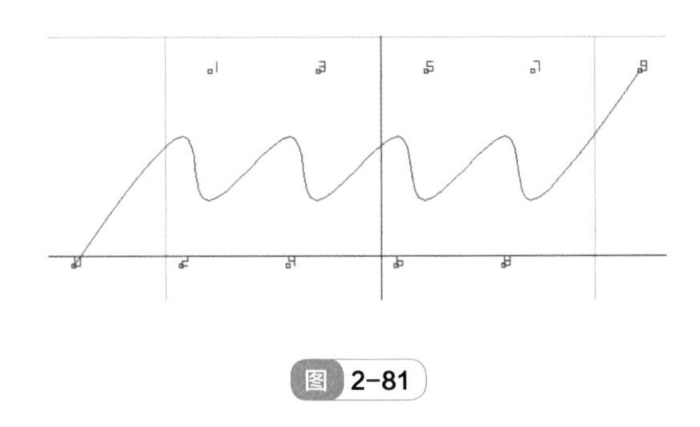

图 2-81

(7)【环形重复线】

该命令是以原点为中心，进行环形的旋转性制线。点击该命令后，弹出【环形】对话框，如图 2-82 所示。

数目：指复制的 CV 数目。

角度：指复制物体之间分隔的角度。

全方位：指平均分配所有复制对象的分隔角度。选中此项时，当“数目”发生改变时，“角度”也会跟随发生变化，反之亦然。

顺时针：系统默认是以逆时针方向排列 CV 的，如果勾选此项则为顺时针方向排列。

例如，设定数目为 5，多次单击后，制图效果如图 2-83 所示。

图 2-82

图 2-83

(8)【多重变形】

该命令相当于综合了【曲线】菜单的直线重复线的命令，可以改变曲线的角度、大小和重复数目等。首先选中物体，选择【多重变形】命令，弹出【多重变形】对话框，如图 2-84 所示。对话框中有【移动】、【尺寸】、【比例】和【旋转】等选项，并可以在横向、纵向和进出轴方向设定精确的数值。可以对选中的物体实行变形。该命令与【变形】菜单中的【多重变形】命令功能相似。

图 2-84

图 2-85

（9）【徒手画】

选中此命令后，按住鼠标左键进行拖拽，松开鼠标后，会根据所绘制的路径自动生成曲线以及CV，如图2-85所示。

（10）【直线】

该命令可以生成与横轴有角度的直线。选择该命令后，会弹出【直线曲线】对话框，如图2-86所示。可以选择下面固有的角度，也可以自行输入所需要的角度值，单击“确定”后生成一条线段，如图2-87所示。

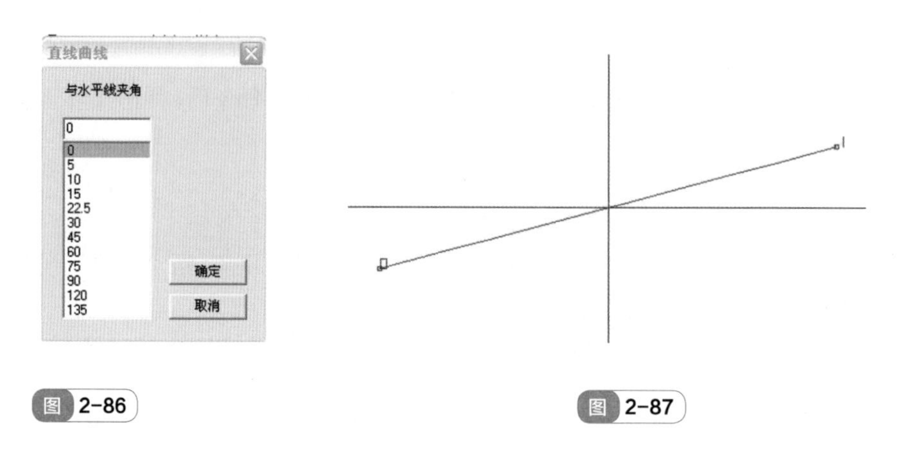

图 2-86　　图 2-87

（11）【圆形】

该命令可以制作圆形曲线，主要用于戒圈的绘制。单击该命令后，会弹出【圆形曲线】对话框，如图2-88所示。

圆形的直径大小或者是半径大小都可以设置，用户可以自行输入所需的数值，单位为mm。

“控制点数”是指圆形上的CV数目，一般选择数目为6以上的数值。如果选择3或4的话，会产生变形效果，似三角形或者是矩形。

“控制点‘0’”是指起始点的位置，一般默认是下方的图标，指起始点0点在横轴和纵轴交错的右下方处。选择此位置生成圆形曲线，方便将圆形当做左右对称线进行修改。如果单击上方的图标，起始点则会在横轴的右方。

例如，设定直径为17，控制点数为12，控制点‘0’选中下方图标。生成的圆形曲线如图2-89所示。

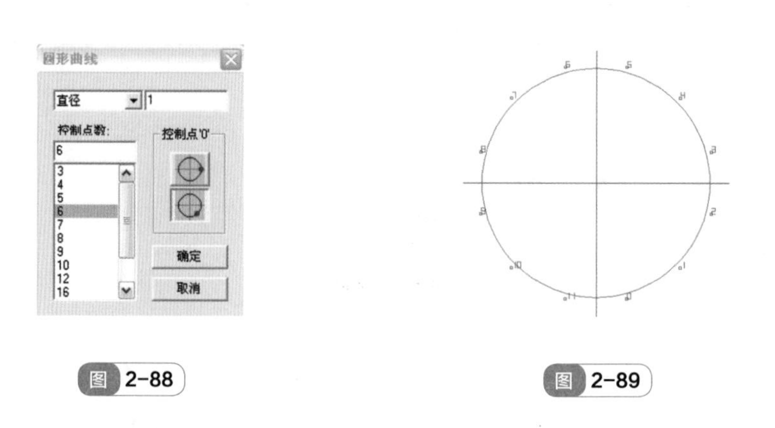

图 2-88　　图 2-89

(12)【多边形】

该命令可以制作多边形曲线，单击该命令，弹出【多边形曲线】对话框，如图 2-90 所示。

在对话框中，可以选择多边形边的数目。“控制点‘0’”则是可以选择起点 0 生成的位置。上方图标可以使起始点 0 点在横轴处，下方的图标生成的起始点在横轴和纵轴交错的右下方处。

例如，选择边数为 4，控制点选择的图标不同，效果也存在差别，如图 2-91 所示。

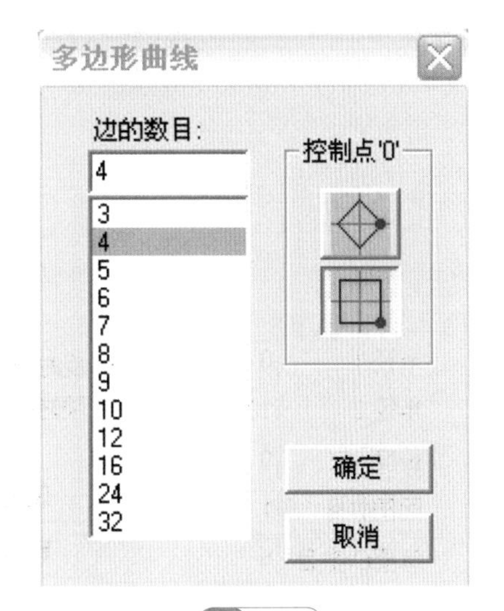

图 2-90

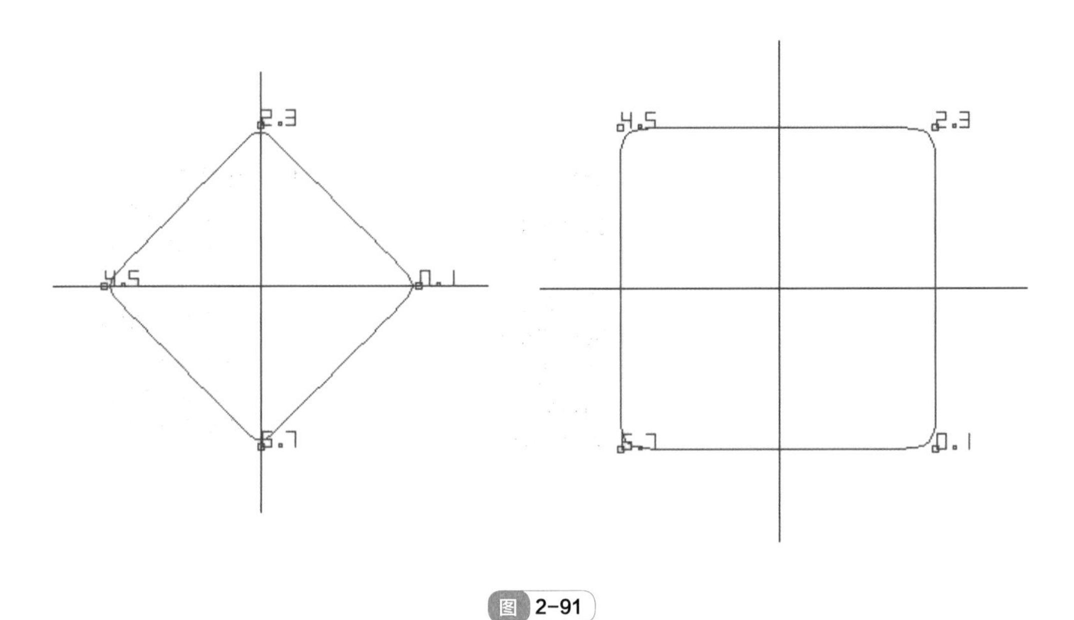

图 2-91

(13)【螺旋】

【螺旋】命令可以生成螺旋曲线，单击该命令后，弹出如图 2-92 所示的【螺旋曲线】对话框。

半径 1：指起始点和原点的距离。

半径 2：指结束点和原点的距离。

长度：指螺旋曲线在进出方向的厚度，而并非是曲线的总长度。

回圈数目：指螺旋旋转生成的圈数。

每圈 CV 数目：默认为 6 个控制点，指螺旋每旋转一圈生成的控制点数。

反时针：即逆时针方向旋转生成 CV。

顺时针：即顺时针方向旋转生成 CV。

比如设定半径 1 为 0，半径 2 为 15，长度为 0，回圈数目为 5，每圈 CV 数目为 6，选择反时针，单击“确定”后生成的曲线如图 2-93 所示。

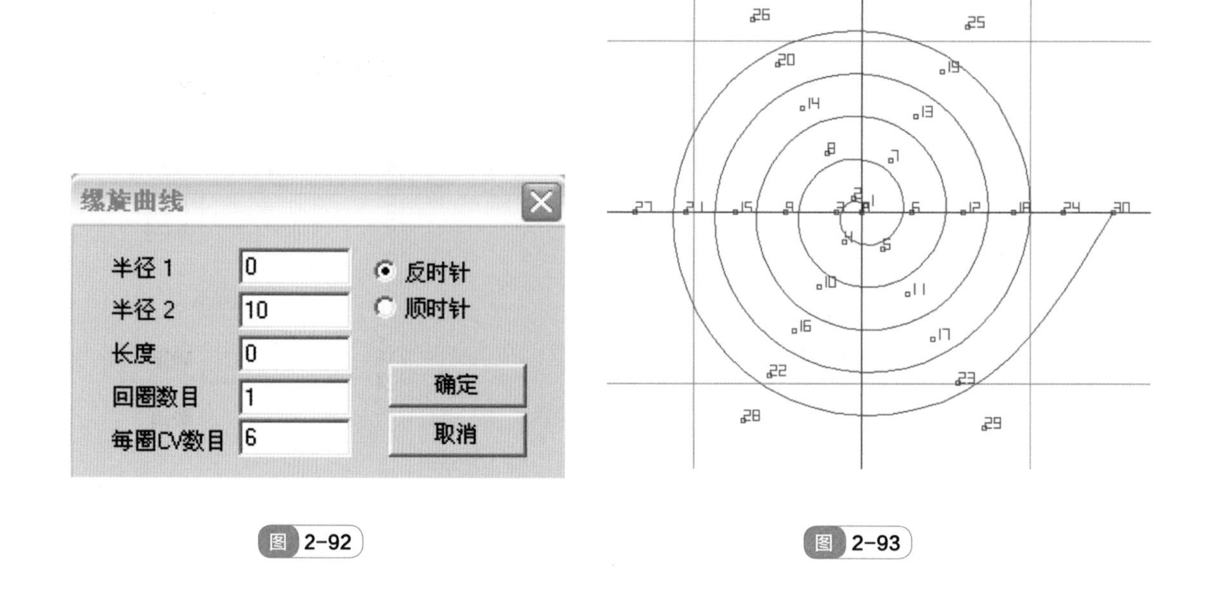

图 2-92　　　　图 2-93

（14）【修改】

该命令可以对已生成的曲线进行修改，包括任意曲线、左右对称线、上下对称线、旋转 180°、上下左右对称线、直线重复线、环形重复线和多重变形，如图 2-94 所示。

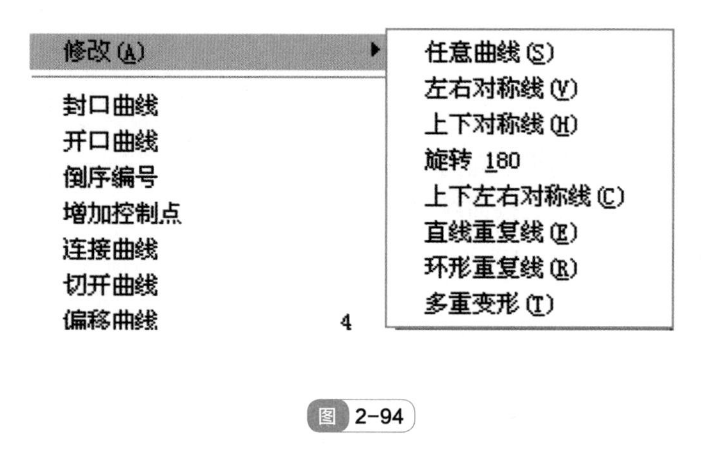

图 2-94

如果图中是任意曲线制作的线形，可以选择【修改】下面的“任意曲线”子命令，选择该命令后，鼠标旁边便会跟随着一个任意曲线的快捷图标形。这时候单击需要修改的任意曲线，当曲线变成蓝色的可编辑颜色时，便可对曲线进行修改。

注意：也可以将左右对称线当做任意曲线来进行修改，这时，曲线的对称性会消失，变成任意曲线的模式。同时，也可以将任意曲线修改成左右对称性，选择【修改】下的“左右对称线”命令，选择曲线，这时任意曲线便会成为左右对称的线条，改变了属性。其它曲线相同。

快捷方式：以修改“任意曲线”为例，选中任意曲线的快捷图标，当鼠标旁边跟随该图标形时，按住“Shift”键的同时，单击需要修改的任意曲线线段。当线段变成蓝色的可编辑颜色时，松开“Shift”键，便可对该线条进行修改。

如果是修改左右对称线，则需要选中图标，按住“Shift”键，单击需要修改的左右对称曲线线段。其它曲线修改方法相同，需要选择相应的快捷图标。

（15）【封口曲线】

该命令可以使曲线的起始点和终点连接在一起，成为闭合的曲线，效果如图 2-95 所示。

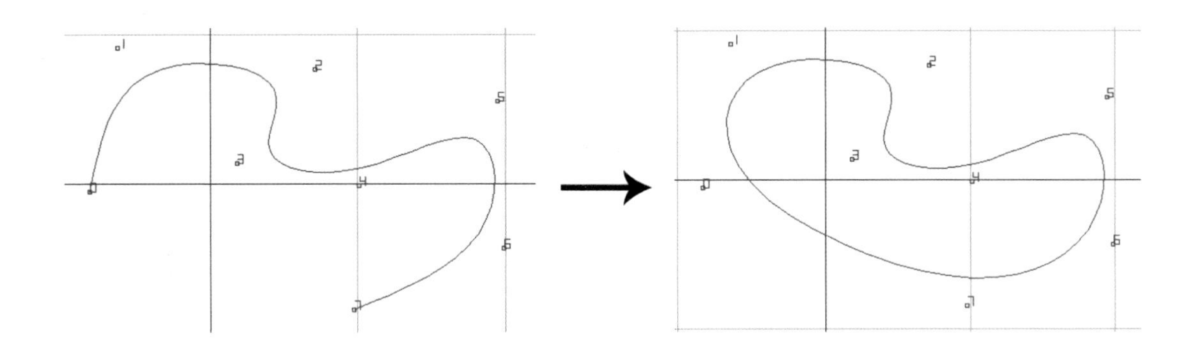

图 2-95

（16）【开口曲线】

该命令与【封口曲线】命令相反，可以使闭合的曲线开口，开口的位置在起始点和终点的连接处。

（17）【倒序编号】

该命令可以使选中的曲线 CV 顺序反过来排列，比如圆形曲线原为顺时针方向排列的，可以将之改为逆时针方向排序。

（18）【增加控制点】

该命令可以使曲线的控制点成倍的增加。单击该命令后，弹出【增加曲线控制点】对话框，可以单击选择下列的数字成倍进行增加。

（19）【连接曲线】

【连接曲线】命令可使两条或两条以上的曲线连接成一条完整的曲线。选择该命令后，单击所需连接的曲线，按“空格”键完成命令操作，生成完整曲线，它自身的 CV 数也会随之发生变化。

注意：选择曲线的顺序不同，最终生成的曲线也会存在差别。因为第一条选择曲线的终点会与第二条选中曲线的起始点进行连接。

例如，首先选中的是左边的螺旋线，再选中的右边的螺旋线，生成的效果如图 2-96。而图 2-97 选择的顺序相反，生成的曲线也截然不同。

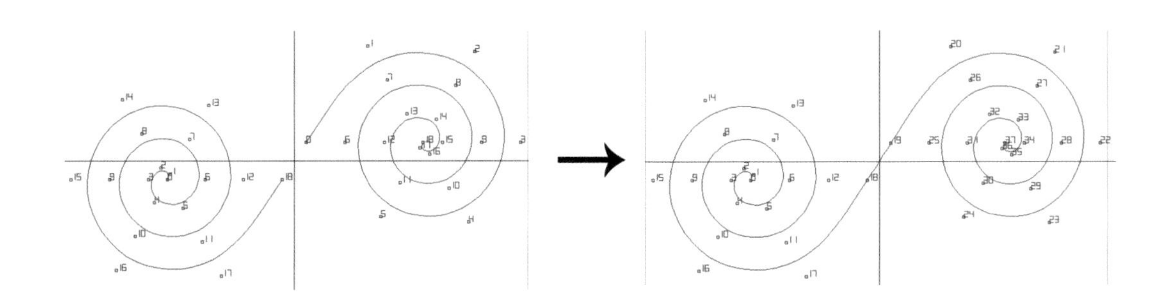

图 2-96

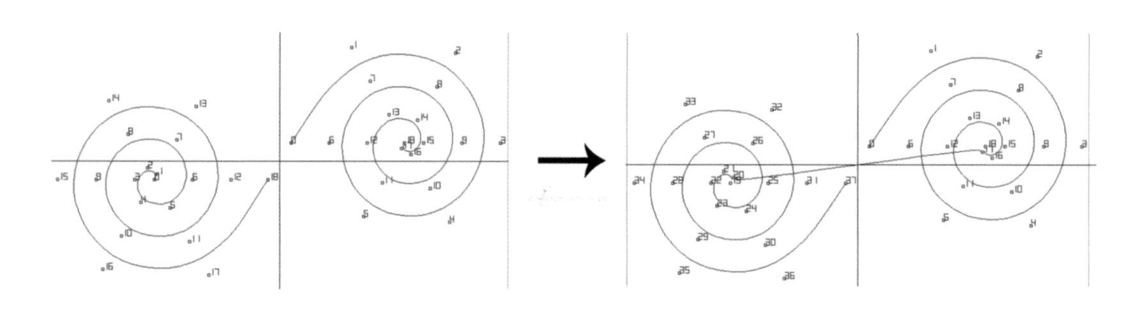

图 2-97

（20）【切开曲线】

选择该命令后，在曲线上的 CV 处单击，可以使曲线分成两段或多段。

（21）【偏移曲线】

【偏移曲线】命令可以使选中的曲线在偏移位置的同时，复制出新的曲线。选择该命令后，弹出【偏移】对话框，如图 2-98 所示。

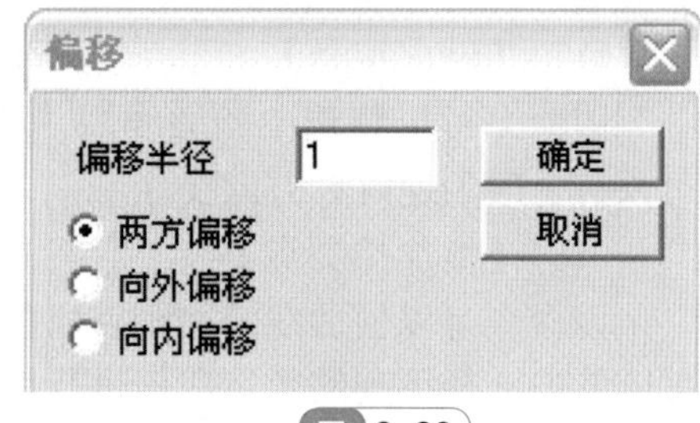

图 2-98

偏移半径：指曲线复制移动的后离原曲线的距离，单位为 mm。

两方偏移：选中此项，曲线会向内外两个方向各复制出两条新的曲线，而新产生的曲线与原有曲线的距离都是等同的数值，效果如图 2-99 所示。

向外偏移：选择该项，曲线向外部偏移产生新的曲线。

向内偏移：选择该项，曲线向内部偏移产生新的曲线。

注意：如果曲线的 CV 是顺指针方向排列，【向内偏移】和【向外偏移】的方向会调转过来，可以选中该线条进行【倒序编号】。

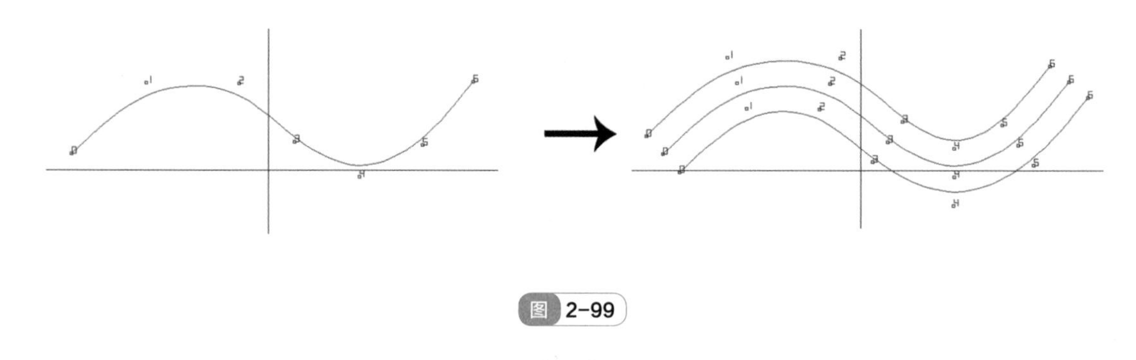

图 2-99

（22）【中间曲线】

该命令可以使两条曲线中间产生一条新的曲线，并且该曲线与两旁曲线的距离都是等同的。操作方法为，选择【中间曲线】命令，分别单击原有的两条曲线，便会自动生成中间的曲线。

注意：该命令产生的曲线默认为开口的状态，效果如图 2-100。并且，原有的两条曲线的 CV 数目必须等同。

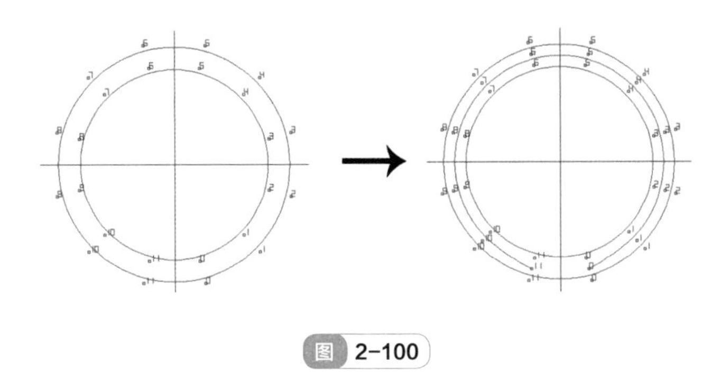

图 2-100

（23）【曲线长度】

该命令可以测量曲线的长度。操作方法为：选中该命令，单击所需测量的曲线，当曲线变成红色的选中颜色时，可以观察软件视窗左下角的状态栏，会显示该曲线的长度数值，如图 2-101 所示。

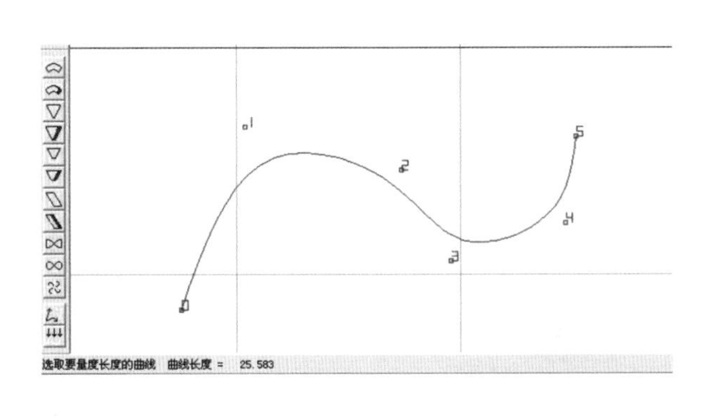

图 2-101

2.2.8 【曲面】菜单

【曲面】菜单中的命令能够最终实现首饰的三维立体效果，是 Jewel CAD 软件中最重要的部分，主要包含图 2-102 中的命令选项。

曲面(S) 杂项(M) 说明(H)
直线延伸曲面(E)
纵向环形对称曲面(R)
横向环形对称曲面(R)
多重变形(T)
线面连接曲面(L)
管状曲面(P)
导轨曲面(A) Shift+D
圆柱曲面(C)
角锥曲面(O)
球体曲面(S)
封口曲面
开口曲面
倒序编号
增加控制点
平滑度
U/V互换
反转曲面面向
偏移曲面 6
V-曲线 ▸

图 2-102

（1）【直线延伸曲面】

【直线延伸曲面】命令可以将选中的曲线按直线路径延伸生成曲面。单击该命令，弹出【直线延伸】对话框，如图 2-103 所示。

延伸数目：指复制的曲面的数目，包括复制前原件的数目，所以最小值为 2。

-- ：水平方向延伸复制的距离数值，单位为 mm。

| ：垂直方向延伸复制的距离数值，单位为 mm。

+ ：进出轴方向延伸复制的距离数值（复制效果在侧视图中可观察），单位为 mm。

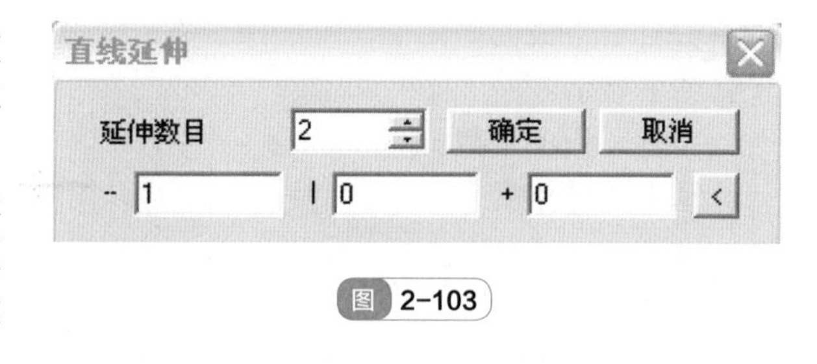

图 2-103

< ：单击后，可将鼠标在画面上随意转动，自行设定复制延伸的数值，单位为 mm。

除了在对话框中设定水平、垂直和进出轴方向的延伸数值外，也可以在对话框弹出后，用鼠标在绘图区中按住鼠标左键任意拖拽方向，里面的数值也会跟着发生改变，确定数值后，松开鼠标，单击“确定”，便可看到复制效果。

例如，首先使用【曲线】菜单里的【环形重复线】绘制一个五角星形，设置“延伸数目”为“4”，横轴延伸数值为“2”，纵轴数值为“0”，进出轴延伸数值为“4”，单击“确定”，生成三视图的效果如图 2-104 所示。

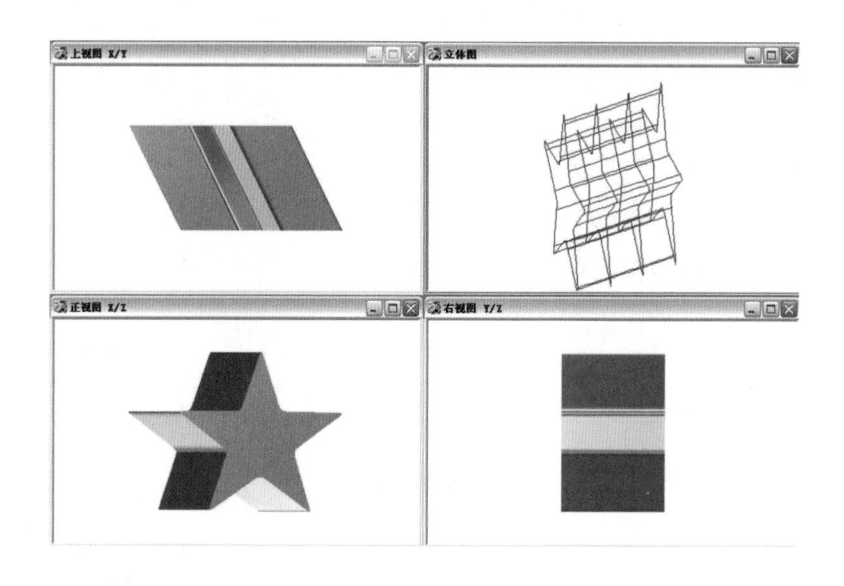
图 2-104

（2）【纵向环形对称曲面】、【横向环形对称曲面】

【纵向环形对称曲面】命令可以使制作的曲线以纵轴为中心，以环形为路径方向，旋转生成曲面——该曲面即是曲线围绕纵轴旋转留下的轨迹。

【横向环形对称曲面】和【纵向环形对称曲面】命令相似，区别是【横向环形对称曲面】以横轴为中心进行旋转生成曲面。

选取【纵向环形对称曲面】命令后，弹出【环形】对话框，如图 2-105 所示。

图 2-105

数目：生成曲面的截面数目，最小值为2。设定为“2”时生成的效果为平面，不能在光影图中显示。

角度：指各个截面之间的夹角度数。在勾选“全方位”的情况下，修改“数目”，会自动计算生成“角度”，即用“360° ”除以“数目”。

全方位：如不勾选此项，生成的曲面是开口的，即最开始的截面和最后的截面不会闭合。

顺时针：截面默认的旋转方向为逆时针，勾选此项，则沿着顺时针方向旋转。

图2-106是使用【纵向环形对称曲面】命令制成的花瓶形状。具体操作步骤为，先使用【曲线】菜单里的【任意曲线】命令绘制出花瓶一半的截面，再单击【纵向环形对称曲面】命令，使用弹出对话框里的默认数值，单击“确定”生成。

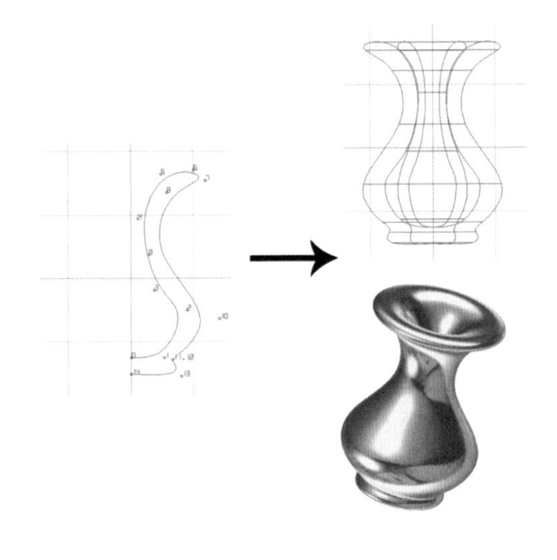

图 2-106

我们可以发现图2-106中，离纵轴越近的CV，最终生成的截面越小，离纵轴越远的CV，生成的截面越大。【横向环形对称曲面】命令亦是如此，只是将“纵轴”换成的“横轴”，在图2-107中我们使用两个相同的截面，因离横轴的距离不同，产生的效果也是存在比较大的区别。离横轴越近，生成的物体直径就越小，离横轴越远，生成物体的直径就越大。

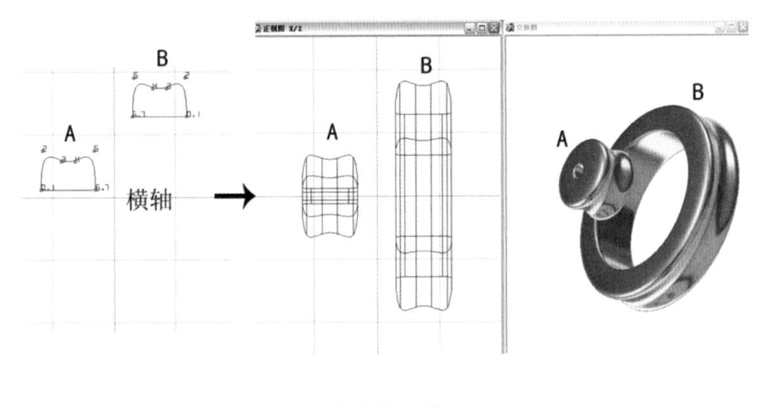

图 2-107

（3）【多重变形】

【多重变形】命令可以将选中的曲线延伸成曲面，并使复制的副本可同时发生移动、放大、缩小、变形和旋转的命令。单击该命令后，会弹出【多重变形】的对话框，如图 2-108 所示。

多重变形

	横向	纵向	进出	
移动	1	0	0	复制数目 2
尺寸	1			
比例	1	1	1	
旋转	90	0	0	确定 取消

图 2-108

移动：有横向、纵向和进出方向可以选择，复制的副本的位置将发生变化。

尺寸：单击“尺寸”，后面灰色的数字会变成白底的可选状态，可在相应的横向、纵向和进出方向输入数值，副本将产生放大或缩小的变化。

比例：单击“比例”，后面灰色的数字会变成白底的可选状态，可输入数值，复制的副本将发生变形。

旋转：单击“旋转”，在可选状态下修改数值，分别控制所复制的副本在 X 轴、Y 轴和 Z 轴上所旋转的角度。

复制数目：最小值为 2，指延伸成实体后所产生的截面总数。

图 2-109 是将矩形曲线通过【多重变形】命令设定相关数值后所生成的图形。

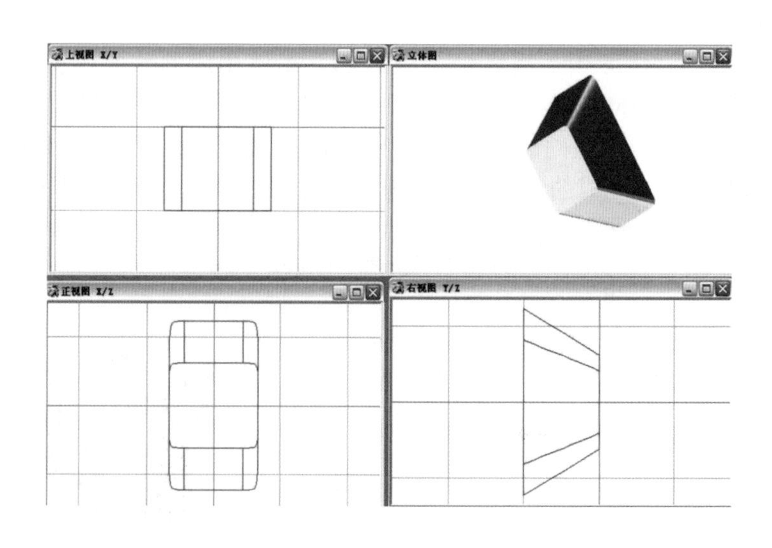

图 2-109

（4）【线面连接曲面】

该命令可以将 2 个或 2 个以上的曲线连接起来，形成新的曲面。同时，连接多个曲线的顺序不同，生成的效果也可能存在区别。在操作命令时，应注意以下几个问题：

① 相连接的曲线同为开口曲线或者同为闭合曲线；

② 相连曲线之间的 CV 数目必须一致；

③ 如无特殊情况，各个曲线之间的 CV 数需要相对应，比如“1”对“1”。

下面以实例讲解【线面连接曲面】命令。

① 首先在【正视图】中使用【曲线】菜单里的【圆形】绘制直径 18mm，控制点数为 10 的圆形。再使用【曲线】菜单里的【环形重复线】绘制五边形，注意起始点和圆形的起始点应对应，如图 2-110 所示。

② 选中五边形，切换到【右视图】，使用【变形】菜单里的【移动】工具将五角星向右移动 15mm，并使用【复制】菜单里的【左右复制】命令将其复制，如图 2-111 所示。

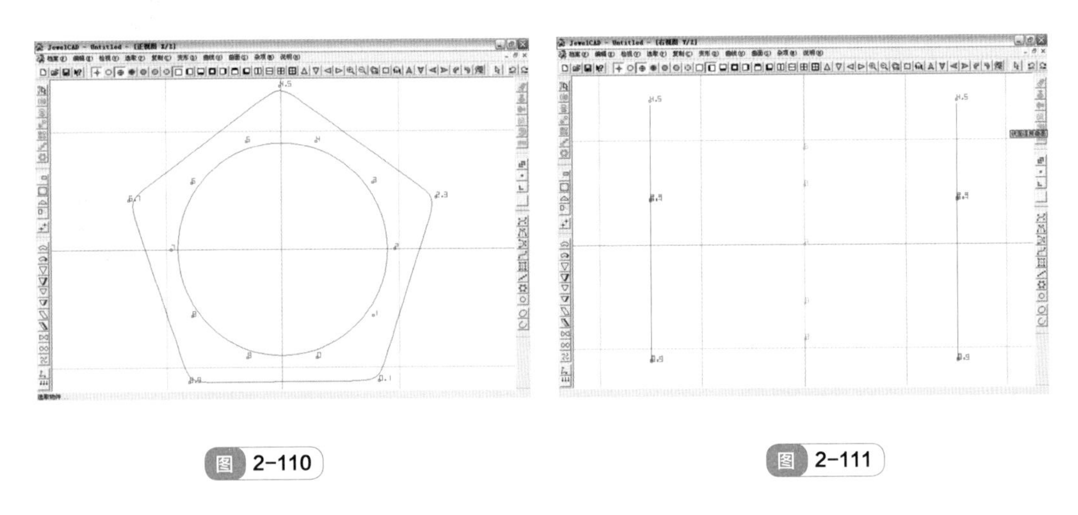

图 2-110

图 2-111

③ 使用【曲面】菜单里的【线面连接曲面】命令，弹出【线面连接曲面】对话框，这时依次单击曲线，形成如图 2-112 的效果。

④ 结束命令，通过单击【选取物件】图标（提示：或按下键盘上的“空格”键），最终生成效果如图 2-113 所示。

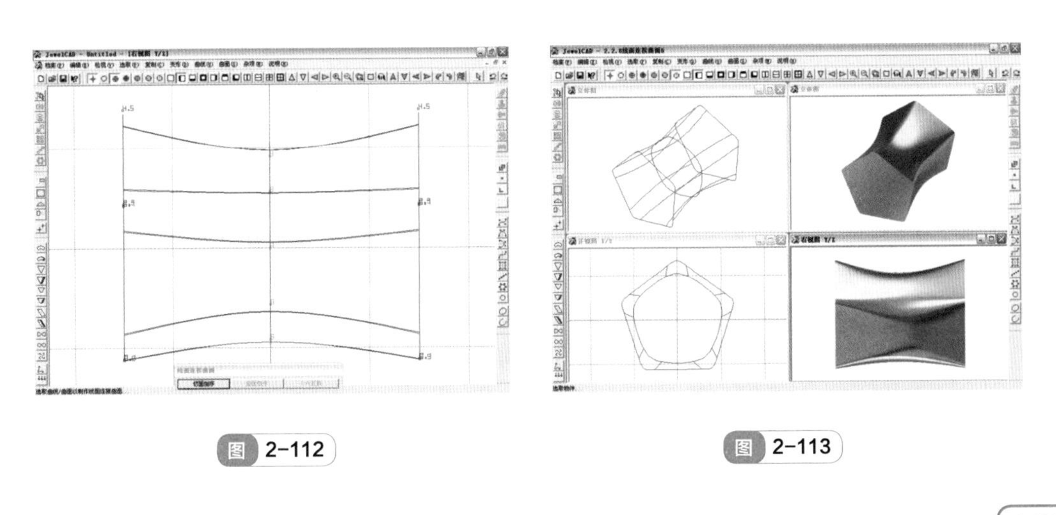

图 2-112

图 2-113

⑤ 如果回复到进行【线面连接曲面】命令步骤，对中间的圆形进行双击，可以发现中间部分比图2-112多出两条垂直的线段，如图2-114所示。最终形成的效果也有别于图2-113，如图2-115。这个原理和【曲线】菜单中对正在编辑曲线的CV进行双击形成尖角是一样的道理，可以通过此方法对形成的曲面进行编辑。

在进行【线面连接曲面】命令时，可以观察到如图2-116所示的【线面连接曲面】的对话框。在以下几种情况下可以使用对话框中的命令选项。

切面倒序：连接时，其中一条曲线为逆时针、另一条曲线为顺时针，可以使用该命令，使其中一条曲线的CV被倒序排列。

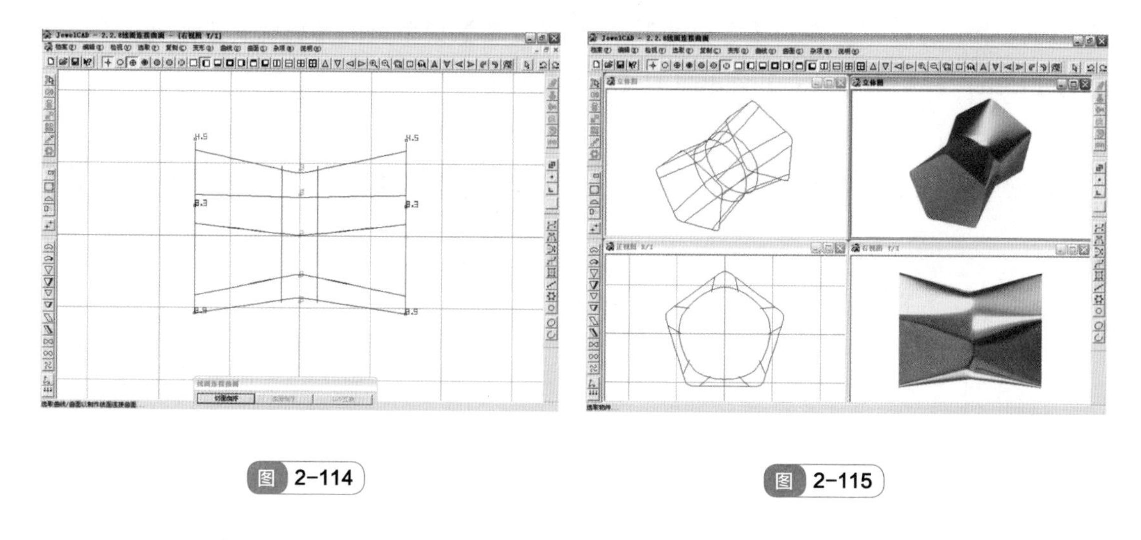

图 2-114　　图 2-115

曲面倒序：连接物体是曲面，可以激活该选项使曲面CV倒序。

图 2-116

U/V互换：连接物体是曲面，可以激活该选项使曲面上的U曲线和V曲线互换位置。

（5）【管状曲面】

【管状曲面】命令可以将1～2个切面沿着设定的路径形成类似于管状的曲面。切面是通过【曲线】工具所设定的横截面。

下面通过实例来演示该命令的操作步骤。

① 通过【曲线】菜单里的【任意曲线】绘制如图2-117所示的曲线。

② 单击【曲面】菜单里的【管状曲面】命令，弹出【管状曲面】对话框，如图2-118所示。选择“横向管状”，单击“单切面”后，对话框消失，回到绘图区。

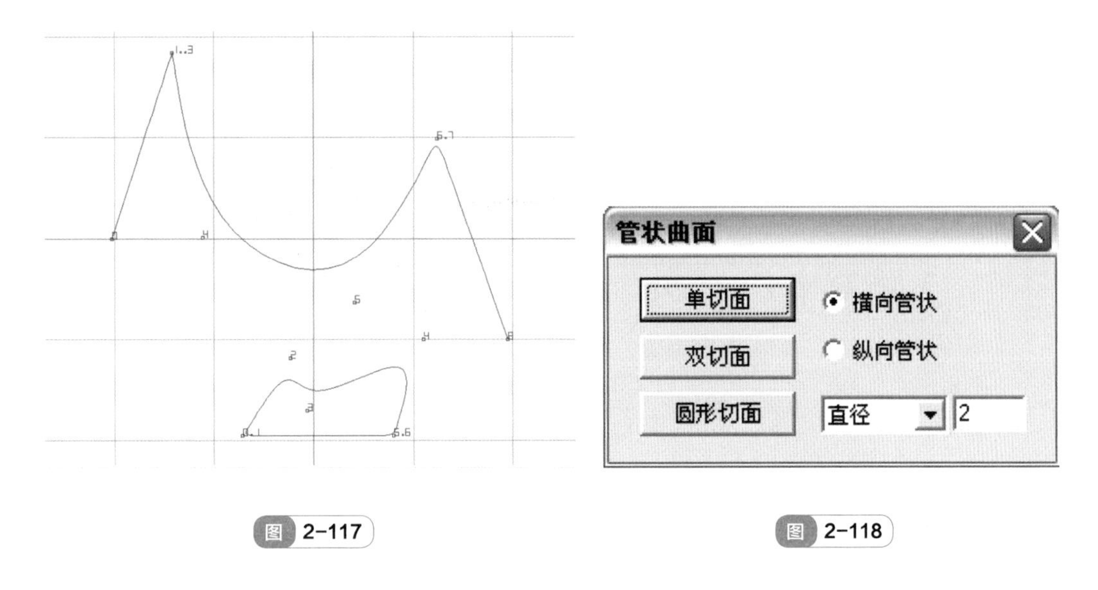

图 2-117

图 2-118

③ 根据视窗左下角【状态栏】提示“选一曲面为管状曲面之切面”，选择闭合曲线为切面，生成如图 2-119 所示的效果。

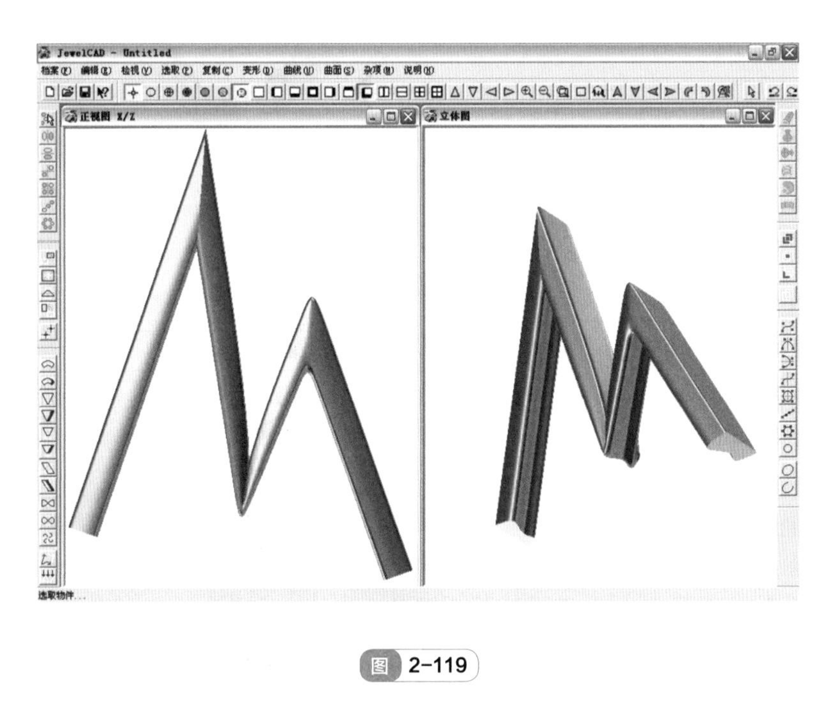

图 2-119

图 2-118 中【管状曲面】对话框中的数值分别代表的意思如下。

单切面：指将一条曲线作为唯一的切面，另一条曲线作为路径，使单切面顺延指定路径生成曲面。

双切面：指将两条曲线作为切面，一条曲线作为路径，使两个切面顺延指定路径生成曲面（图 2-120）。第一次单击选择的切面会置于路径曲线的起始端至中点，第二次单击选择的切面会置于路径曲线的中点到末端。

注意：两个切面的形状可以存在差异，但 CV 数目必须相同。

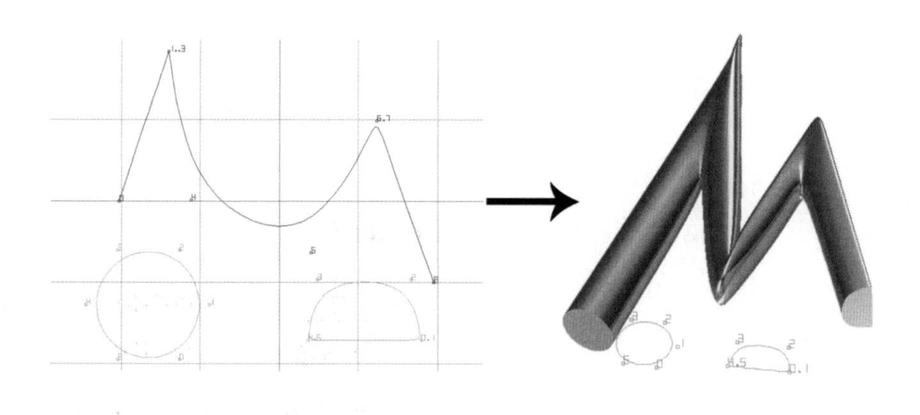

图 2-120

圆形切面：选择该项的情况下，只需要设置一条曲线作为路径，生成的管状曲面横截面为圆形，并可以设置圆形截面的直径大小（图 2-121）。

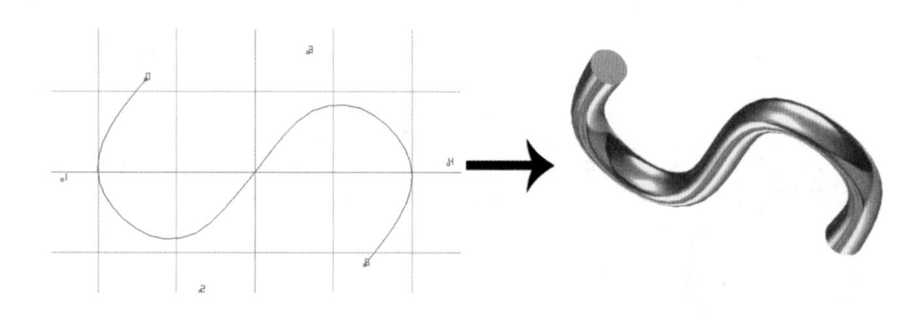

图 2-121

横向管状：指切面以水平方向在作为路径的曲线上运行切面。图 2-120 选择的是“双切面”、“横向管状”。

纵向管状：指切面以垂直方向在作为路径的曲线上运行切面。

（6）【导轨曲面】

【导轨曲面】命令是 Jewel CAD 软件中最为重要、也相对难理解的命令。可以通过设置不同的导轨和切面生成曲面。单击该命令，弹出【导轨曲面】对话框，如图 2-122 所示。

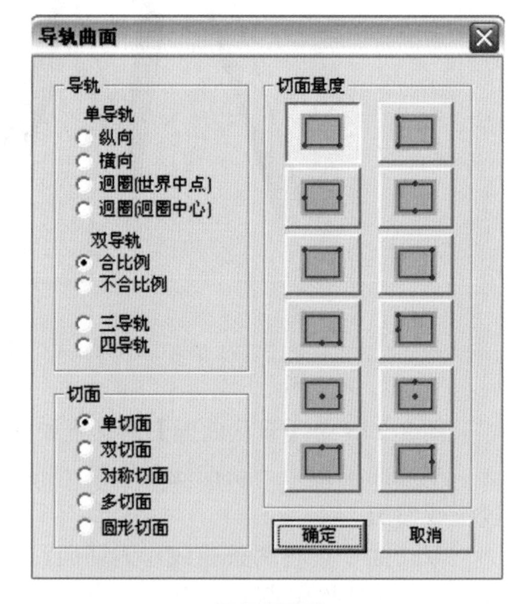

图 2-122

①【单导轨】

纵向：该选项需要设置一条曲线作为导轨，从而创建一个单导轨实体。另一条导轨则为纵轴，设置好的切面将会沿着纵轴和设置好的导轨之间上下方向作合比例的变化。

注意：作为导轨的曲线决定最终形成实体的大小（导轨曲线上的控制点离纵轴越近，

实体越小；导轨曲线上的控制点离纵轴越远，实体越大）。切面只是控制形成实体的形状，与大小无关。

横向：与“纵向”原理类似，只是将“纵轴”换成“横轴”。

通过下面的实例　讲解“纵向”与“横向”。

a. 在【正视图】中，通过【任意曲线】和【环形重复线】绘制导轨和切面。导轨的起始点和终点要和纵轴线相重合，如图 2-123 所示。

b. 选择【导轨曲面】命令，选择“单导轨”、“纵向”、“单切面”，切面量度选择，单击“确定”。按照【状态栏】的提示，依次选取导轨和切面。生成如图 2-124 的效果。

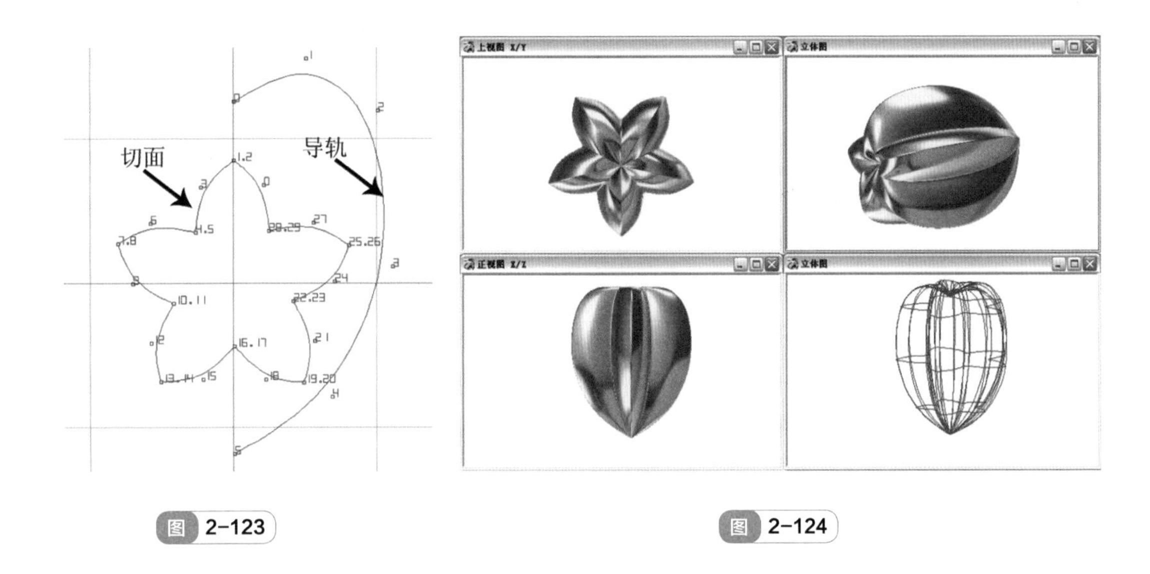

图 2-123　　图 2-124

通过图 2-124，我们可以观察到切面顺延导轨与纵轴之间做上下运动生成的实体效果。如果将导轨位置切换一下，将【导轨曲面】中的“纵向”换成“横向”，生成效果如图 2-125 所示。

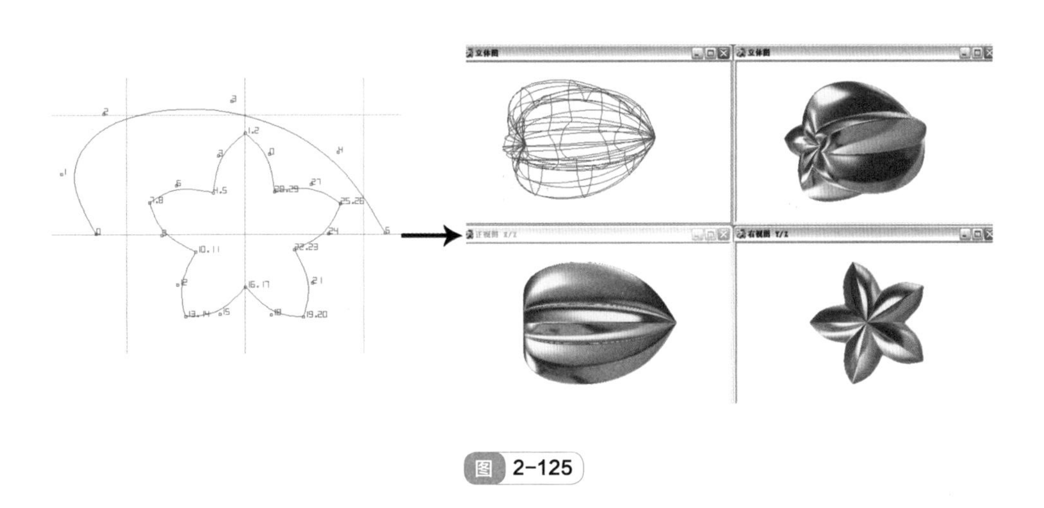

图 2-125

迴圈（世界中点）：该选项需要设置一条曲线作为导轨，从而创建一个单导轨实体。另一条导轨则为进出轴（世界中心），设置好的切面将会沿着进出轴和设置好的导轨之间上下方向作合比例的变化。

迴圈（迴圈中心）：与“迴圈（世界中点）”原理类似，只是将“进出轴”换成“物件中心”。

通过下面的实例讲解“迴圈（世界中点）”与“迴圈（迴圈中心）”。

a. 在【正视图】中，通过【任意曲线】和【左右对称线】绘制导轨和切面。导轨的起始点和终点要和纵轴线相重合，如图 2-126 所示。

b. 选择【导轨曲面】命令，选择“单导轨”、“ 迴圈（世界中点）”、“单切面”，切面量度选择，单击“确定”。按照【状态栏】的提示，依次选取导轨和切面。生成如图 2-127 的效果。

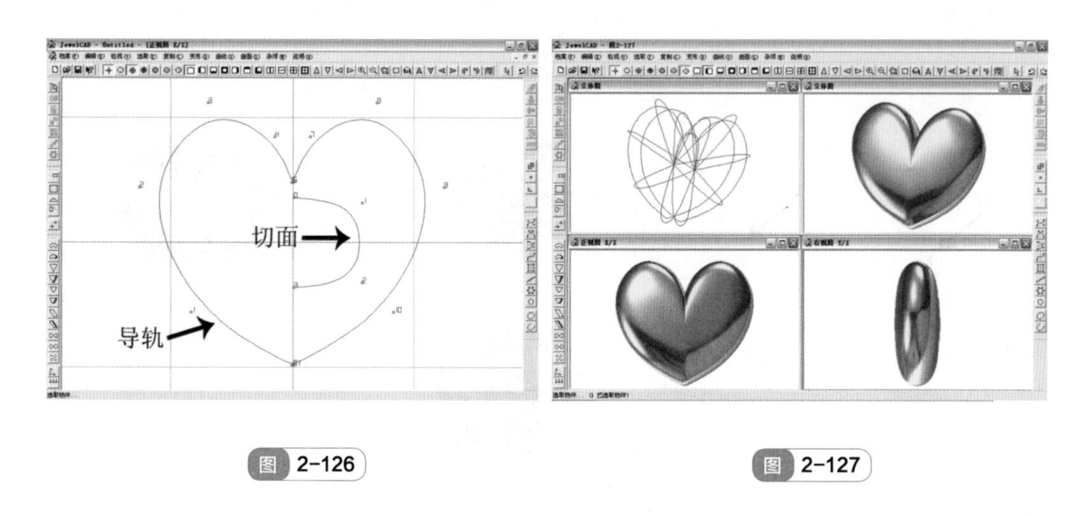

图 2-126　　图 2-127

通过图 2-127，我们可以观察到切面顺延导轨与进出轴（世界中心）做上下运动生成的实体效果。如果物件中心和世界中心重合，使用“迴圈（迴圈中心）”生成的效果也相同。所以“迴圈（迴圈中心）”适用于物体的物件中心与世界中心不重合的情况下。如图 2-128 中，我们将导轨偏离世界中心，选择“迴圈（迴圈中心）”所生成的效果也与图 2-127 相同。

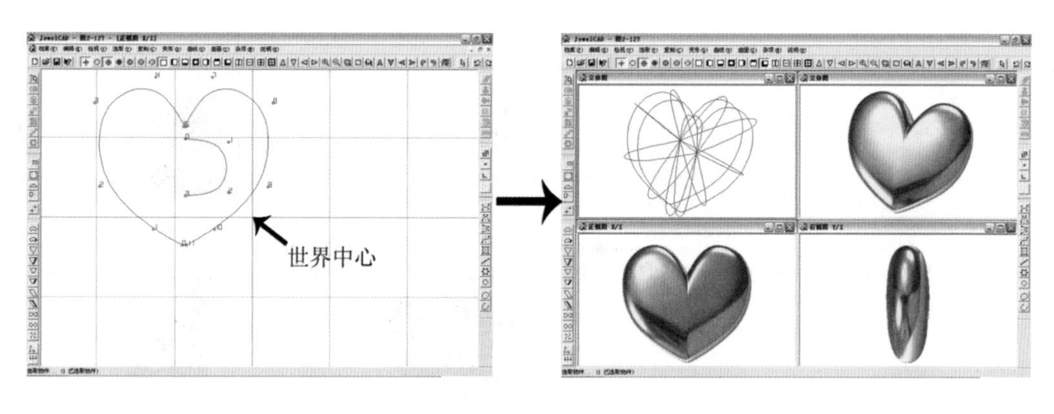

图 2-128

②【双导轨】

合比例：用户可以设定两条曲线作为切面行进的路径，切面置于两条导轨之间做合比例的变化。当两条导轨之间的距离变宽时，生成曲面的高度也会相应增加。

不合比例：用户可以设定两条曲线作为切面行进的路径，切面置于两条导轨之间做不合比例的变化。当两条导轨之间的距离变宽或变窄时，生成曲面的高度不会产生相应的变化，保持高度一致。

我们可以从以下两图进行对比和体会——图 2-129 为“双导轨”、“合比例”，对比图 2-130 为“双导轨”、“不合比例”。在绘制时，只需按照【状态栏】提示进行操作即可。

注意：两条导轨的形状可以有区别，但它们之间的 CV 数目必须一致，CV 点数相对应（以下【三导轨】和【四导轨】的注意事项相同）。

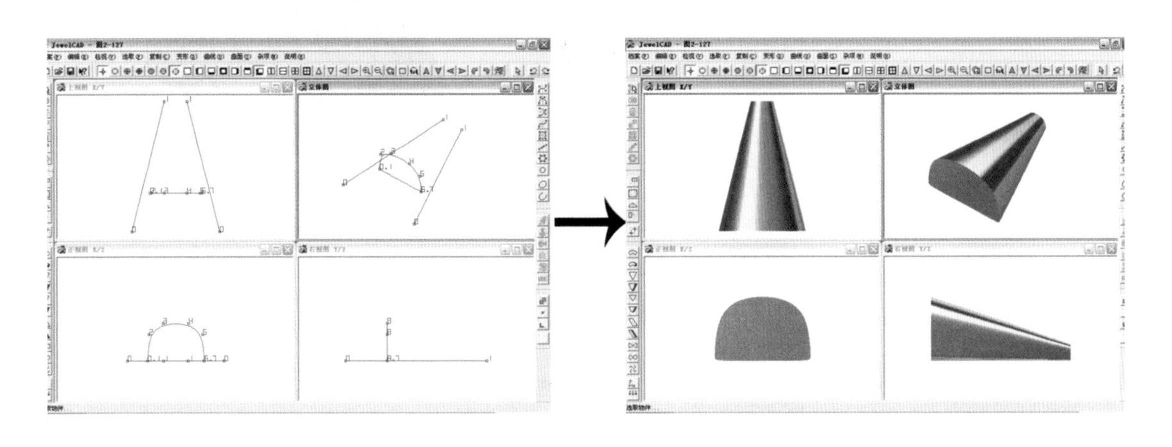

图 2-129 合比例

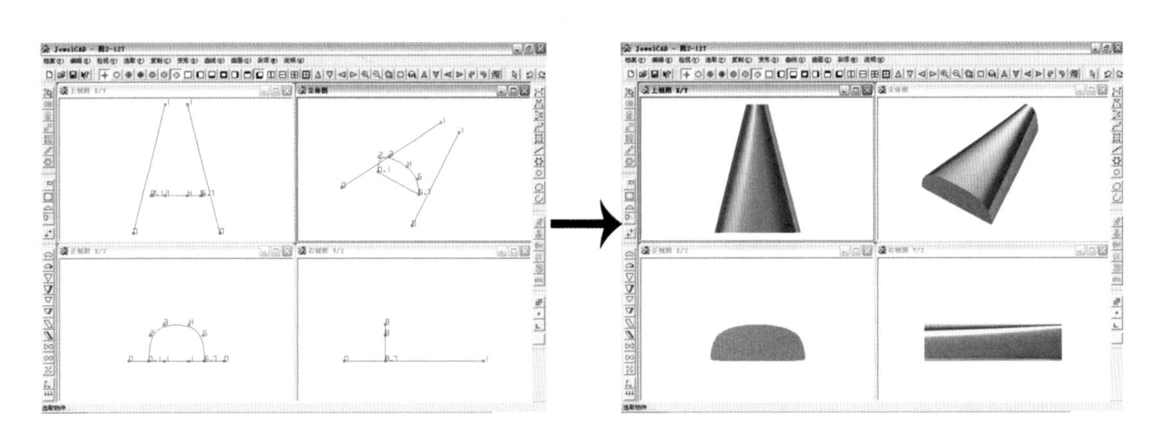

图 2-130 不合比例

③【三导轨】 这一选项需要创建三条曲线作为导轨，使切面顺延导轨生成曲面。其中，首选的两条导轨控制形成曲面的宽度（或高度），第三选择的导轨则控制形成曲面的高度（或宽度），切面将在三条导轨之间作等距离缩放。

④【四导轨】 这一选项需要创建四条曲线作为导轨，使切面顺延导轨生成曲面。其中，首选的两条导轨控制形成曲面的宽度（或高度），第三和第四选择的导轨则控制形成曲面的高度（或宽度），切面将在四条导轨之间作等距离缩放。

⑤【切面】 切面是生成曲面的横截面，顺着导轨延伸。如，假设火车的横截面是矩形，铁轨是它的轨道，切面顺着两条轨道延伸，它所留下的轨迹也就成了矩形，如图 2-131 和图 2-132 所示。

注意：在【导轨曲面】中，对曲面位置和相对大小起到决定性作用的是“导轨”，“切面”

则起到控制形成曲面横截面的作用。

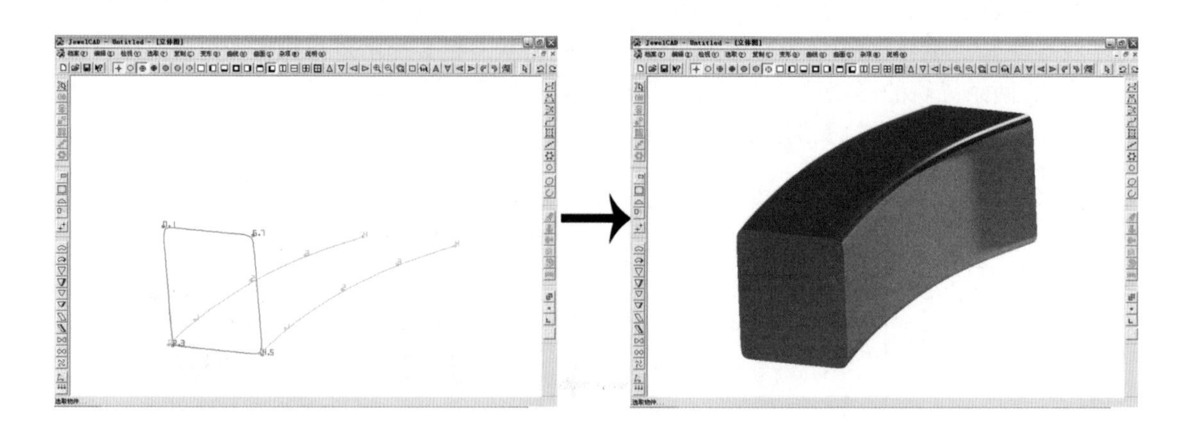

图 2-131

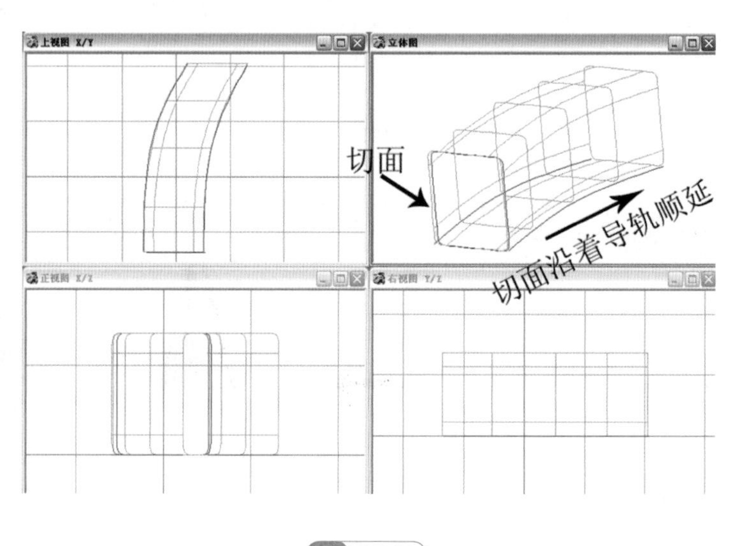

图 2-132

单切面：使用一个截面在导轨曲线中延伸成曲面。

双切面：使用两个截面在导轨曲线中延伸成曲面。第一个选择的切面置于导轨曲线的起始点到中点的位置，第二个选择的切面置于导轨曲线的中点到终点的位置。

对称切面：使用两个截面在导轨曲线中延伸成曲面。第一个选择的切面置于导轨曲线的起始点和终点的位置，第二个选择的切面置于导轨曲线的中点位置。

多切面：使用两个或两个以上的截面在导轨曲线终延伸成曲面，用户可自行设定截面在导轨曲线上所处的位置。在操作时，按照【状态栏】中的提示完成导轨和切面的选择。具体为：

a. 先选择所有的导轨曲线，再选一曲线作为切面 0（即在导轨曲线上 CV 数为“0”上所需的切面曲线）；

b. 在第一次点取的导轨曲线（或看【状态栏】提示）选取 1+（即大于或等于 1 这个 CV 数的 CV 点都可以选取）；

c. 选一曲线作为切面 1（再选取 CV 数为“1”上所需的切面曲线）；

d. 再到在第一次点取的导轨曲线（或看【状态栏】提示）选取 2+（即大于或等于 2 这个 CV 数的 CV 点都可以选取）；

e. 如此重复多次，直至最后一个 CV 设置好切面曲线，才可以创建曲面。

注意：

a. 导轨曲线之间的 CV 数目和方向需一致，CV 点数相对应；

b. 切面曲线之间的 CV 数目和方向需一致，CV 点数相对应；

c. 设置完导轨曲面命令后，在选取时，应先选择导轨，再选取切面。

圆形切面：使用圆形截面在导轨曲线中延伸成曲面，在最初设置曲线时，可以不必设置“圆形曲线”作为切面，选择此选项可以自动生成。

（7）【切面量度】

【切面量度】指的是切面在导轨曲线上所处的宽度与高度。左边的六个图标主要代表的是宽度，右边的六个图标则代表的是高度。红色的点是代表导轨，蓝绿色的框指的是切面。导轨的位置不变，切面会随着切面量度的设定而产生变化。所以在导轨和切面都相同的情况下，选用的切面量度不同，产生的效果也大相径庭，如图 2-133 所示。初学者比较容易混淆【切面量度】的使用，建议掌握两至三个进行熟记即可。

（8）【圆柱曲面】、【角锥曲面】和【球体曲面】

用户单击这三个命令的时候，分别可在绘图区生成圆柱体、角锥体或球体。

（9）【封口曲面】、【开口曲面】

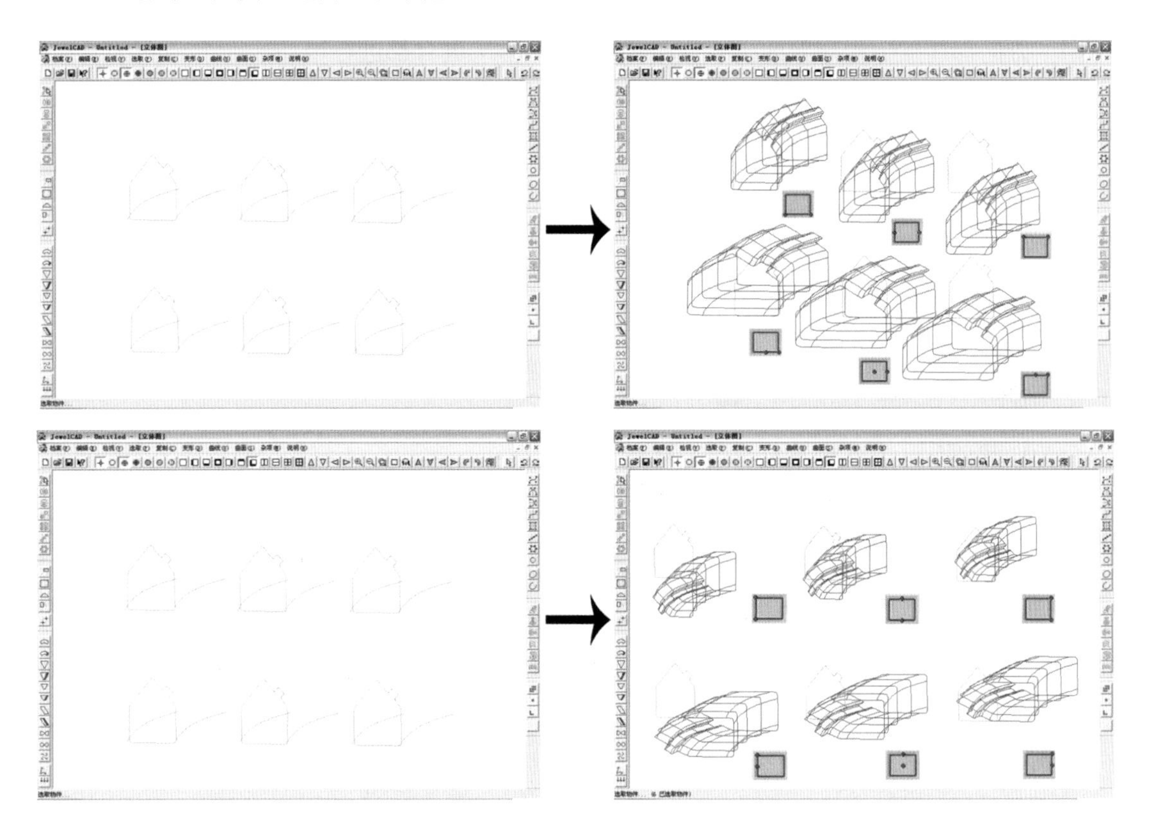

图 2-133

【封口曲面】命令可以使曲面 U 方向上的曲线封闭。【开口曲面】则与【封口曲面】命令的功能相反，可以将曲面上 U 方向上的曲线打开。如图 2-134 所示分别是【封口曲面】与【开口曲面】的对比效果。

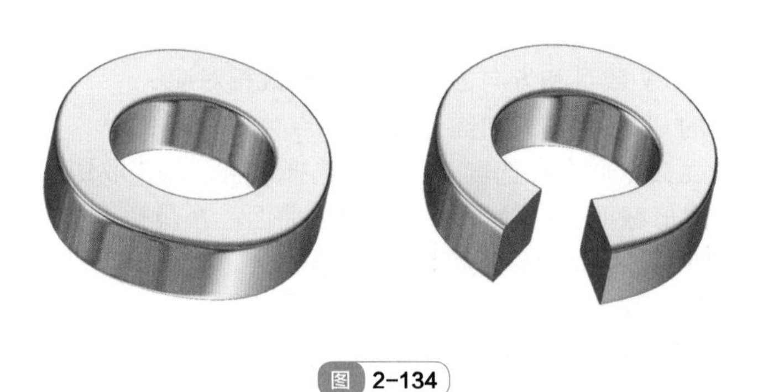

图 2-134

（10）【倒序编号】

该命令可以使选取曲面上的 U 曲线的控制点顺序反过来排列。

（11）【增加控制点】

该命令可以使曲面上 UV 方向的控制点成倍增加。单击该命令后，弹出【增加曲面控制点】对话框，如图 2-135 所示。

增加倍数：单击选择下面的数字使曲面上的 CV 数目成倍增加。

UV 方向都增加：指对曲面上 U 方向和 V 方向的 CV 数目都进行增加。

U 方向增加：只增加曲面上 U 方向上的 CV 数目。

V 方向增加：只增加曲面上 V 方向上的 CV 数目。

（12）【平滑度】

【平滑度】命令可以改变曲面上的平滑度，平滑度的倍数越高，则曲面上的平滑效果越好。但是，平滑度的增加会影响软件处理曲面的速度，尤其体现在彩色图中，操作和输出的时间都会相应增长。单击该命令，会弹出【平滑度】对话框，如图 2-136 所示。

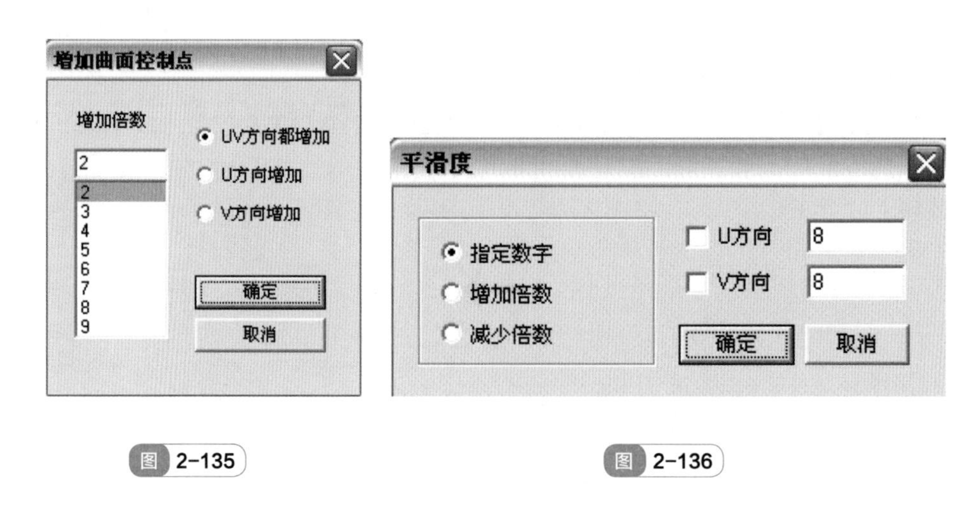

图 2-135　　图 2-136

指定数字：在此项被选中的情况下，可以勾选“U 方向”或“V 方向”设定指定的数字来改变曲面的平滑度。

增加倍数：在此项被选中的情况下，可以勾选“U 方向”或“V 方向”增加指定的倍数来改变曲面的平滑度。

减少倍数：此项被选中的情况下，可以勾选“U 方向”或“V 方向”减少指定的倍数来改变曲面的平滑度。

（13）【U/V 互换】

选择该命令时，曲面上的 U 曲线和 V 曲线的属性会发生对换。

（14）【反转曲面面向】

该命令可以将选中的曲面的面向反转改变。

（15）【偏移曲面】

【偏移曲面】命令可以使选中的曲面在偏移位置的同时，复制出新的曲面。选择该命令后，弹出【偏移】对话框，如图 2-137 所示。

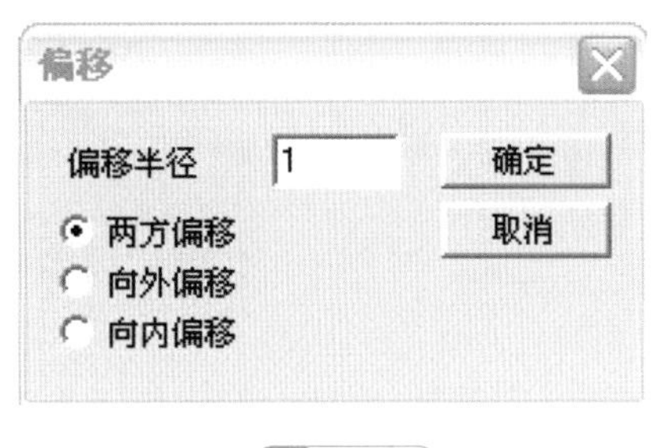

图 2-137

偏移半径：指曲面复制移动的后离原曲面的距离，单位为 mm。

两方偏移：选中此项，曲面会向内外两个方向各复制出两条新的曲面，而新产生的曲面与原有曲面的距离都是等同的数值，单位为 mm。

向外偏移：选择该项，曲面向外部偏移产生新的曲面。

向内偏移：选择该项，曲面向内部偏移产生新的曲面。

（16）【V- 曲线】

该命令可以对曲面上的 V 曲线进行以下三种命令操作，从而使曲面发生改变：

封口曲面：可以使曲面上的 V 曲线封口。

开口曲面：可以使曲面上的 V 曲线开口。

倒序编号：可以使曲面上的 V 曲线上的 CV 排列顺序倒转排列。

2.2.9 【杂项】菜单

【杂项】菜单如图 2-138 所示，共有 14 个命令。其中，【布林体】、【多面体】和【测量】下面又包含有子命令。

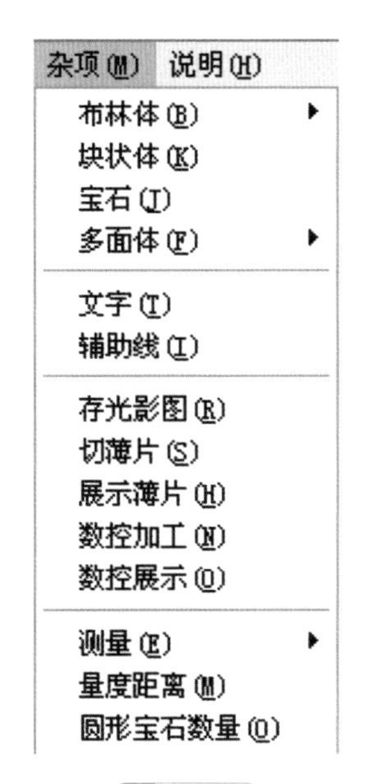

图 2-138

（1）【布林体】

【布林体】命令主要包含有三个功能——【联集】、【交集】和【相减】，与数学几何中的“并集”、“交集”概念相似。

联集：该命令可以将选中的物体群组在一起，形成一个新的整合体。当物体联集后，单击其中任何一个部分，整个物体组将被同时选中。

交集：选择该命令时，选中的两个或两个物体以上之间相交的部分将会被保留，其余部分消失。前提是多个物体之间存在相交性（图 2-139）。

相减：假设有 A 与 B 两个物体，A 是减去的物体，B 是被减去的物体。选中 A 物体后，实施【相减布林体】命令，再单击 B 物体。生成的效果是 A 物体会消失，包括 A 与 B 相交的部分也会消失。图 2-140 中，圆球为减去的物体，圆柱体为被减去的物体。

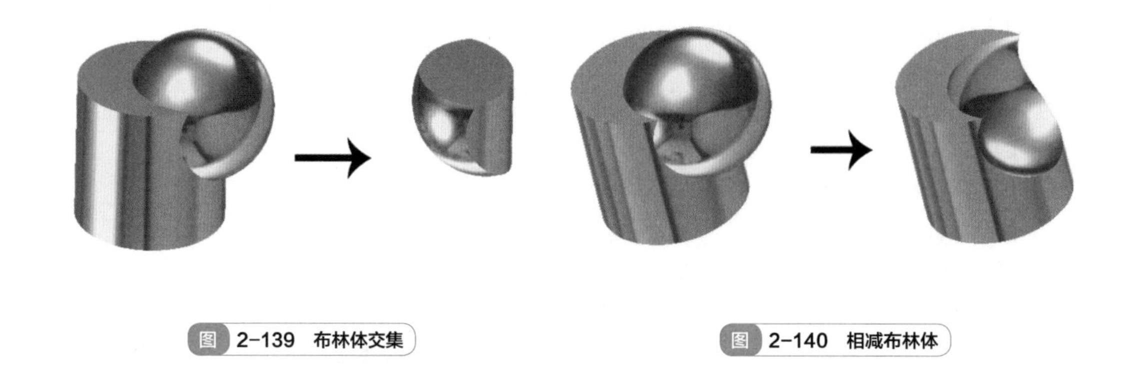

图 2-139 布林体交集　　图 2-140 相减布林体

还原：该命令可以使实施的布林体命令撤销，使选中的物体回复到布林体命令之前的状态。

展示减去物件：在实施【相减布林体】命令后，减去的物件会默认在视图中隐藏起来。选中该物件，实施【展示减去物件】命令，可使减去的物件在线图中显示出来。

隐藏减去物件：选取物件实施此命令，可以使展示在线图中的减去物件隐藏起来。

（2）【块状体】

该命令可以通过一定的法则将曲线延伸成曲面，单击该命令，弹出【制作块状体】对话框，如图 2-141 所示。

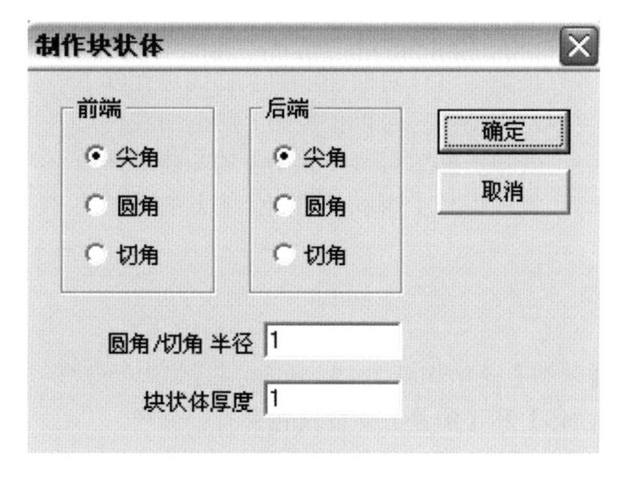

图 2-141

前端：包含“尖角”、“圆角”和“切角”三个选项，可以设置生成块状体靠前面部分的形状。

后端：包含内容与“前端”相同，设置的是生成块状体靠后面部分的形状。

圆角 / 切角半径：用户可以通过该项设置圆角或切角的半径大小，在设置时，数值需大于 0，并要根据块状体的厚度来设置合适比例的半径。

块状体厚度：用户可以通过该项设置块状体形成的厚度，单位为 mm。

在设置生成【块状体】的曲线时，应注意以下几个事项：

① 所有的曲线必须为闭口曲线；

② 所有的曲线可以相互包围，但是不能交叉；

③ 最外面的曲线必须为逆时针方向，里面包含的曲线为顺时针方向，如果里面还包含有曲线，曲线的排列顺序则与包围它的曲线方向相反。

如图 2-142 是通过【块状体】命令生成的曲面。

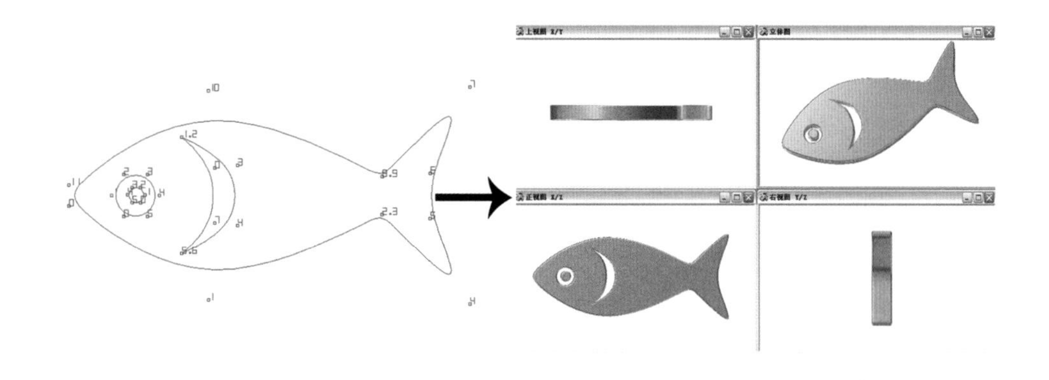

图 2-142

(3)【宝石】

该命令里面包含了八种常见的宝石琢型，如图 2-143 所示，用户根据需要单击选择所需要的宝石。并且，用户可以根据对宝石琢型的特殊要求，对宝石实施相关变形命令来改变宝石的比例。

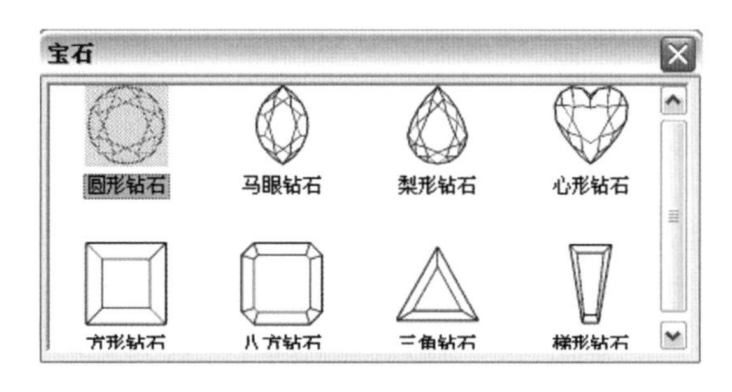

图 2-143

(4)【多面体】

【多面体】命令用于生成和修改多面体，该命令包含【平面多面体】、【光滑多面体】、【反转面向】和【延伸成实体】四个子命令。

平面多面体：该命令可以使选中的多面体的表面趋于平面化表现，面与面的过渡较为尖锐。

图 2-144

光滑多面体：该命令可以使选中的多面体的表面转换更为圆滑。

反转面向：该命令可以反转选中多面体的面向。

延伸成实体：单击该命令，弹出【延伸多面体成实体】对话框，如图 2-144 所示。该命令可以对多面体进行编辑，使之延伸成实体效果（图 2-145）。

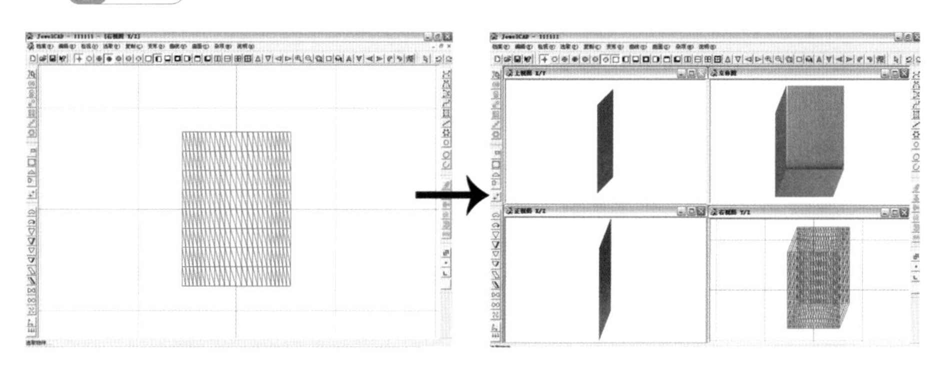

图 2-145

（5）【文字】

【文字】命令可以创建文字曲线或者是文字的块状体。选择该命令后，弹出如图 2-146 所示的【文字】对话框。

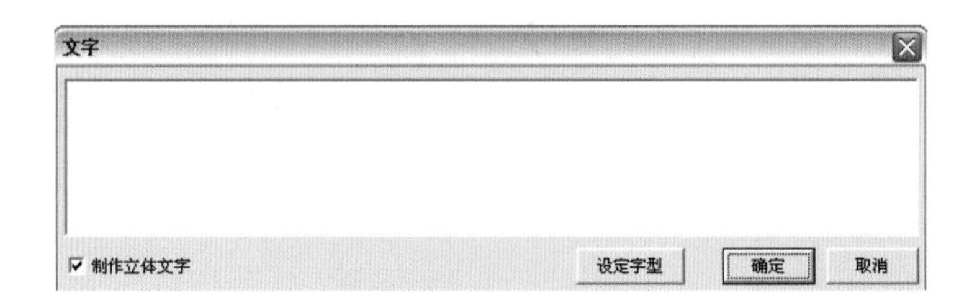

图 2-146

输入文字内容：可以在空白区域内输入所需要的文字。

制作立体文字：勾选此选项，文字生成的是块状体。会弹出如【块状体】命令一样的对话框，可以进行相应的设置。不勾选此项，生成的文字便是曲线的形式。

设定字形：该命令可以对所设文字的字体、字形及大小进行设置，如图 2-147 所示。

所有选项设置完毕后，效果如图 2-148 所示。

图 2-147

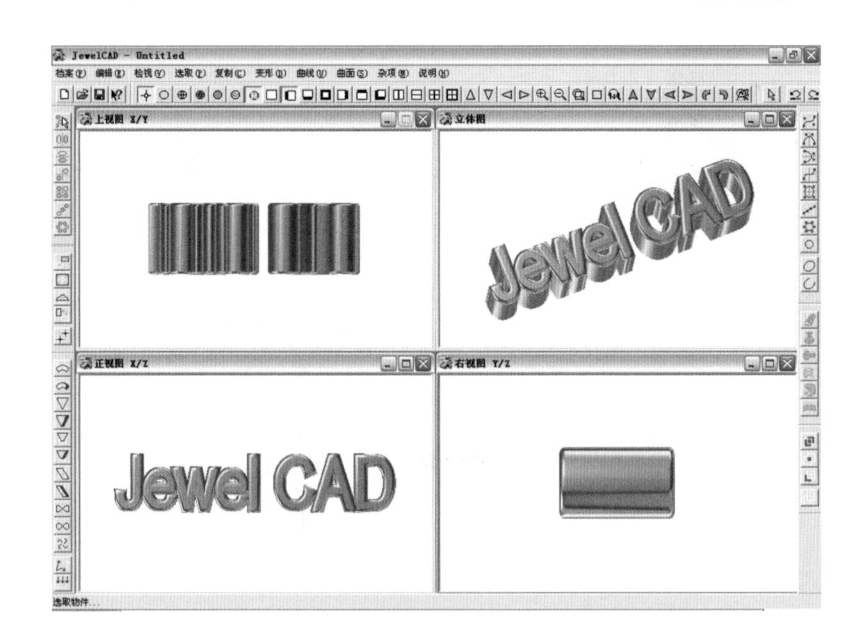

图 2-148

（6）【辅助线】

该命令可以设置无限延长的辅助线方便进行绘图参考。具体操作方法为：选中该命令后，单击鼠标进行拖拽，同时观察【状态栏】中数据的变化，符合数据要求时释放鼠标。

提示：删除辅助线的方法为：通过【选取】菜单中的【选取辅助线】命令选中辅助线，执行【删除】命令。

（7）【存光影图】

在此前介绍了【储存视窗】命令，可以保存平面图形当前视窗下绘图区中所呈现的角度与图形效果，视图比例已固定。而【存光影图】则功能强于【储存视窗】命令，一般用于输出精细度较高的首饰图像。单击该命令，弹出如图 2-149【存光影图】对话框。

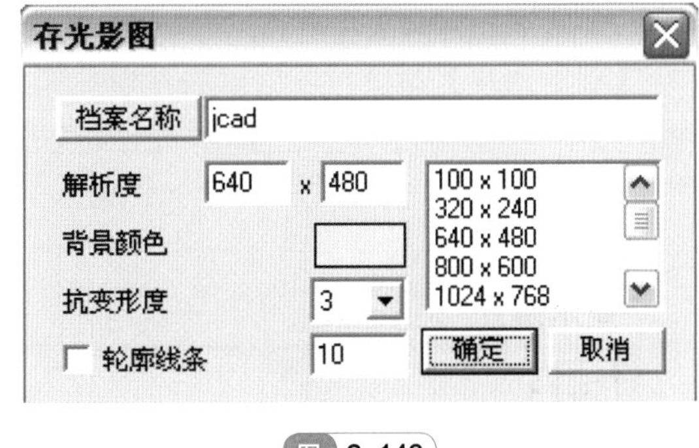

图 2-149

档案名称：可以设定图形储存的路径（位置）。单击 档案名称 条框，弹出【另存为】对话框，可以设定储存在电脑中的位置、文件名称以及文件的保存类型。设定完成后，单击“确定”，回复到【存光影图】对话框，“档案名称”后的路径与名称相应地发生变化。

解析度：即储存图形的像素大小，默认的解析度为 640×480，也可以单击后面的“100×100”、“320×240”等设置解析度的大小。或者可以直接在框中输入用户需要的数值。

背景颜色：可以设置首饰图的背景色彩，默认色彩为灰色。单击色彩框，可以在弹出的【颜色】对话框中设置用户所需的颜色。

抗变形度：用户可以通过设置该数值来改善图形的质量，分为 1、2、3 级，数值越大，抗变形的等级也就越高，但输出图像的时间也会相应增长。

轮廓线条：不勾选此项，生成的图形为“光影图”效果。勾选此项，生成的图像为黑白的素描效果。后面的数值“10”代表图形的精细程度，可以输入“0 ～ 100”之间的数值进行设定。

（8）【切薄片】

【切薄片】命令可以将制作的三维物体转换为切片文件，可用于胶膜和蜡膜的制作。单击该命令后弹出如图 2-150【切薄片】对话框。

图 2-150

切片档案：可用于设定切片的文件名称和存储路径。单击 切片档案 条框，弹出【另存为】对话框进行设置存储路径，或者在后方的空白处直接输入。

切片厚度：可以选择后方的数字设置切片的厚度。

切片输出单位：切片生成的厚度单位，可以选择 inch 或 mm。

进阶设定：单击该条框后，下列几项被激活。

① XY 解析度：可以设置生成薄片数据的

分辨率，数据越高则薄片越精细，同时产生薄片的文件大小也相应增加，生成的时间也会增长。

② 同时输出 STL 档：勾选此项，在输出切片的同时也会输出 STL 文档，可以选择 ASCII 或二元 STL。

③ XY 自动偏移：勾选此项，生成的薄片数据会在 *X* 轴和 *Y* 轴方向自动偏移成正值。

④ Z 自动偏移：勾选此项，生成的薄片数据会在 *Z* 轴方向自动偏移成正值。

(9)【展示薄片】

【展示薄片】命令可以用来展示薄片文件，单击该命令，弹出【展示薄片：jcad】对话框，如图 2-151 所示。单击按钮，可以选择薄片文件夹的路径；中间的拖动工具条，可用于拖动显示薄片；单击右边的按钮，可展示全部薄片。

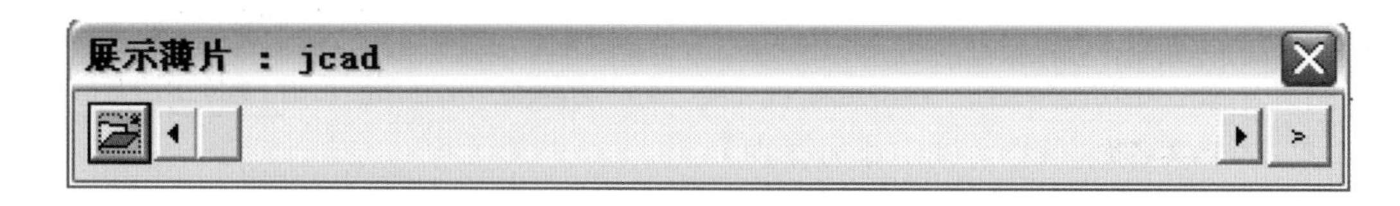

图 2-151

(10)【数控加工】

【数控加工】命令可以用于设置数控加工的相关数据，用于加工生产。单击该命令，弹出【数控加工】对话框，如图 2-152 所示。

数控档案：可在空白处设置数据的名称，单击“浏览”可设置存储路径。

数控格式：可在下拉菜单中选择四种存储格式。

坯料位置 1/ 坯料位置 2：可以设定数控加工的坐标轴系。用户可直接输入数值，也可通过单击“设定”条框，通过出现的蓝色框设定范围，确定后单击鼠标右键，完成设定的数值。

精加工 / 粗加工：可对物件设定制作的精细程度。

刀具：可选择切割工具，有球底铣刀、平底铣刀和锥形铣刀三个选项。

刀具直径 / 刀具半径 / 刀尖角度：刀具直径可设置切割工具的直径大小。如果选择的是锥形铣刀，则需要设置铣刀尖端的半径大小和尖端角度。

偏移半径：根据用户设定的正负值，确定生产时的偏移数值。

单位转换：该命令可将屏幕单位转换成切割制作的单位。

模具：可设定“公模”或者“母模”。

加工：可选择加工的质量，有以下三

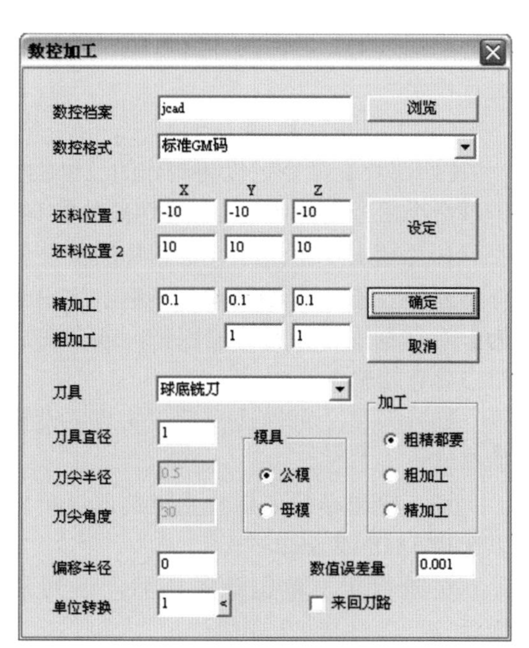

图 2-152

种选择——“粗精都要”、“粗加工”和“精加工”。

数值误差量：可设定生产时允许的误差值。

来回刀路：用户设定此项时，切割工具切割的方向为双向。

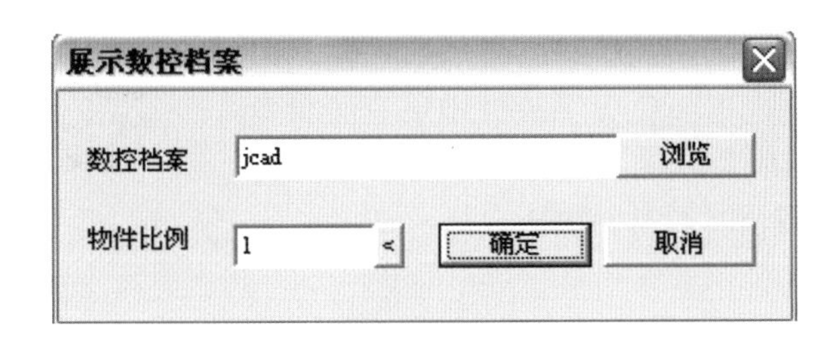

图 2-153

（11）【数控展示】

该命令可以展示用户设定的数控项目。单击命令后，弹出【展示数控档案】对话框，如图 2-153 所示。

数控档案：用户可通过输入数控项目名称打开所需要的文件，或者通过单击“浏览”来打开。

物件比例：可设定物件在绘图区中显示的比例。

（12）【测量】

【测量】命令下包含【重量】、【体积】和【重心】三个子命令。

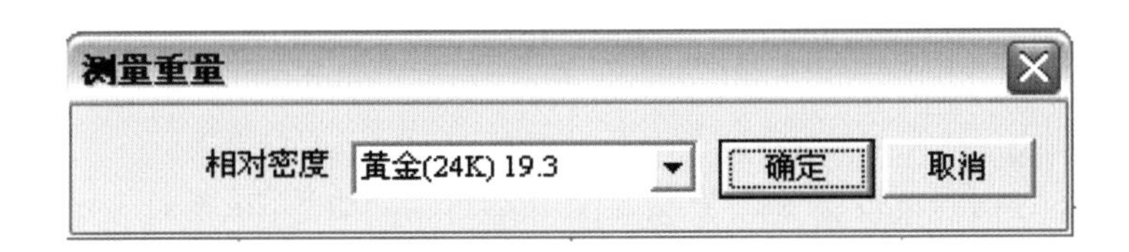

图 2-154

重量：单击该命令，弹出如图 2-154 所示的对话框。用户可根据生产需要，设置物体的相对密度是黄金或其它材质后，可测量出该物体的准确重量。

体积：选中物体后，单击该命令，可以测量出该物体的体积，单位为 mm^3。

重心：选中物体后，单击该命令，可以测量出该物体的重心位置，分别用 X 轴、Y 轴和 Z 轴上的数字来表示。

（13）【量度距离】

【量度距离】命令的功能相当于一把尺子，可以测量出两点之间的直线距离。单击该命令后，鼠标箭头后方会出现一把“小尺子”。分别单击需要测量的两个点，数据产生在【状态栏】处。

计算圆形宝石数量

直径	数目
1.48	74
1.80	74
1.88	74
2.00	37

确定

图 2-155

（14）【圆形宝石数量】

该命令可以精确地计算出选取物件中圆形宝石的直径和数目，如图 2-155 所示。

2.2.10 【说明】菜单

【说明】菜单中包含了对Jewel CAD软件的相关介绍和说明，包含了如图2-156中的四项内容。

（1）【内容】

单击【内容】命令，弹出如图2-157所示的【Jewel CAD 5.1 Help】对话框，里面包含了软件中所有菜单命令的功能介绍。单击相应命令的英文词组，都可展开详细介绍，可帮助用户了解和学习该软件。

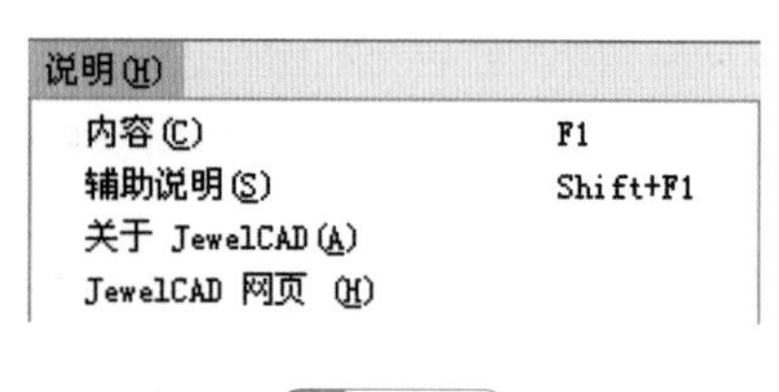

图 2-156

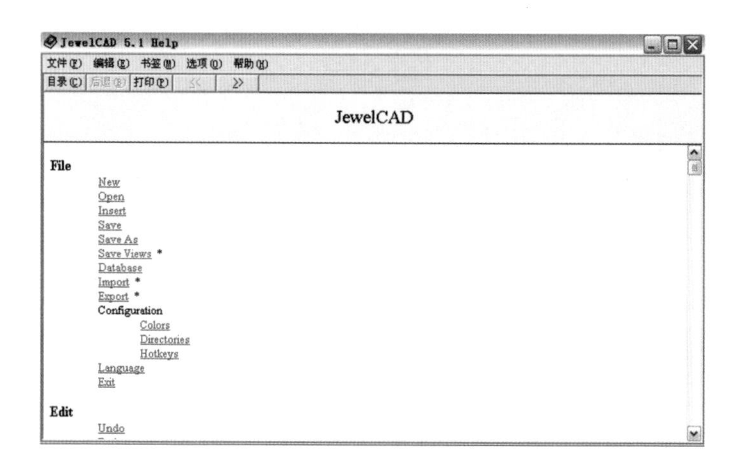

图 2-157

（2）【辅助说明】

用户单击该命令后，鼠标箭头后方会跟随一个“小问号”，单击视窗中需要了解的快捷图标，便可弹出详细的功能介绍，为用户进行功能答疑。

（3）【关于Jewel CAD】

单击该命令后视窗中会显示正在使用的Jewel CAD版本及相关信息，如图2-158所示。

图 2-158

（4）【Jewel CAD 网页】

Jewel CAD 的官方网站为 http://www.jcadcam.com。

2.3　工具列的介绍

Jewel CAD 软件中提供了菜单命令中常用的一些快捷方式，方便用户的操作，

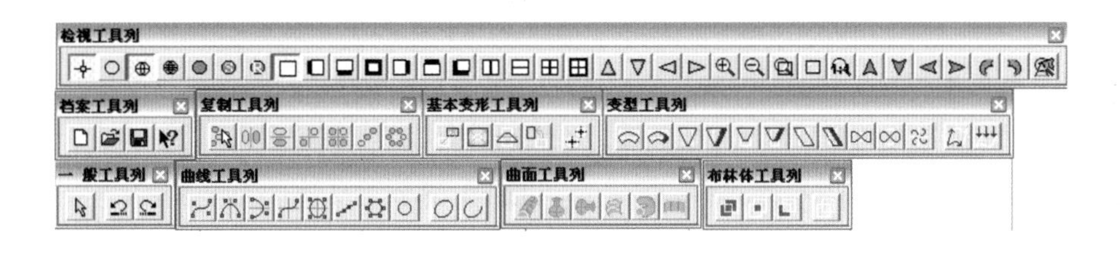

图 2-159

如图 2-159 所示。里面包含了【档案工具列】、【一般工具列】、【检视工具列】、【复制工具列】、【基本变形工具列】、【变型工具列】、【曲线工具列】、【曲面工具列】和【布林体工具列】。熟悉和掌握这些快捷图标以及快捷键有助于用户的操作，下面将详细列举这些快捷图标对应的命令和快捷键。

2.3.1　档案工具列

【开新档案】快捷键：Ctrl+N

【开启旧档】快捷键：Ctrl+O

【储存档案】快捷键：Ctrl+S

【辅助说明】

2.3.2　一般工具列

【选取物件】快捷键：空格

【复原】快捷键：Ctrl+Z

【重复】快捷键：Ctrl+Y

2.3.3　检视工具列

【细格】快捷键：Z

【简易线图】快捷键：Q

【普通线图】快捷键：W

【详细线图】快捷键：E

【快彩图】快捷键：A

【彩色图】快捷键：S

【光影图】快捷键：D

【正视图】快捷键：F

【右视图】快捷键：R

【上视图】快捷键：T

【背视图】快捷键：K

【左视图】快捷键：L

【下视图】快捷键：M

【立体图】快捷键：3

【正右图】

【正上图】

【正右上立体图】

【背左下立体图】

【移上】

【移下】

【移左】

【移右】

【放大】

【缩小】

【格放】

【全图】

【放大 / 缩小到 1 ∶ 1】

【反上】

【反下】

【反左】

【反右】

【逆时钟旋转】

【顺时钟旋转】

【复原视图】

注意：区别【正视图】和【全图】的图标。

2.3.4 复制工具列

【剪贴】

【左右复制】

【上下复制】

【旋转 180 复制】

【上下左右复制】 【直线复制】

【环形复制】

2.3.5 基本变形工具列

【移动】 【尺寸】

【反转】 【旋转】

【物件坐标】

2.3.6 变型工具列

【弯曲】 【双向弯曲】

【梯形化】 【双向梯形化】

【比例梯形化】 【双向比例梯形化】

【歪斜化】 【双向歪斜化】

【扭曲】 【歪斜扭曲】

【漩涡变形】 【曲面/线 映射】

【曲面/线 投影】

2.3.7 曲线工具列

【任意曲线】 【左右对称曲线】

【上下对称曲线】 【旋转 180° 曲线】

【上下左右对称曲线】 【直线重复线】

【环形重复线】 【圆形曲线】

【封口曲线】 【开口曲线】

2.3.8 曲面工具列

【直线延伸曲面】 【纵向环形对称曲面】

【横向环形对称曲面】 【线面连接曲面】

【管状曲面】 【导轨曲面】

2.3.9 布林体工具列

【联集】 【交集】

【相减】 【还原布林体】

练习题

① 指出下列快捷图标对应的命令分别是什么。

：________________ ：________________

：________________ ：________________

：________________ ：________________

：________________ ：________________

② 指出下列命令分别对应的快捷键。

复原：________________ 重复：________________

快彩图：________________ 普通线图：________________

光影图：________________ 右视图：________________

储存档案：______________　　　　细格：________________

③ 当系统设置为【细格】时，对各项功能使用时的精准度达到__________mm，如果不选择该项，各项功能的精确度为_________mm。

④ 使用【剪贴】命令时，在何种情况下，宝石剪贴效果如图 2-160 所示。怎样操作才能得到如图 2-161 所示的剪贴效果。

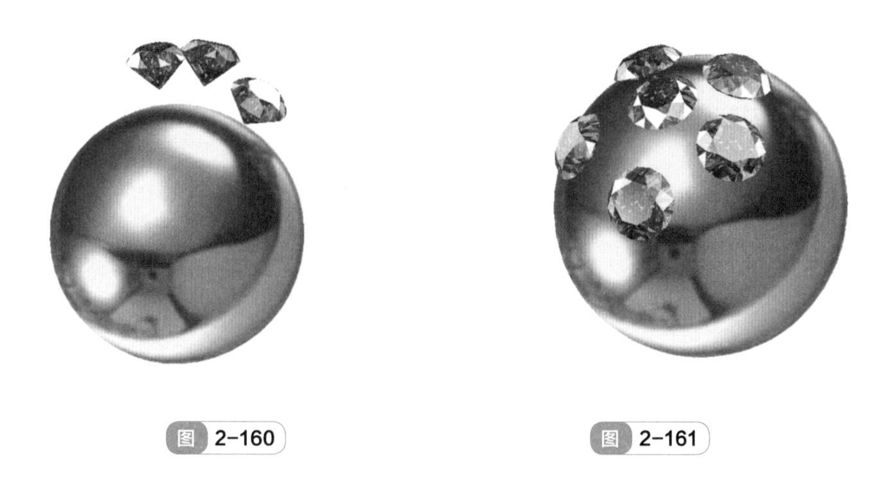

图 2-160　　图 2-161

⑤ 在进行三导轨、多切面的【导轨曲面】命令时，应该注意哪些事项？

⑥ 观察图 2-162 和图 2-163，这两个图分别使用了【导轨曲面】命令中“双导轨”里的什么命令设置？

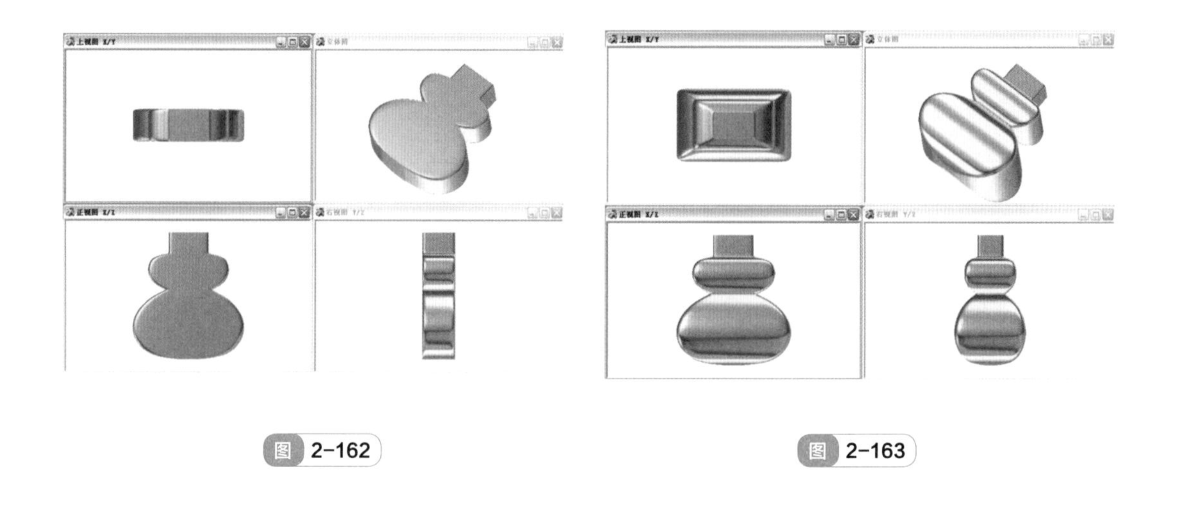

图 2-162　　图 2-163

⑦ 思考：从图 2-164 到图 2-165，使用了【布林体】中的什么命令？

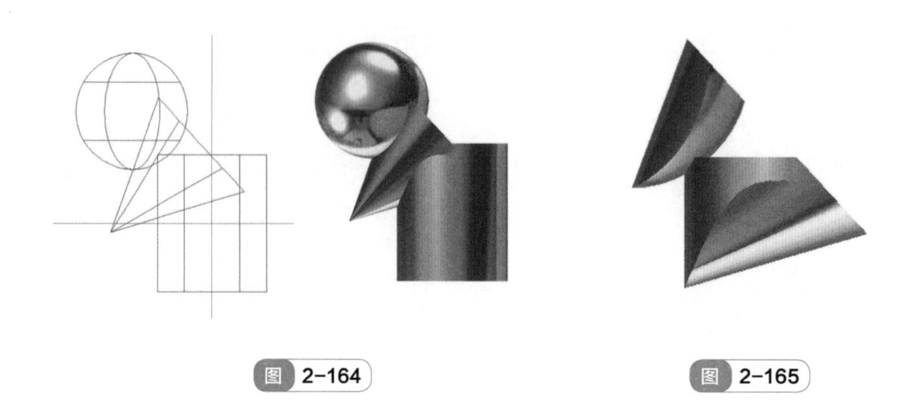

图 2-164　　图 2-165

⑧ 绘制出图 2-166 所示的曲线。

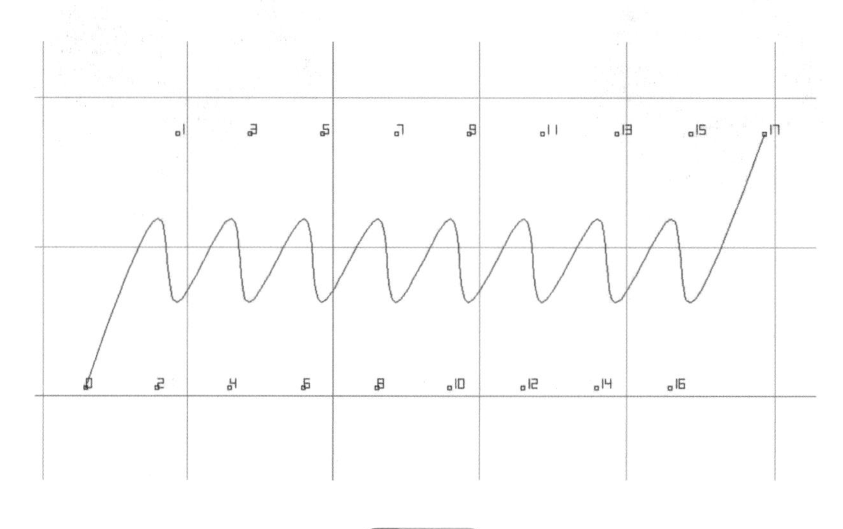

图 2-166

第二部分

Jewel CAD 初级实例教程

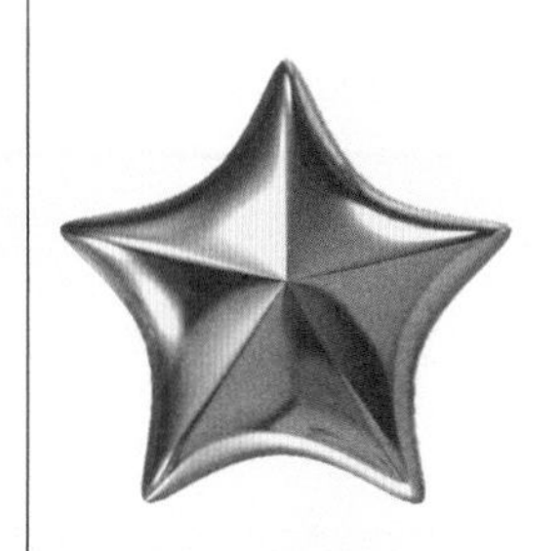

第 3 章 零部件的制作

3.1 单导轨五角星的制作

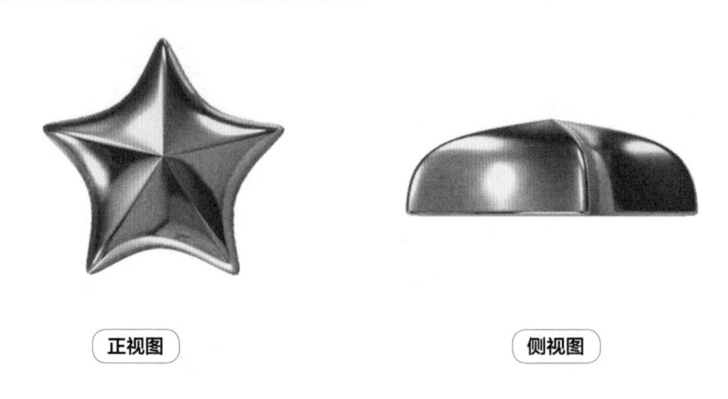

正视图　　　　侧视图

① 在正视图中设置 Z=8 的辅助线，选择【曲线】中的环形重复线，画一个五角星，如图 3-1 所示。

② 切换到上视图，画 Y=5.8，Y= -0.6 的辅助线。选择【曲线】中的任意曲线，绘制导轨，如图 3-2 所示。

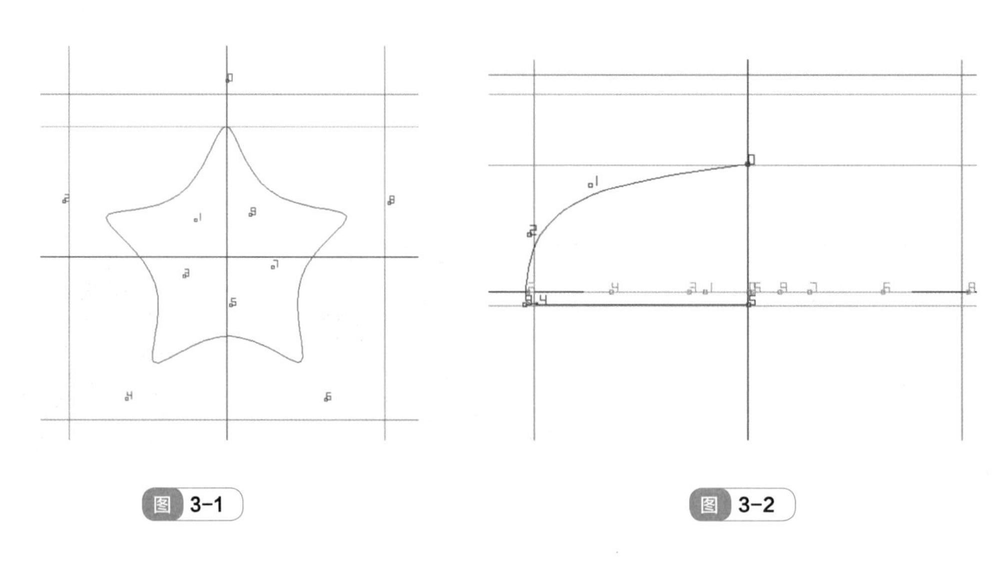

图 3-1　　　　图 3-2

③ 选择【曲面】中的【导轨曲面】，如图 3-3 所示。选择“单导轨”、“纵向”、“单切面”，切面量度选择，单击“确定”。

④ 如图 3-4 所示，依次选择导轨和切面。可以按左下角【状态栏】提示进行操作。

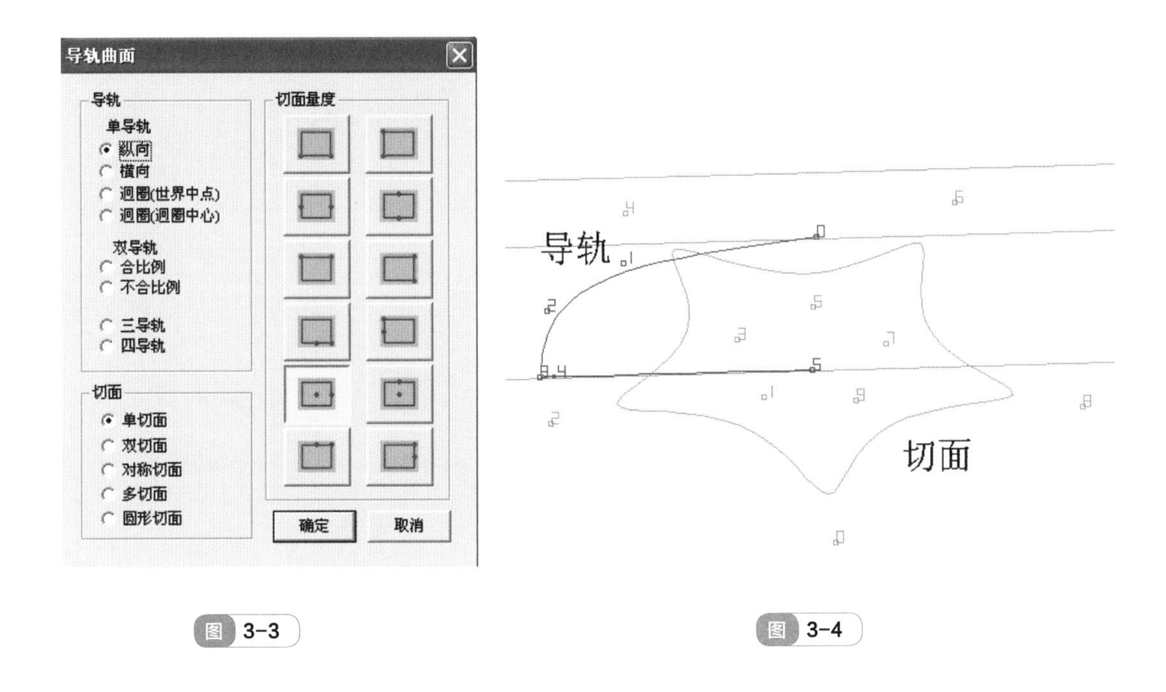

图 3-3　　图 3-4

3.2 单导轨球体的制作

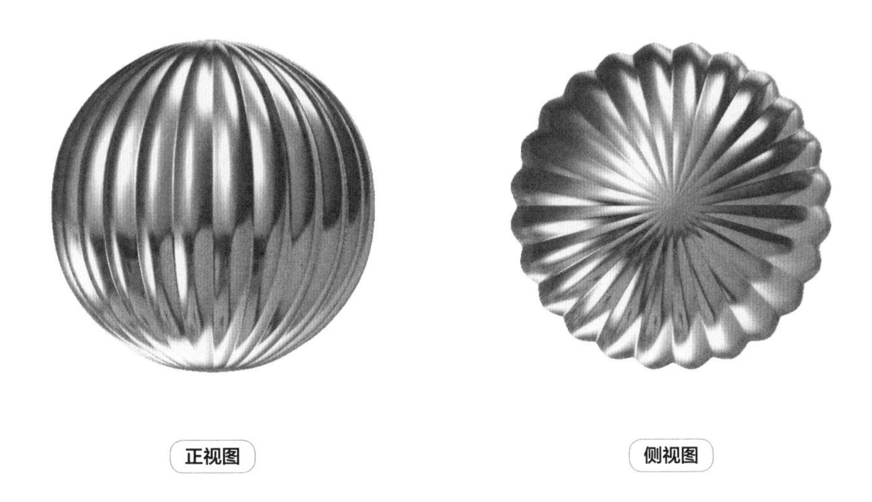

正视图　　侧视图

① 在正视图中，用【曲线】菜单里的【环形曲线】绘制如图 3-5 所示的切面，【环形曲线】数目设为 24，直径约为 20mm。

② 沿着刚才所画的图形，用【曲线】菜单里的【上下对称线】绘制如图 3-6 所示的线段。提示：起始点和终点需与纵轴重合。

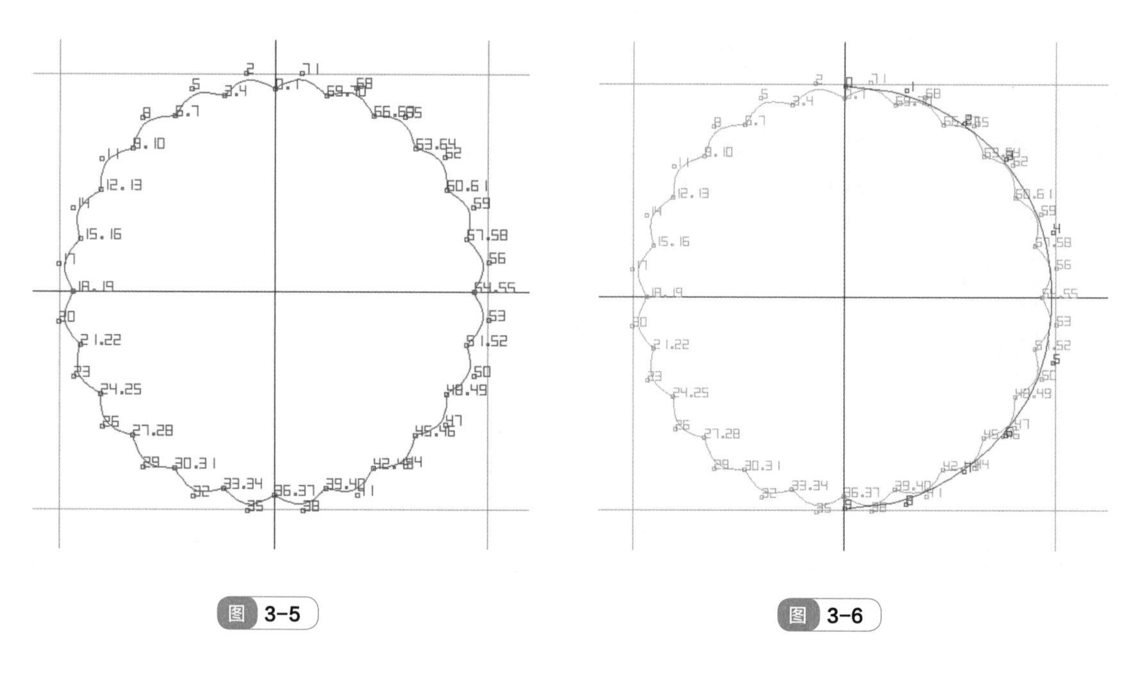

图 3-5

图 3-6

③ 选择【曲面】里的【导轨曲面】，选择“单导轨、纵向”和“单切面”，如图 3-7 所示。

④ 单击“确定”后，依次选择导轨和切面，如图 3-18。单击“确定”，生成最终的球体。

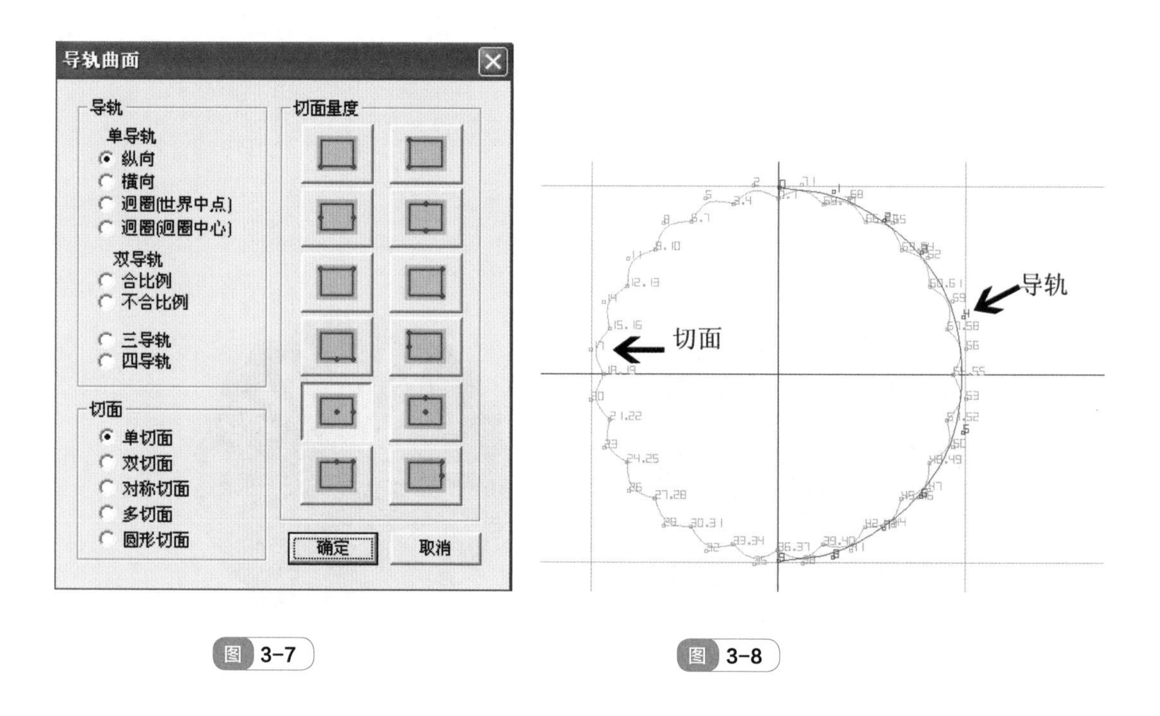

图 3-7

图 3-8

3.3 文字心形的制作

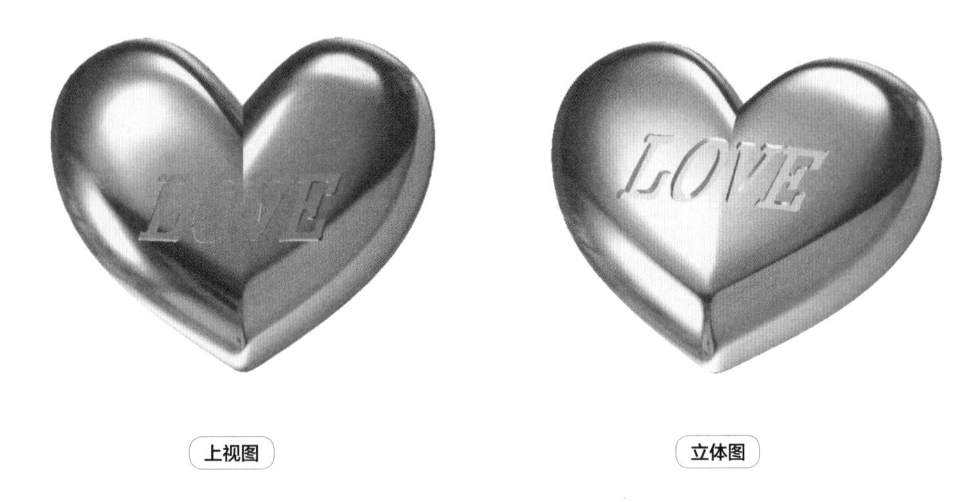

上视图　　立体图

① 在上视图中，用【杂项】菜单里的【辅助线】命令画辅助线，分别为 *Y*=8.6，和 *Y*=-8.7。

② 用【曲线】菜单里的【左右对称线】命令绘制心形，封口曲线，宽度为 20mm，如图 3-9 所示。

③ 切换到正视图，画辅助线，*Z*=6。用【曲线】菜单里的【任意曲线】命令绘制导轨，开口曲线，宽度为 10mm，如图 3-10 所示。提示：起始点和终点需与纵轴重合。

④ 选择【曲面】里的【导轨曲面】，选择“单导轨”“、纵向”和“单切面”，切面量度选择[•]，如图 3-11 所示。

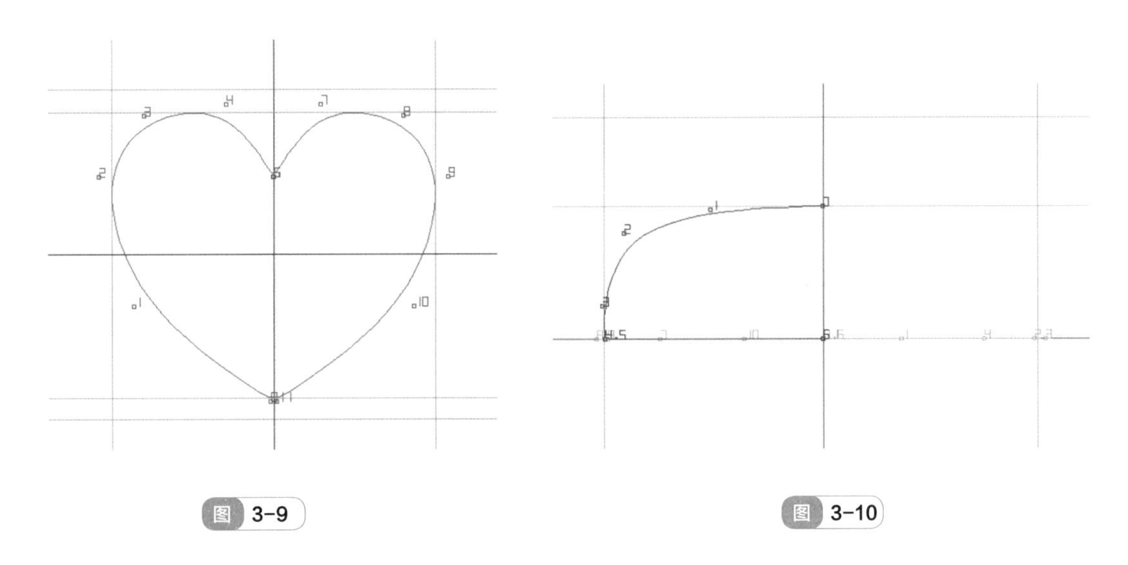

图 3-9　　图 3-10

⑤ 依次选择导轨和切面，按左下方【状态栏】的提示进行操作，如图 3-12 所示。单击“确定”后，生成心形。

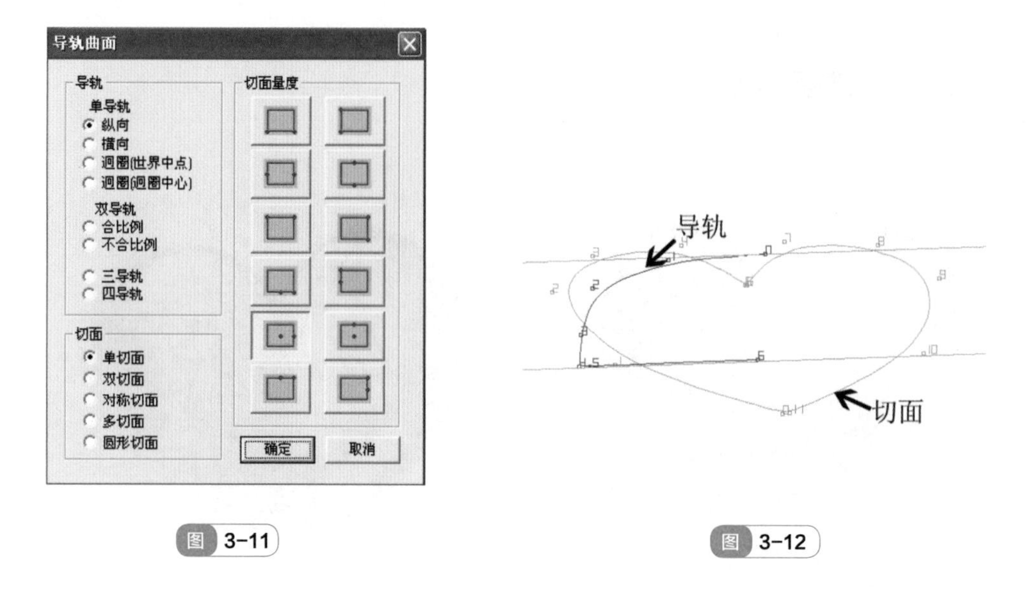

图 3-11　　图 3-12

⑥ 在【杂项】命令中【文字】设置“LOVE”，调整字形和大小，设定厚度。生成立体文字后，调整字体的位置和高低，并把字进行【布林体联集】。将文字通过【曲面 / 线投影】命令，选用“向上”、“加在曲线 / 面上”使之投影在心形上。最后，选中文字，执行【布林体相减】命令减去心形，达到如图 3-13 所示的效果。

图 3-13

3.4 简单零部件的制作

正视图

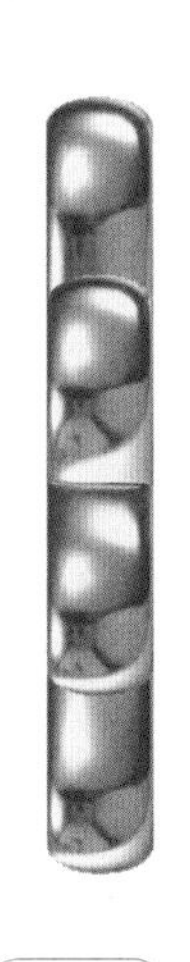

侧视图

①在正视图中，用【杂项】菜单里的【辅助线】命令画辅助线，分别为X=3.9，和Z=-7.4。

②用【曲线】菜单里的【左右对称线】命令绘制一个高7.4mm、宽7.8mm的心形，封口曲线。然后选择【曲线】中的【偏移曲线】向内偏移1mm，稍微调整一下，如图3-14所示。

③选择【导轨曲面】中的“双导轨（不合比例）”、“圆形切面”，如图3-15所示。

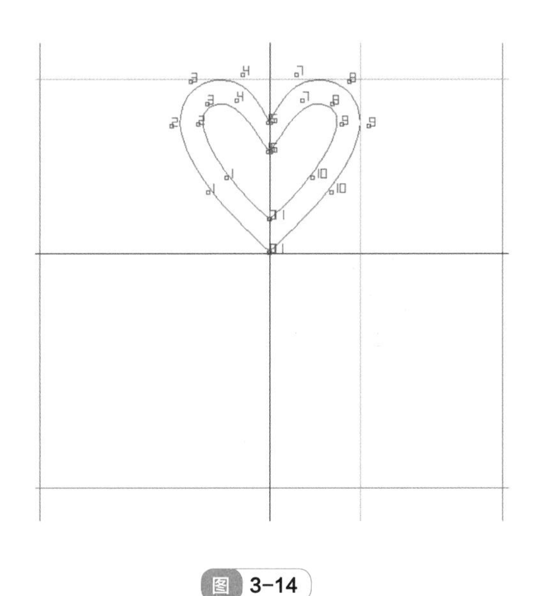

图 3-14

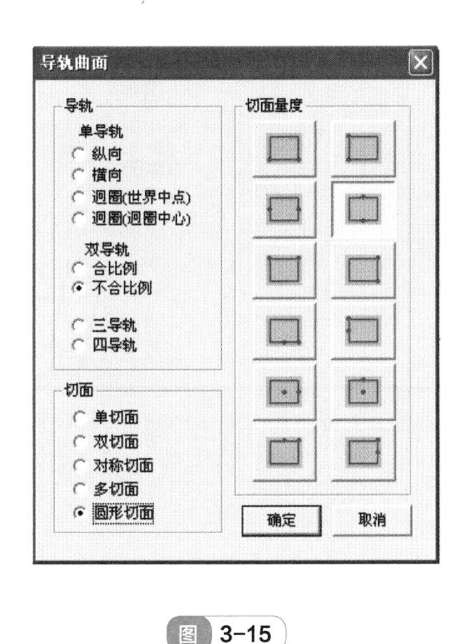

图 3-15

④单击“确定”后，按【状态栏】提示导轨成体，如图3-16所示。

⑤选择【复制】命令中的【环形复制】，输入数值4产生图形，如图3-17所示。

图 3-16　　图 3-17

3.5 爪镶镶口的制作

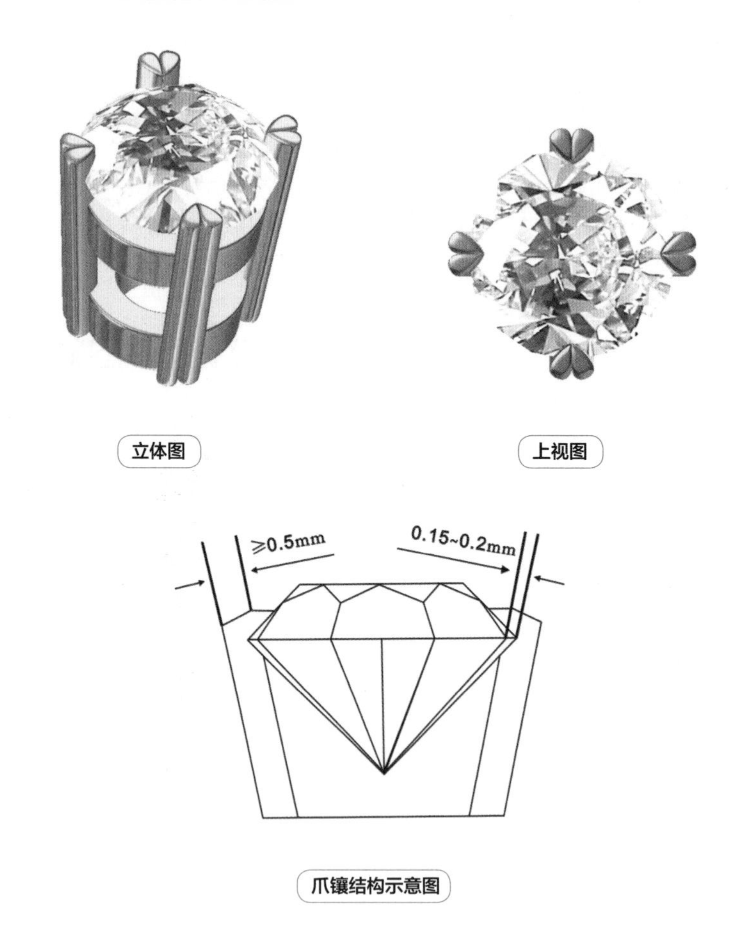

立体图　　上视图

爪镶结构示意图

①【杂项】里选择【宝石】，选中“圆钻”，弹出如图 3-18 所示的对话框，输入数值 2，单位为 mm，单击“确定”。

② 隐藏宝石。通过【杂项】做辅助线，分别为 X=0.1、Z=0.3 和 Z= -2.1。根据辅助线，通过【曲线】里的【任意曲线】绘制线段，不需封口，起始点与终点与纵轴重合，如图 3-19 所示。通过【左右对称线】绘制图中的水滴形，封口曲线。

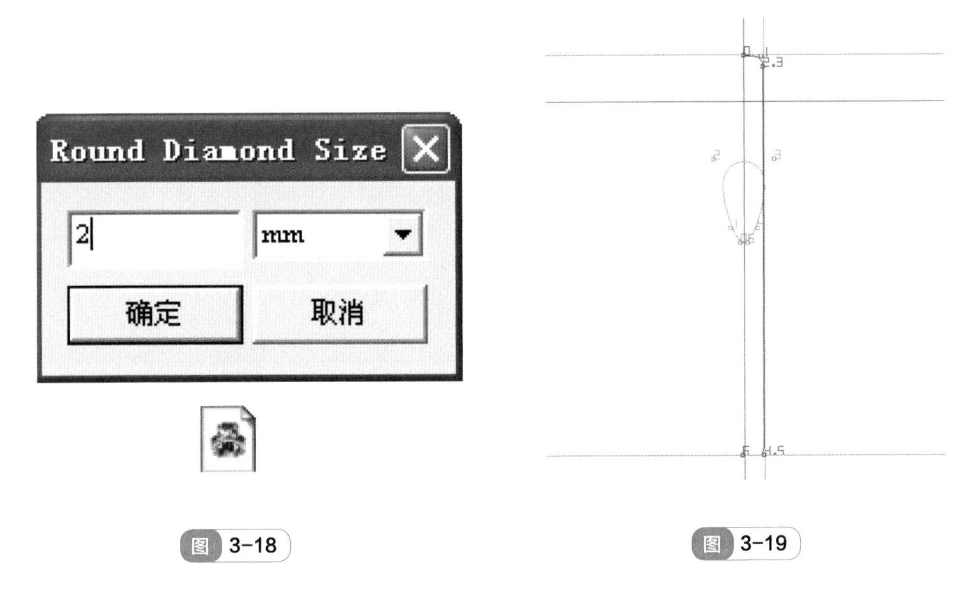

图 3-18　　图 3-19

③ 选择【曲面】里【导轨曲面】，如图 3-20 所示。提示：线段为导轨，水滴形为切面。效果如图 3-21 所示。

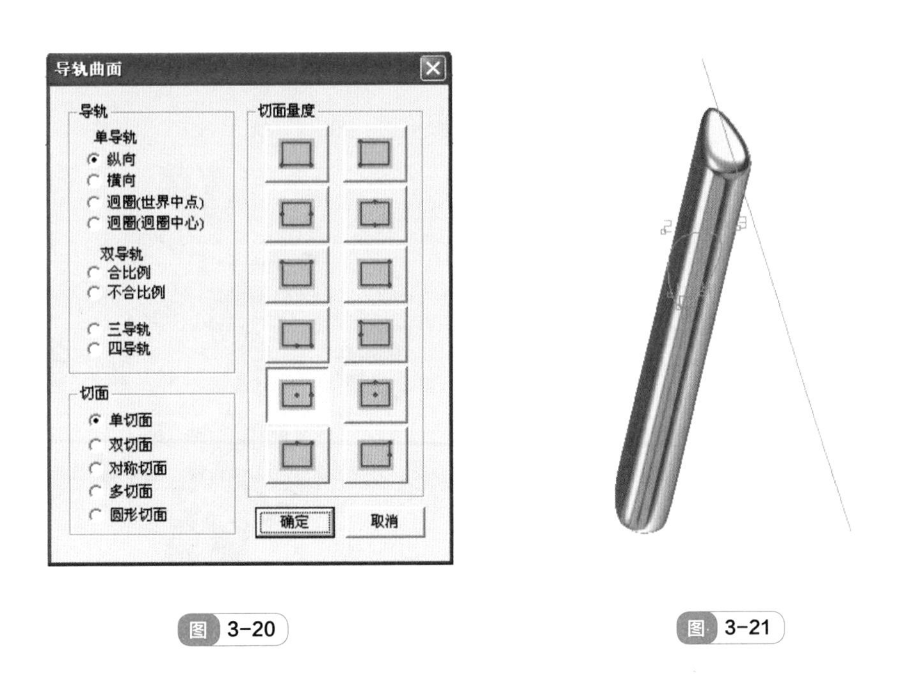

图 3-20　　图 3-21

④ 在上视图中，利用【变形】菜单里的【旋转】工具将刚才所制作的图形移动，并用【复制】菜单里的【左右复制】工具进行复制，效果如图 3-22 所示。

⑤ 选中两个物体，执行【杂项】菜单里的【布林体联集】命令。再选择【编辑】菜单

里的【不隐藏】，将宝石展示出来。

⑥ 切换到右视图，做辅助线 $Y=-0.8$，并经过下方两条辅助线的交叉点，向宝石的腰部直接用【任意曲线】做一条如图 3-23 所示的曲线。提示：曲线长度长于爪的长度。

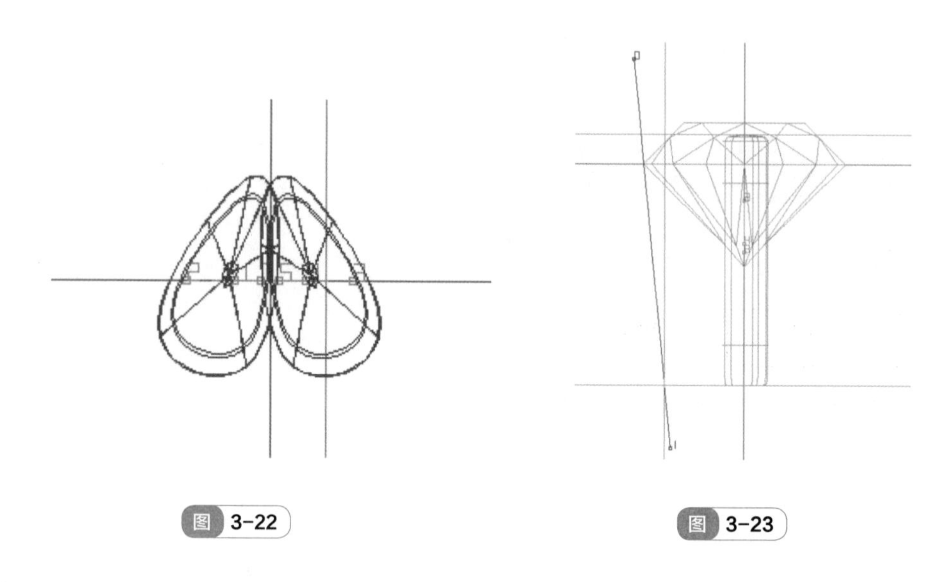

图 3-22　　图 3-23

⑦ 选中爪，执行【变形】菜单里的【曲面 / 线投影】命令，选择“向左”、“加在曲线 / 面上”和“保持曲面切面不变”。效果如图 3-24 所示。

⑧ 切换到上视图，选中爪，通过【复制】菜单里的【环形复制】命令，设置数目为 4，得到如图 3-25 的效果。

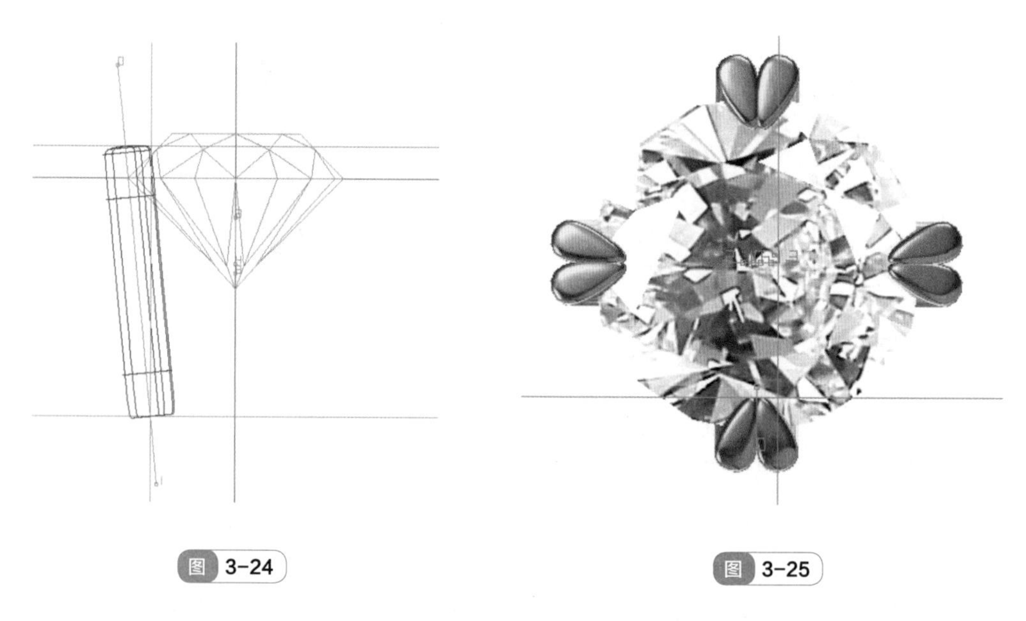

图 3-24　　图 3-25

⑨ 通过【任意曲线】绘制如图 3-26 所示的两个切面。

⑩ 选中切面，通过【曲面】菜单里的【纵向环形对称曲面】将之变成实体，效果如图 3-27 所示。

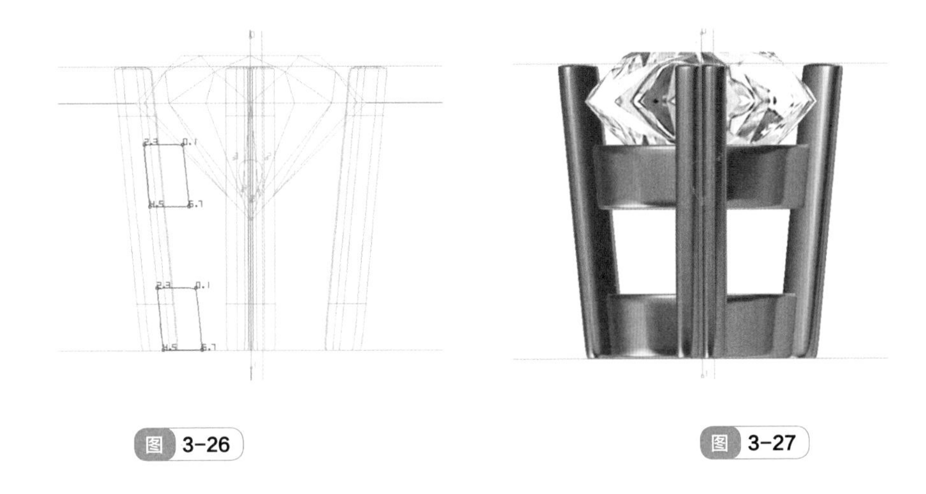

图 3-26　　图 3-27

3.6 包镶镶口的制作

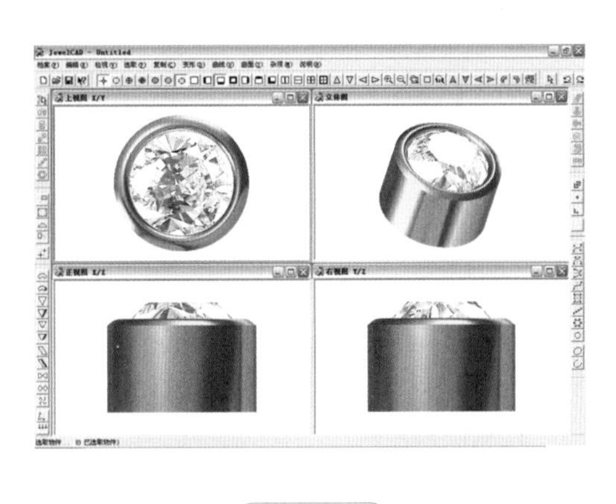

包镶四视图

① 在【上视图】中，利用【圆形】命令制作直径分别为 1mm、1.1mm 和 1.3mm 三个圆形（图 3-28）。

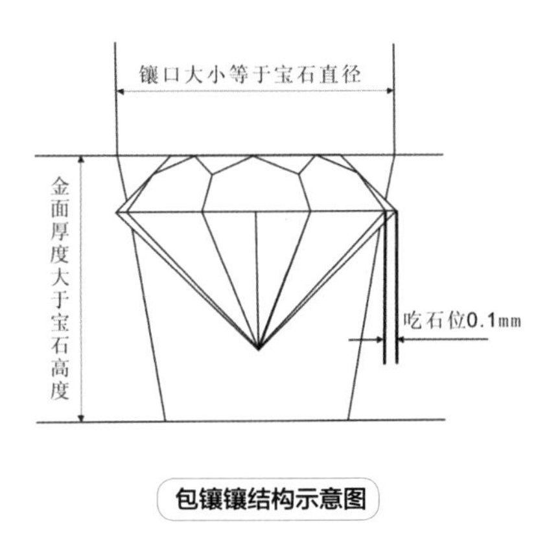

包镶镶结构示意图

② 在【上视图】中，选中直径 1.1mm 的圆形。切换到正视图，将其向上移动 0.1mm（图 3-29）。

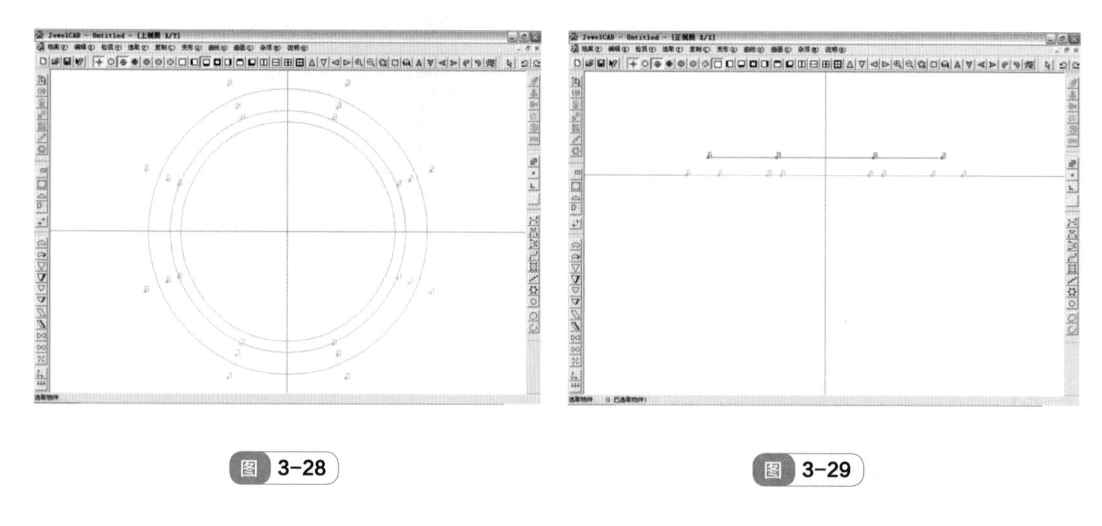

图 3-28　　图 3-29

③ 在正视图中，选中 1.1mm 和 1.3mm 两个圆形，用【直线复制】将其向下于 0.75mm 位置复制（图 3-30）。

④ 将视图旋转到立体图，通过【线面连接曲面】命令（图 3-31），将所有圆形连接成镶口，生成图 3-32 所示的效果。

注意：除了直径 1.1mm 的圆形是一次单击鼠标，其它圆形需要两次单击鼠标，以便直角效果的形成。连接时，应回到最开始选择的圆形，以便形成一个闭合的曲面。选择立体图是为了方便看清圆形的位置。

⑤ 从【杂项】菜单中选择【宝石】命令，选择【圆形钻石】，设置圆钻的直径为 1mm，单击“确定”。

⑥ 圆钻包镶制作完成（图 3-33）。

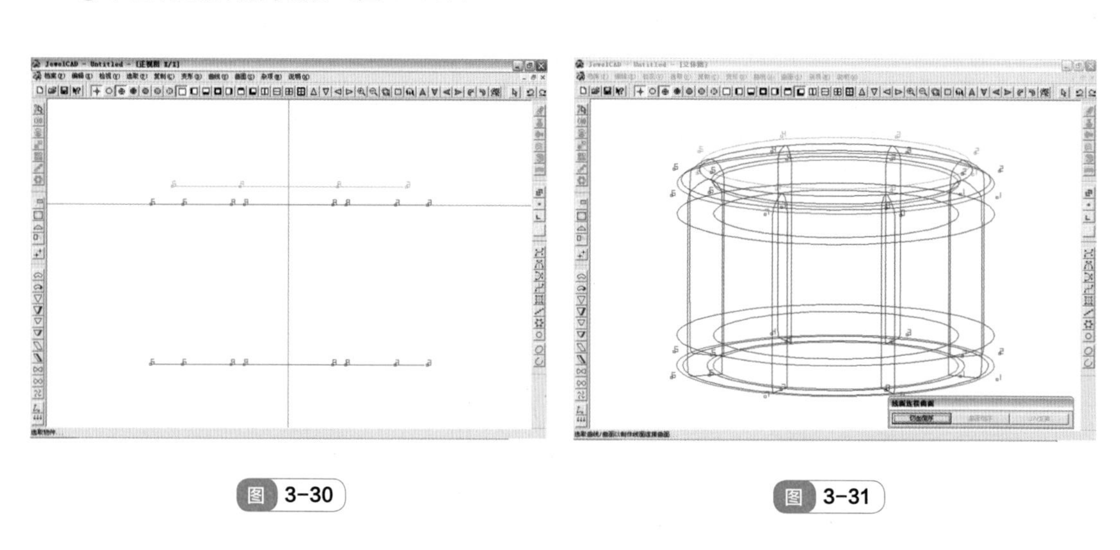

图 3-30　　图 3-31

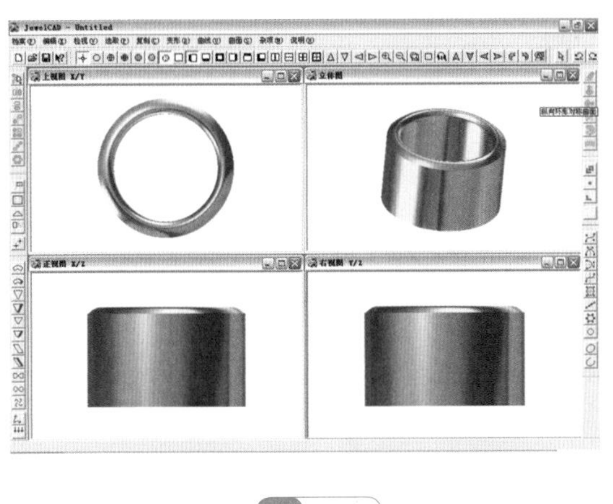

图 3-32

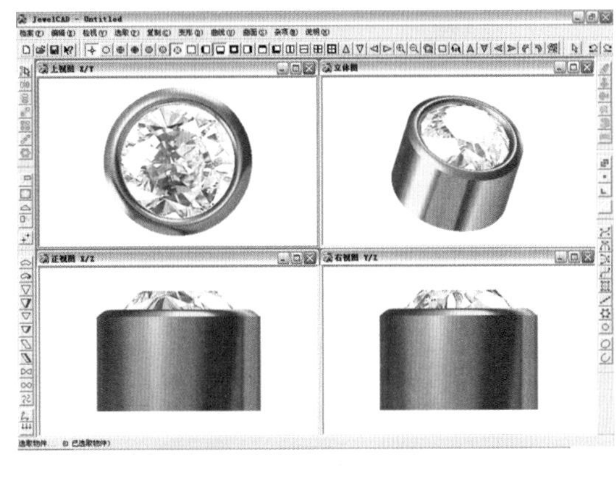

图 3-33

练习题

① 绘制出如图 3-34 中的图形，并命名为“图 3-34”。将该图形的“正右上立体图”以“.jpg”的格式储存，同时储存该图形的“.jcd”文档。

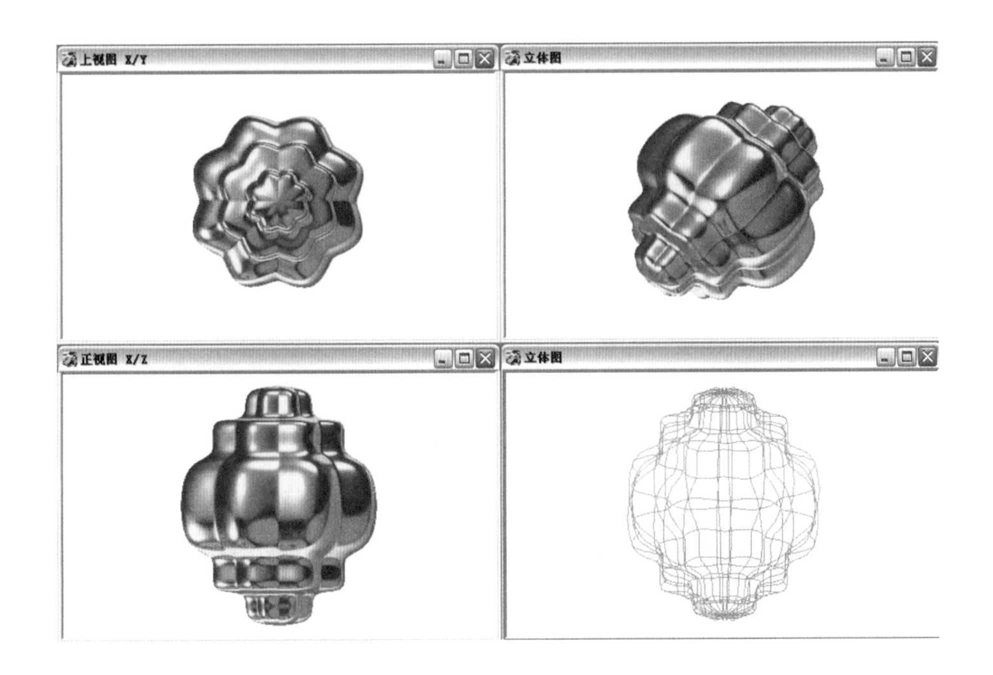

图 3-34

② 绘制出图 3-35 中的图形，并命名为“图 3-35”。将该图形的“正右上立体图”以“.jpg”的格式储存，同时储存该图形的“.jcd”文档。

参数：物体总长和总高均为 15mm，中间的圆形曲面直径 4mm，侧面总厚度 2.36mm。

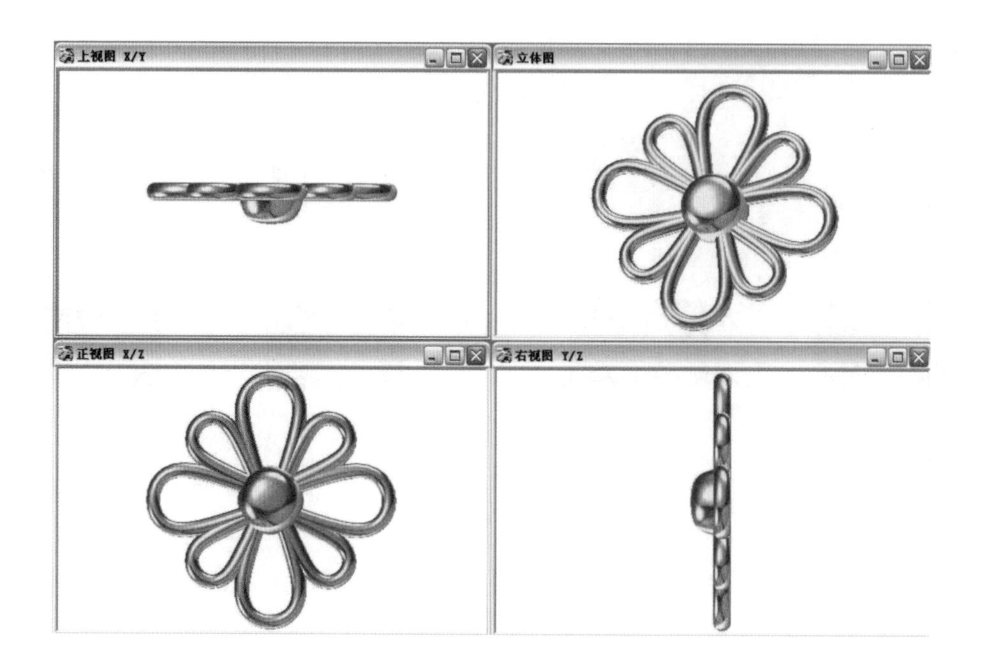

图 3-35

③ 绘制出图 3-36 中的图形，并命名为“图 3-36”。将该图形的“正右上立体图”以“.jpg”的格式储存，同时储存该图形的“jcd”文档。

参数：宝石直径 1mm，包边厚度 0.12mm，石碗高度 0.85mm。

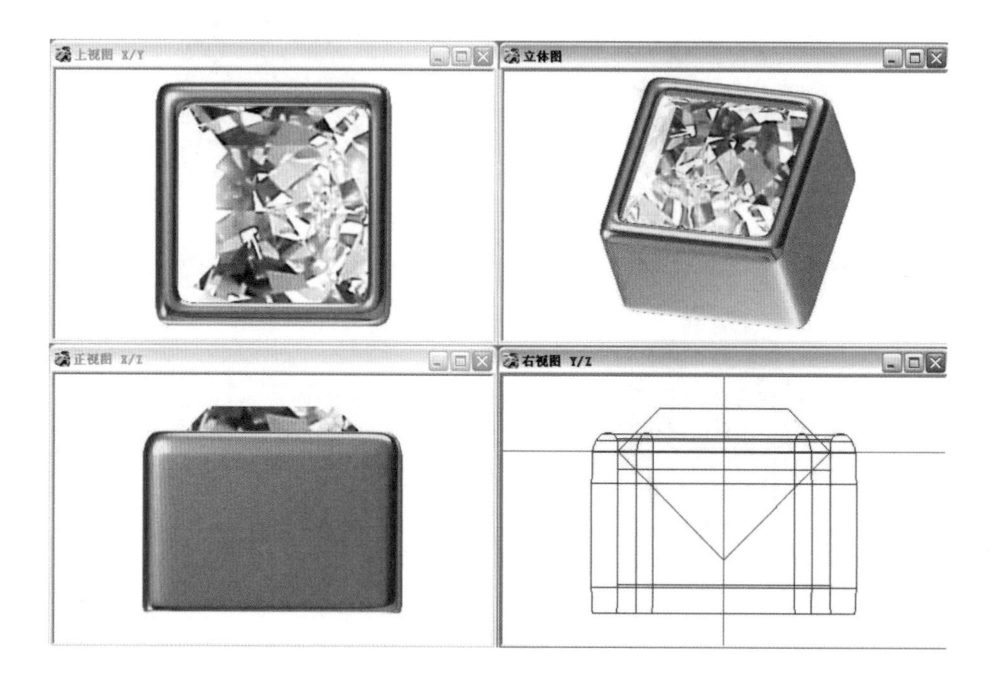

图 3-36

第 4 章 戒指的制作

4.1 双导轨戒指（不合比例）

普通线图　　光影图

① 在正视图中，使用【圆形】命令 绘制戒圈，内圈直径 17mm，外圈直径 21mm，控制点数均为 10。再绘制直径 1.2mm 的小圆形，用【编辑】菜单里的【隐藏 CV】命令将其控制点隐藏（图 4-1）。

② 将直径 1.2mm 的小圆选中，使用【移动】命令 将其下移至与戒圈内圈相切的位置后，把外戒圈上移与小圆相切，如图 4-2 所示。

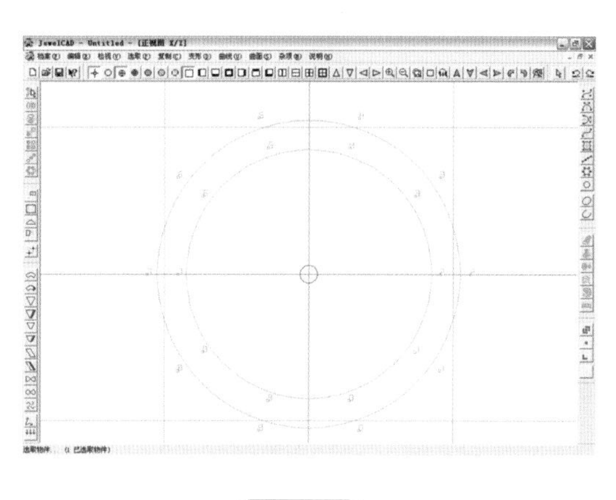

图 4-1

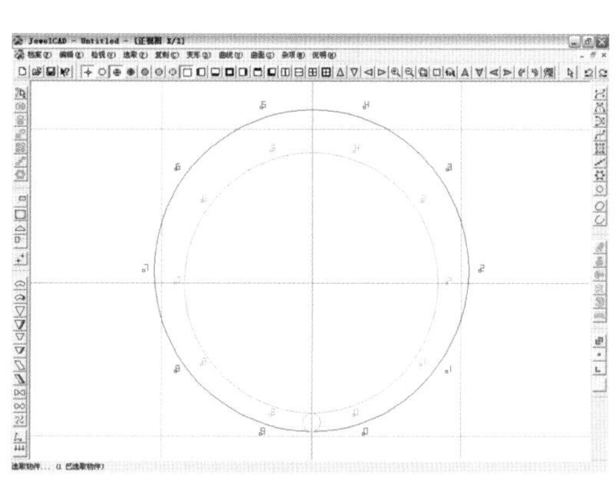

图 4-2

③ 使用【左右对称线】分别绘制切面，如图 4-3 所示。

注意：切面应封口，切面的控制点数、排列方向应一致，而且 CV 点数相对应。

④ 单击【导轨曲面】命令，选择“双导轨”、“不合比例”、“对称切面”，切面量度为，单击“确定”。依次选择外圈和内圈作为导轨曲线，再依次选择切面 1 和切面 2，生成戒圈，如图 4-4 所示。

注意：第一次选择的切面置于导轨曲线的起始点和终点，第二次选择的切面置于导轨曲线的中点。

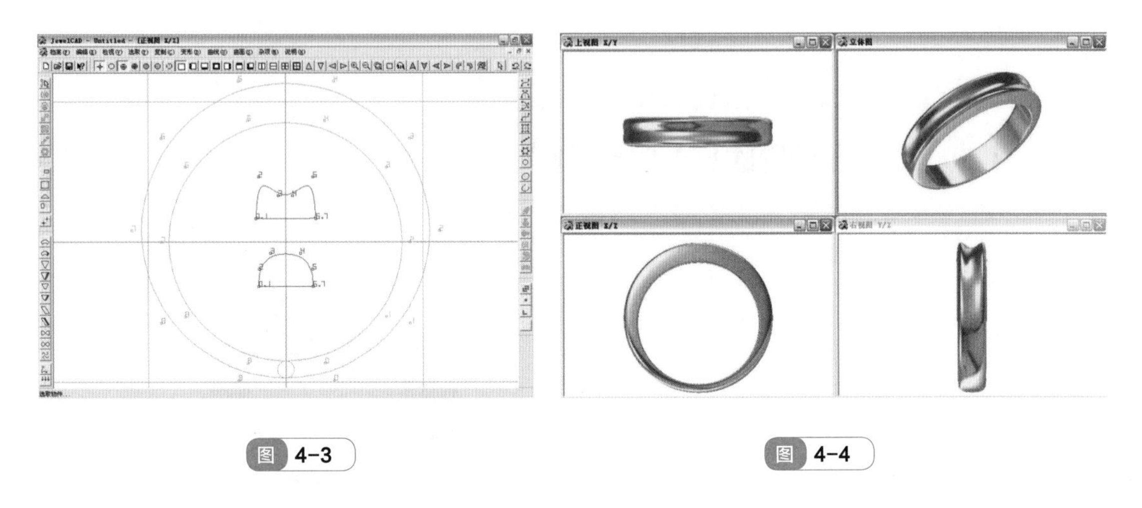

图 4-3　　图 4-4

⑤ 在右视图中，做辅助线 X=2，如图 4-5 所示。

⑥ 选中戒圈，通过【梯形化】命令，将戒圈下方缩小至辅助线的位置。达到图 4-6 的效果，完成戒圈的制作。

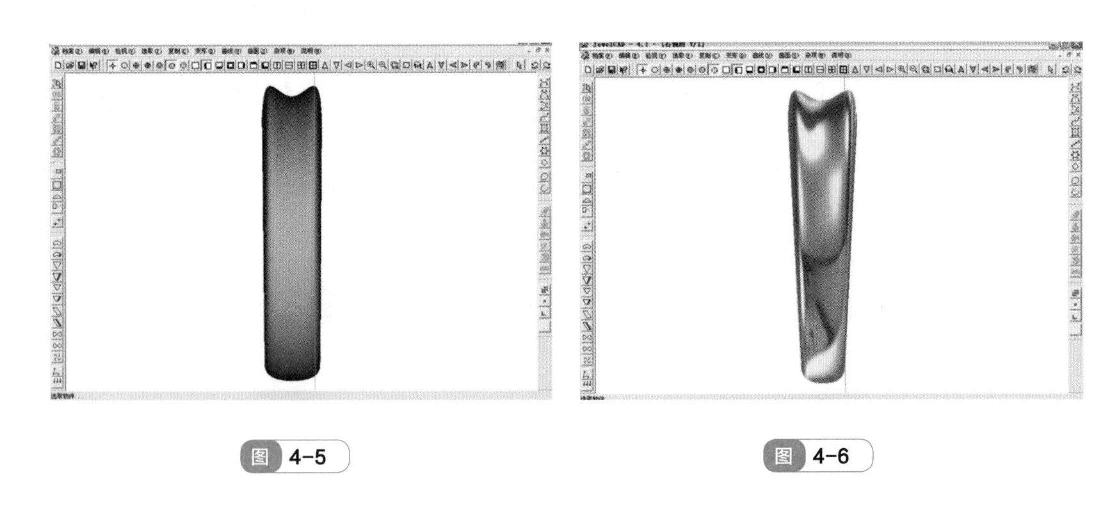

图 4-5　　图 4-6

4.2 双导轨戒指（合比例）

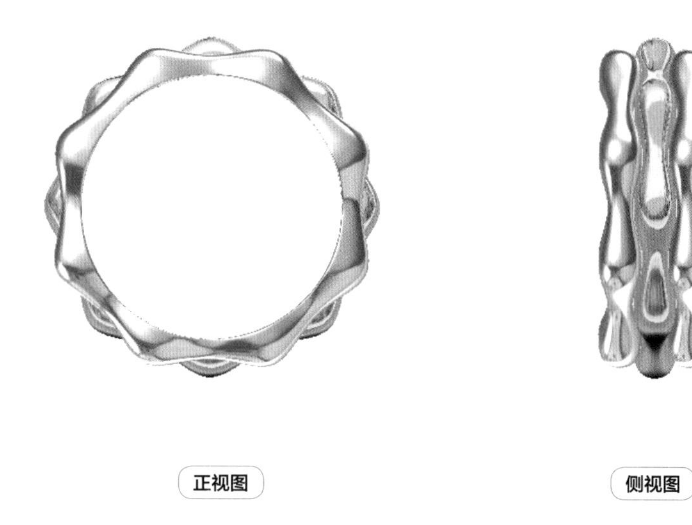

正视图　　侧视图

① 首先绘制导轨。在正视图中，通过【圆形】命令绘制直径为 17mm 的内圈，设置 CV 数目为 24。接着设置【辅助线】Z=11mm，并绘制【环形重复线】作为戒指外圈，设置数目为 8，使曲线与辅助线相切（图 4-7）。

② 通过【左右对称线】绘制切面，并选择【封口曲线】。

③ 单击【导轨曲面】命令，选择“双导轨”、“合比例”、“对称切面”，切面量度为，单击“确定”。依次选择外圈和内圈作为导轨曲线，再选择切面，生成如图 4-8 所示的效果。

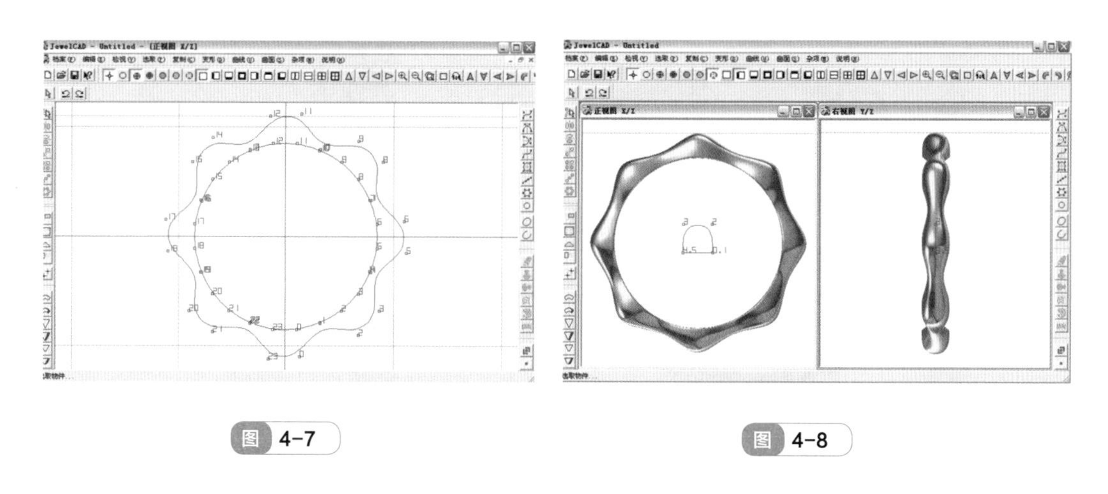

图 4-7　　图 4-8

④ 选中戒圈，执行【直线复制】命令，弹出【直线延伸】对话框后，在绘图区中单击鼠标左键拖拽，拖拽距离如图 4-9 所示，应为戒圈左侧的凸起处到右侧的凹边处。在对话框的横轴框内生成数值后，单击“确定”（其它数值为对话框内的默认数值），复制出 1 个戒圈。

⑤ 在正视图中将复制的戒圈执行【旋转】命令，并改变其【材质】为白金（图 4-10）。

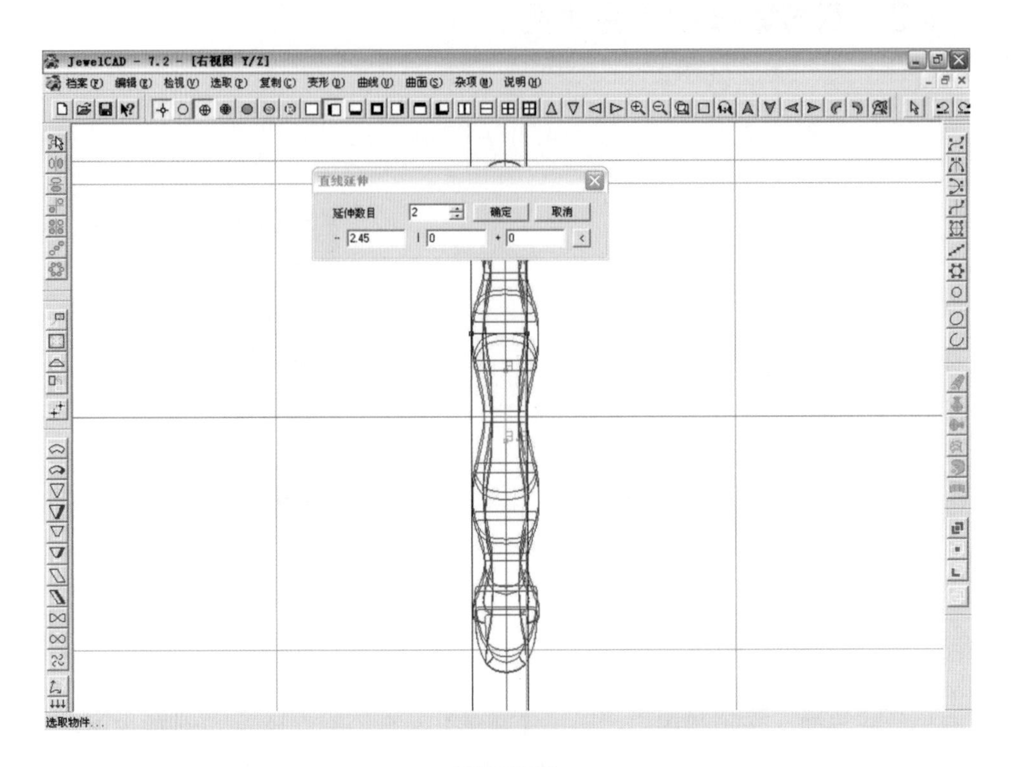

图 4-9

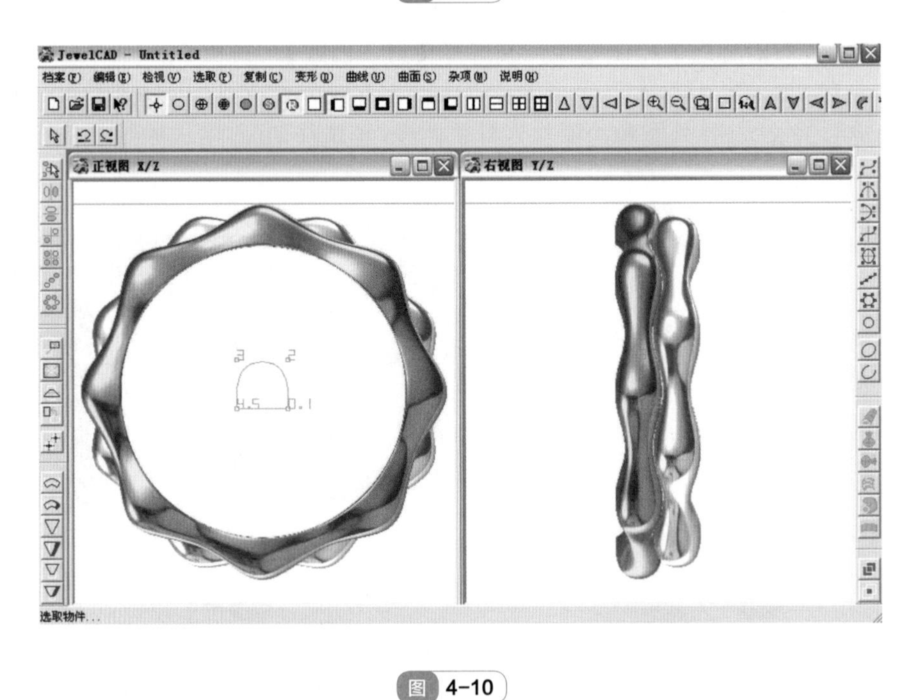

图 4-10

⑥ 将白金材质的戒圈在右视图中执行【左右复制】命令，并将中间戒圈的【材质】改为“GoldShiny”，最终效果如图 4-11 所示。

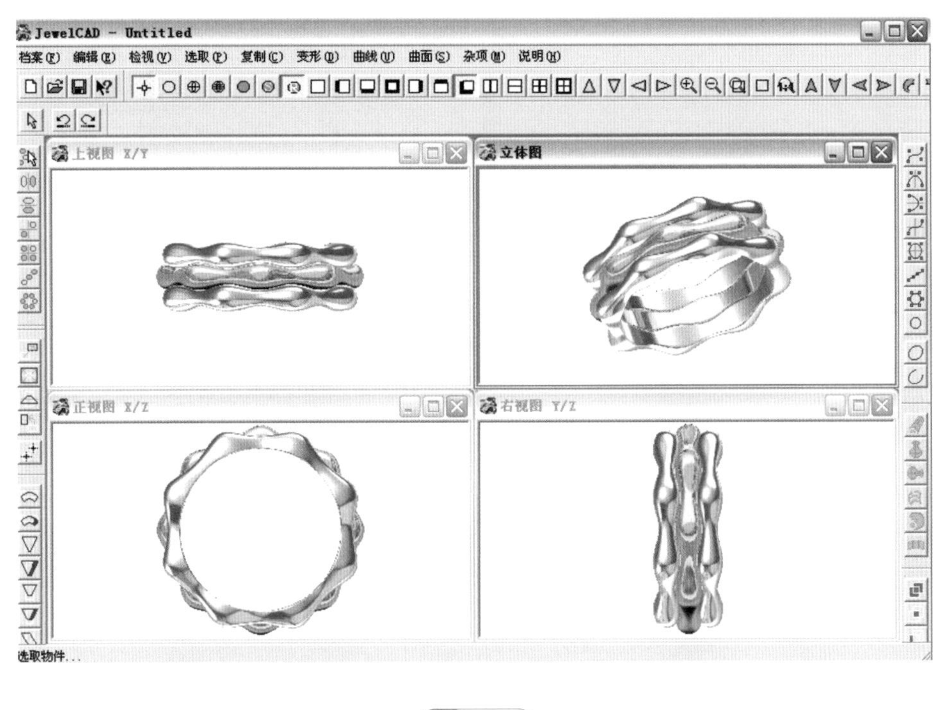

图 4-11

4.3　三导轨戒指

① 绘制三条导轨曲线。在正视图中，选择【圆形】绘制戒圈，内直径 18mm，外直径 23mm，控制点数 12。绘制直径为 1.7mm、2mm、5mm 和 13mm 的圆形来定位外圈，使用【隐藏 CV】命令将这几个小圆的控制点隐藏，移至与内圆相切的位置，分别定位戒指下壁、中壁以及上壁的高和宽，并根据直径 13mm 的圆形做辅助线与之相切（图 4-12）。

② 在【曲线】菜单下选择【修改】命令下的【左右对称线】子命令，选中直径 23mm 的外圆，进行曲线修改（图 4-13）。

提示：快捷方式为选择【左右对称线】命令，按住“Shift”键单击曲线。

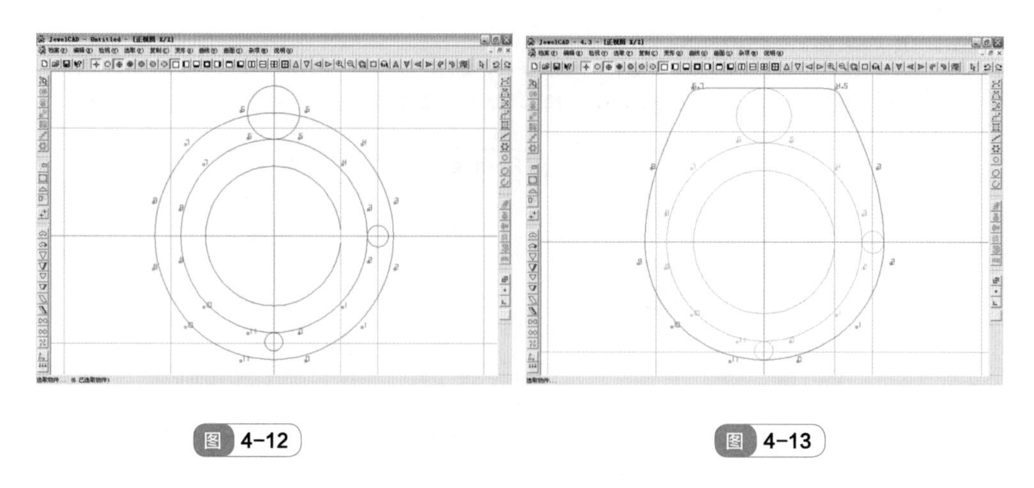

图 4-12　　图 4-13

③ 侧视图中，绘制辅助线 Z=14mm、Z=-11、Y=5mm、Y=3mm，并经过辅助线的交叉点使用【任意曲线】命令绘制曲线（图 4-14）。

④ 在正视图中选中直径 18mm 的内圈，切换到右视图，将其【直线复制】后【投影】在任意曲线上，效果如图 4-15 所示。

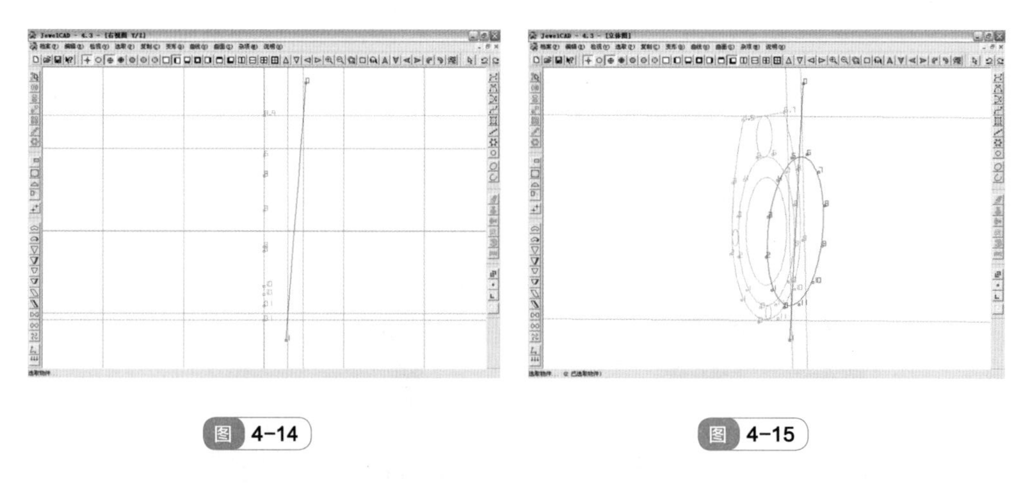

图 4-14　　图 4-15

⑤ 绘制切面。在正视图中，选择【左右对称线】，绘制一个矩形切面（图 4-16）。

⑥ 删除多余的曲线和辅助线，留下导轨曲线和切面，如图 4-17 所示。

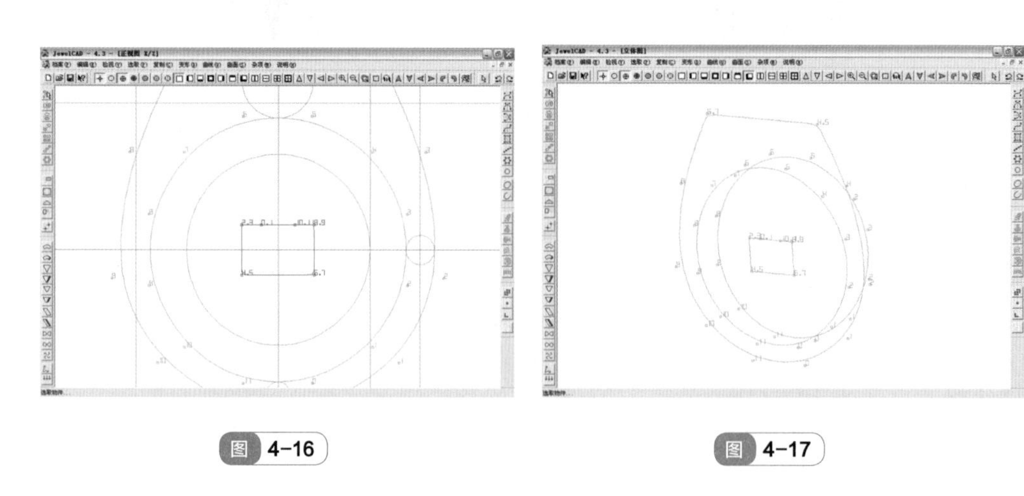

图 4-16　　图 4-17

⑦ 使用【导轨曲面】命令，选择“三导轨”、“单切面”，切面量度为，单击“确定”。按左下角【状态栏】提示，依次选择“上边导轨”、“下边导轨”和“右边导轨”，最后选取切面，生成戒指，如图 4-18 所示。

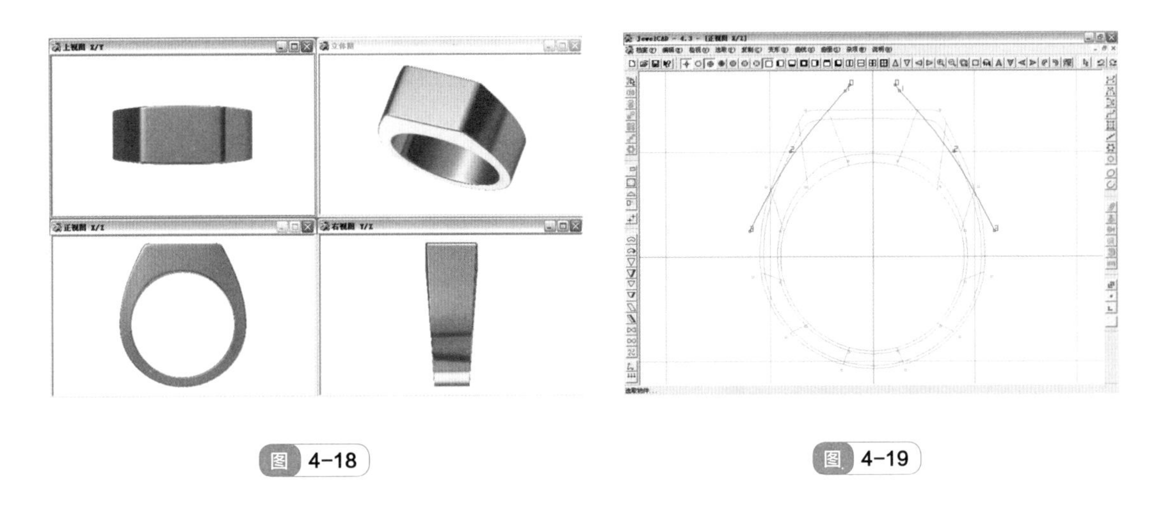

图 4-18　　图 4-19

⑧ 在正视图中，使用【任意曲线】绘制一条曲线，并执行【左右复制】。并选中戒指执行【展示 CV】命令，如图 4-19 所示。

⑨【选取】菜单下选取【选点】命令，选中需要变形的 CV（图 4-20）。

⑩ 在正视图中，将选中的 CV 执行【投影】，选择“向左”、“贴在曲线 / 面上”、“保持曲面切面不变”，效果如图 4-21 所示。

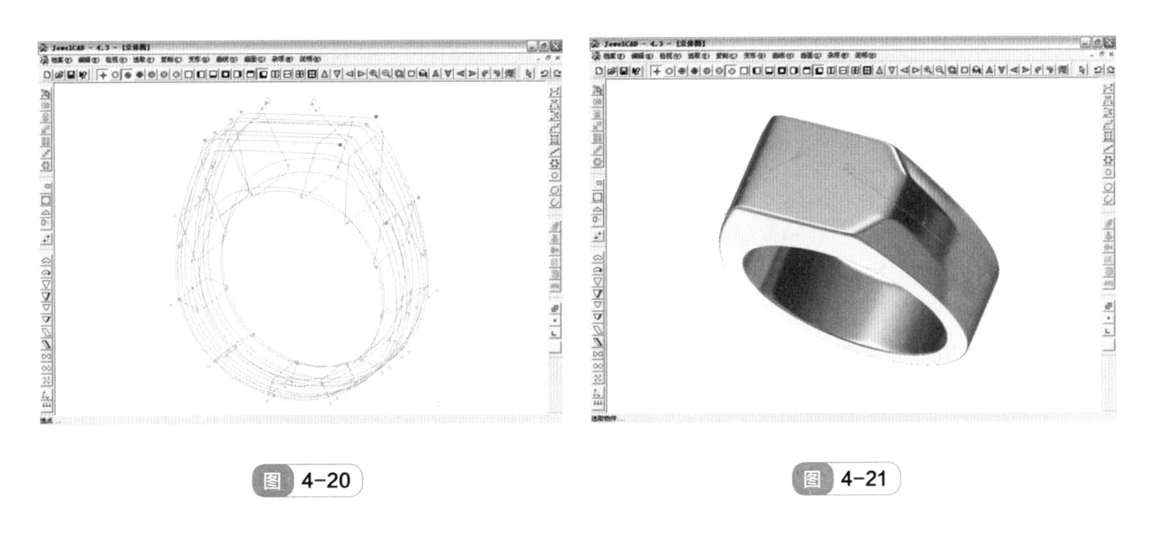

图 4-20　　图 4-21

⑪ 选中【选点】命令，绘图区空白处单击鼠标右键取消选点。再选取戒指左侧需要变形的 CV 执行【投影】，选择“向右”、“贴在曲线 / 面上”、“保持曲面切面不变”，删除多余的曲线，最终效果如图 4-22 所示。

提示：完成【投影】命令后，取消【选点】。

图 4-22

4.4 三导轨包镶戒指

① 在正视图中，使用【圆形】曲线 绘制戒圈，内圈直径 17mm，外圈直径 21mm，控制点数均为 10。再绘制直径 1.2mm 的小圆形，用【编辑】菜单里的【隐藏 CV】命令将其控制点隐藏起来。

② 将直径 1.2mm 的小圆选中，使用【移动】命令 将其下移至与戒圈内圈相切的位置后，把外戒圈上移与小圆相切，如图 4-23 所示。

③ 在右视图中，通过设定辅助线制作第三条导轨。首先，绘制辅助线 Z=11、Z=-10、Y=1、Y=2，使用【任意曲线】并通过辅助线的交叉点绘制任意曲线，如图 4-24 所示。

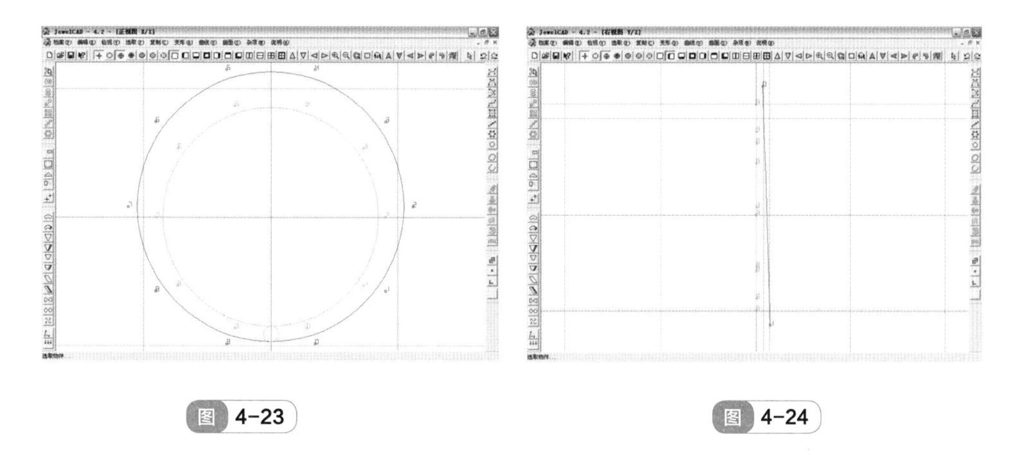

图 4-23　　图 4-24

④ 在正视图中选中内圈，切换到右视图，选择【直线复制】将其复制 5mm 左右。选中复制的内圈，使用【投影】将其投影在图 4-24 中所设置的任意曲线上，选择“向左”、“贴在曲线 / 面上”、“保持曲面切面不变”，效果如图 4-25 所示。

⑤ 在正视图中，用【左右对称线】绘制切面，并选择【封口曲线】(图 4-26)。

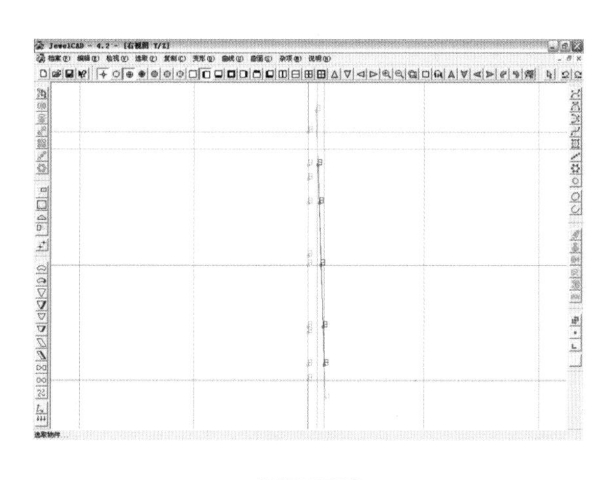

图 4-25

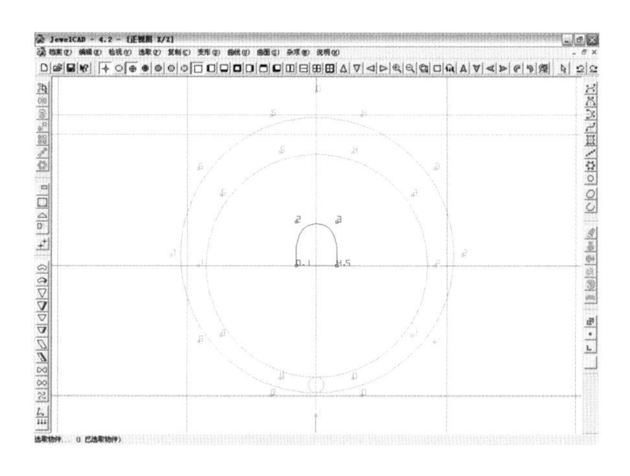

图 4-26

⑥ 单击【导轨曲面】命令，选择“三导轨”、“单切面”，切面量度为，单击“确定”。按左下角【状态栏】提示，依次选择“上边导轨”、“下边导轨”和“右边导轨”，最后选取切面，如图 4-27 所示。

⑦ 完成戒圈部分的制作（图 4-28）。

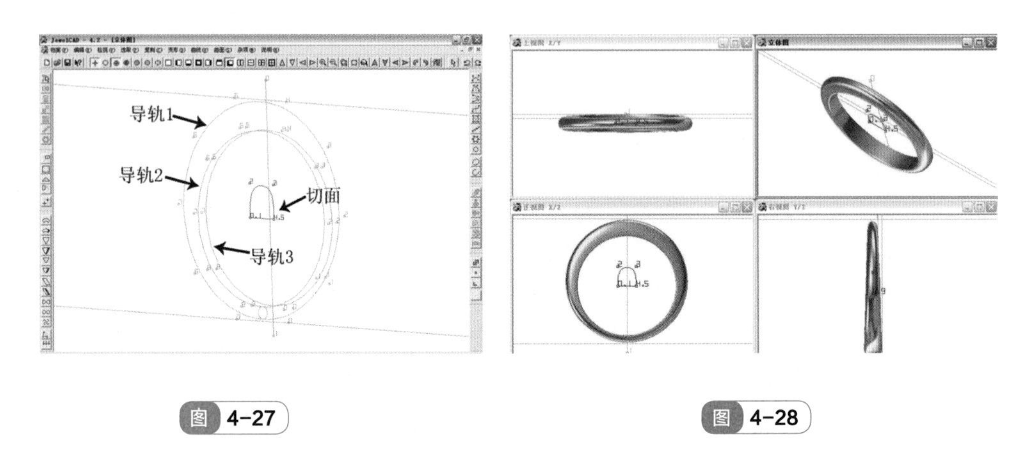

图 4-27　　图 4-28

⑧ 制作宝石石碗。将多余的线条和辅助线选中删除。从【杂项】菜单的【宝石】命令中调出一颗“圆形钻石”，直径设为 4mm，如图 4-29 所示。

⑨【格放】宝石区域，绘制辅助线 Z=0.3、Z=-4、X=1.8、X=2.4，并使用制【任意曲线】绘制曲线，如图 4-30 所示。

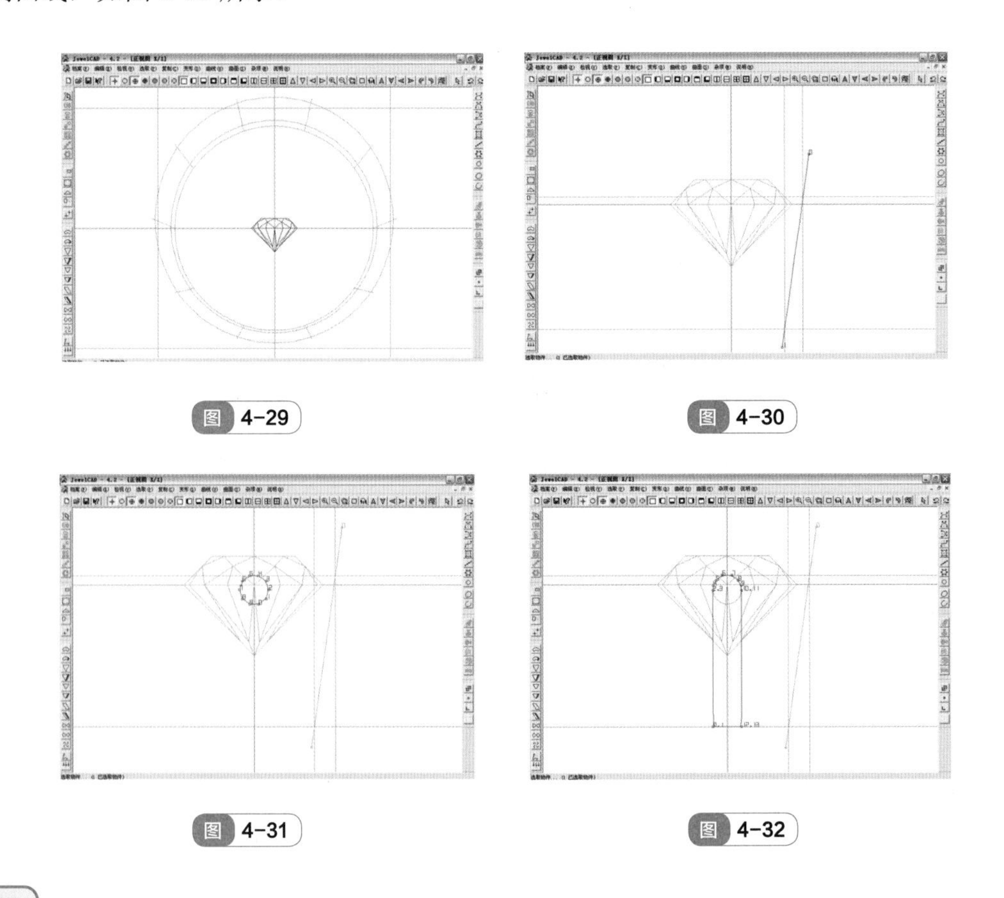

图 4-29　　图 4-30

图 4-31　　图 4-32

⑩ 绘制直径 0.8mm 的圆形曲线（图 4-31）。

⑪ 隐藏圆形曲线的 CV，选择【左右对称线】绘制左右对称线，即宝石石碗的切面，并选择【封口曲线】（图 4-32）。

⑫ 使用【投影】命令将左右对称线投影到任意曲线上，选择“向右”、“加在曲线 / 面上”、“保持曲面切面不变”（图 4-33）。

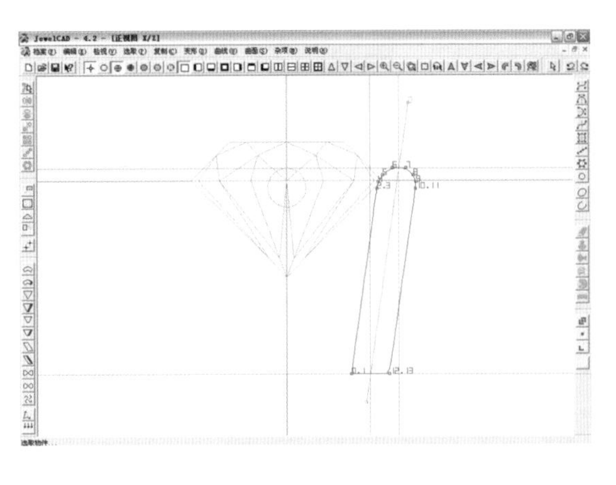

图 4-33

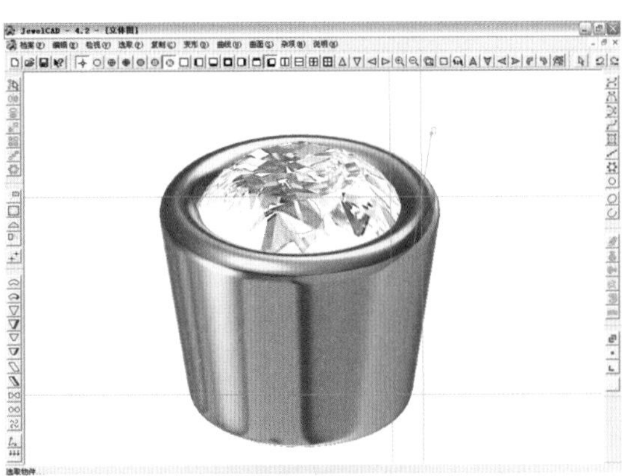

图 4-34

⑬ 选中曲线，通过【纵向环形对称曲面】将其制成石碗，如图 4-34 所示。

⑭ 选择【左右对称线】绘制心形，并执行【封口曲线】（图 4-35）。

⑮ 在右视图中，将心形曲线选中，并执行【直线延伸曲面】命令，将其延伸成实体，并使用【移动】将其移到如图 4-36 所示的位置。

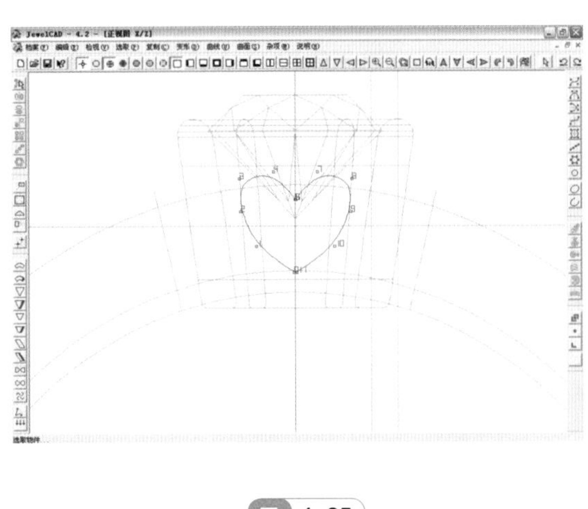

图 4-35

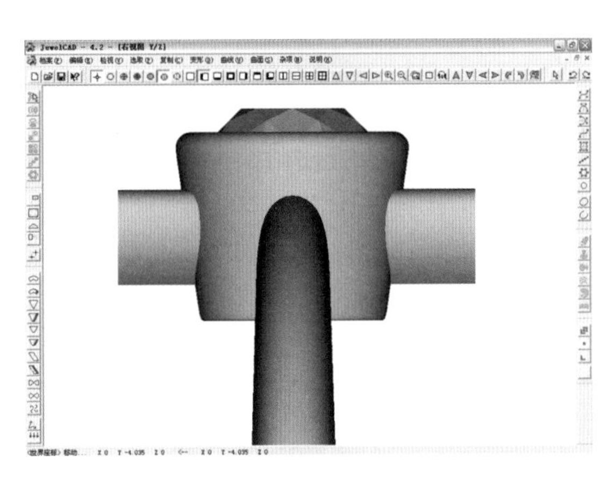

图 4-36

⑯ 根据宝石石碗的轮廓，使用【任意曲线】命令绘制曲线，并执行【纵向环形对称曲面】命令，将其制成用于掏空的桶型（图 4-37）。

⑰ 选中桶型，执行【相减布林体】命令，减去戒圈主体，达到图 4-38 所示的效果。

⑱ 选中心形，执行【相减布林体】命令，减去宝石石碗，达到图 4-39 所示的效果。

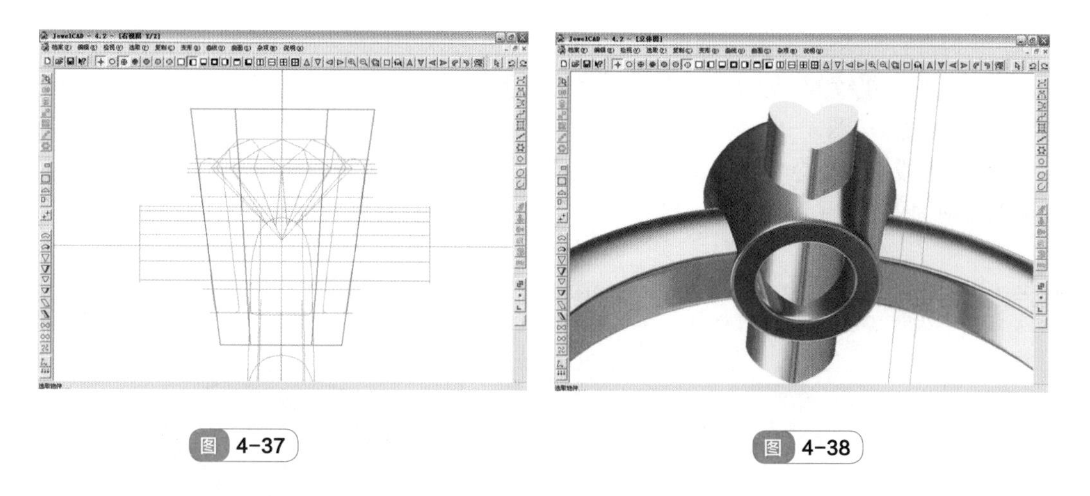

图 4-37　　图 4-38

⑲ 在正视图中，使用【圆形】命令绘制直径 17mm 的圆形。在右视图中将圆形执行【直线延伸曲面】命令，将其延伸成曲面（图 4-40）。

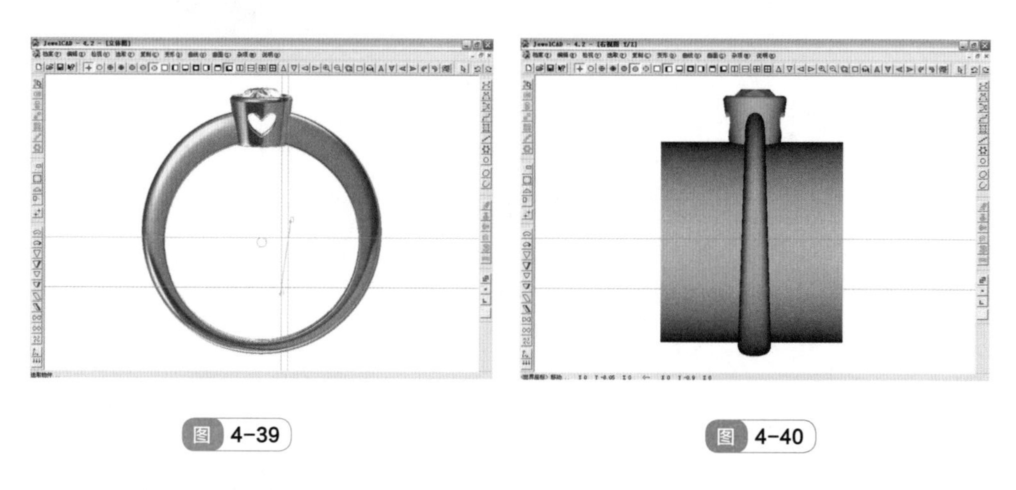

图 4-39　　图 4-40

⑳ 将石碗和戒圈选中，并选择【联集】。选取圆筒，执行【相减布林体】命令，减去刚才联集的物体（图 4-41）。

㉑ 选中联集的金属，使用【材料】命令将其修改成白金，完成戒指的绘制（图 4-42）。

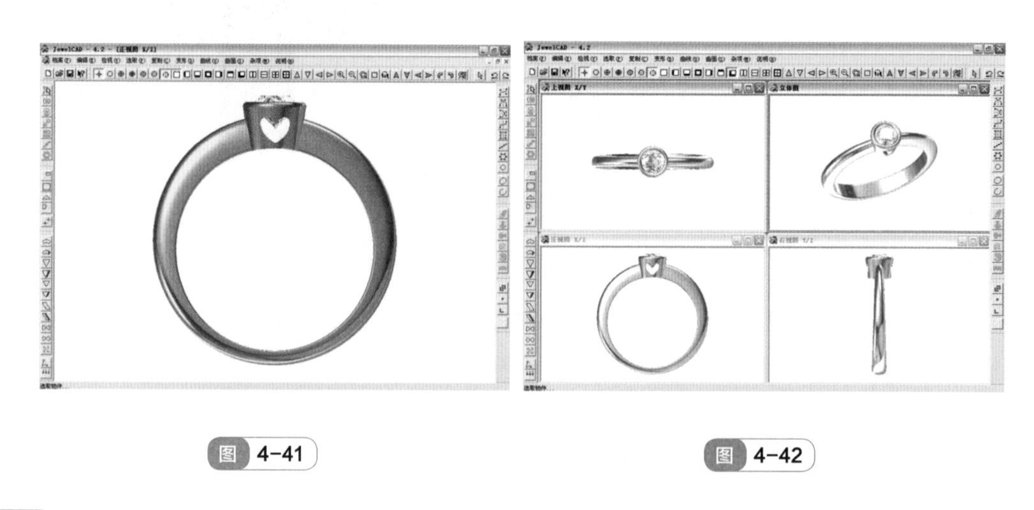

图 4-41　　图 4-42

4.5　心形群镶戒指的制作

立体图

上视图

① 绘制三条导轨曲线。在正视图中，使用【圆形】命令绘制曲线，内直径 17mm，外直径 22mm，控制点数 12。绘制直径为 1.7mm、2.2mm、5mm 的圆形来定位外圈，并对这几个小圆选择【隐藏 CV】，移至与内圆相切的位置，分别来定位戒指下壁、中壁以及上壁的高（图 4-43）。

② 选择【左右对称线】命令，按住“Shift”键单击外圆，进行曲线修改（图 4-44）。

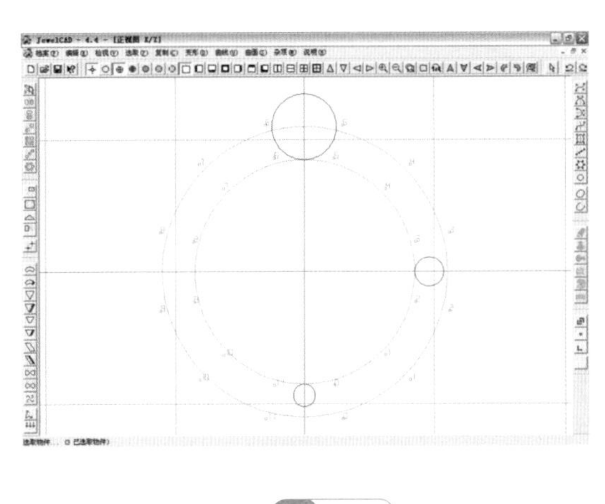

图 4-43

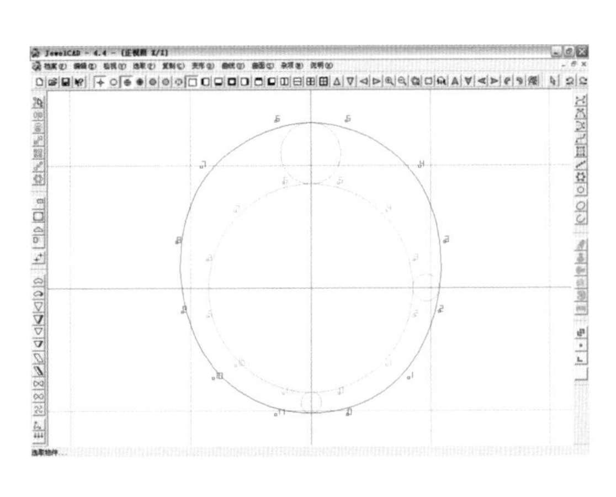

图 4-44

③ 在右视图，使用【圆形】命令绘制两个圆形，直径分别为 4mm 和 10mm，并选择【隐藏 CV】。将两个圆形分别移至戒指的顶部和底部，圆形的中点分别和戒指的顶部和底部的中点重合。使用【任意曲线】命令经过两个圆形做曲线与之相切，如图 4-45 所示。

④ 在正视图中选中直径 17mm 的圆形，切换到右视图，将其【直线复制】后，【投影】在任意曲线上，效果如图 4-46 所示。

⑤ 绘制切面。在正视图中，选择【左右对称线】，绘制一个半圆形的切面，并选择【封口曲线】（图 4-47）。

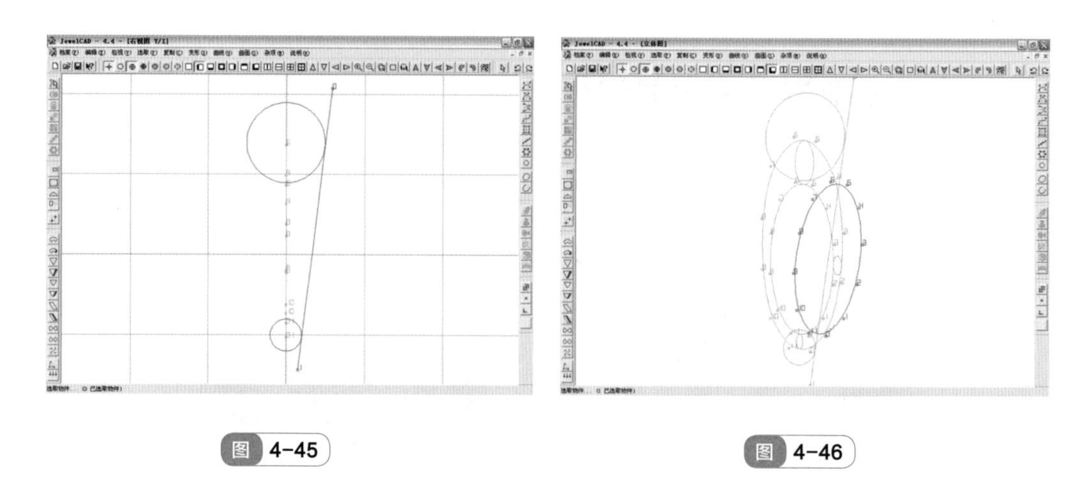

图 4-45　　图 4-46

⑥ 删除多余的曲线和辅助线，留下导轨曲线和切面。执行【导轨曲面】命令，选择“三导轨”、“单切面”，切面量度为，单击“确定”。按左下角【状态栏】提示，依次选择“上边导轨”、“下边导轨”和“右边导轨”，最后选取切面，生成戒指，如图 4-48 所示。

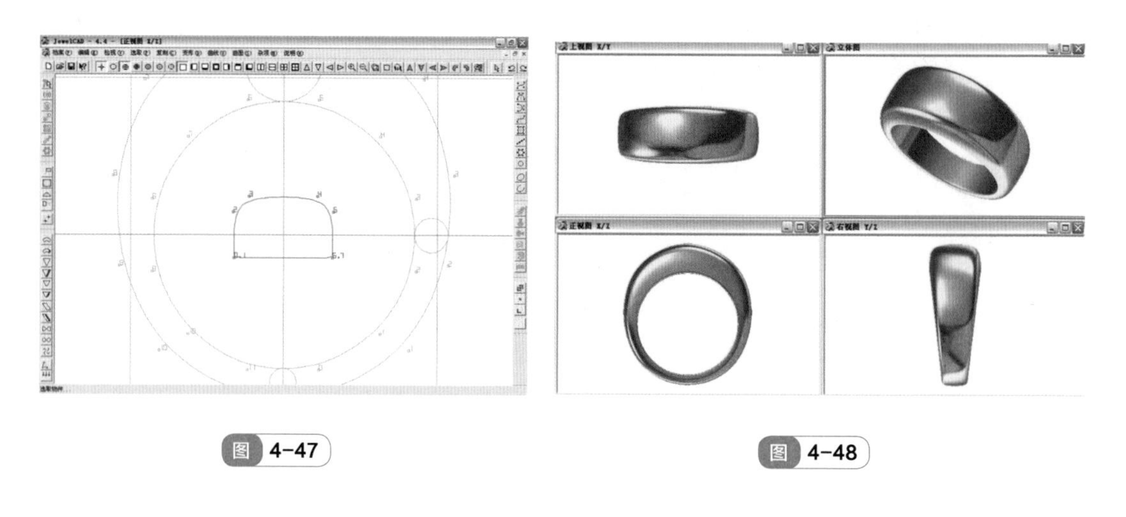

图 4-47　　图 4-48

⑦ 制作好戒圈主体后，进行掏空。在正视图中，做辅助线 Z=12.7、X=10.1。将戒圈原位复制一个，并使用【尺寸】命令将其等比例缩小，使缩小的戒圈顶部和侧部与辅助线相切（图 4-49）。

提示：辅助线的数值设定依据掏空后壁厚为 0.8mm。

⑧ 切换到右视图。绘制辅助线，Y=3.6。使用【尺寸】工具单击鼠标右键将戒圈单向缩小，直至与辅助线相切（如图 4-50 所示）。

⑨ 在正视图中，将复制的戒圈选中并选择【展示 CV】。做辅助线，Z=-7.5mm，将辅助戒圈下部的 CV 通过【选点】命令选中，使用【移动】命令将其提至 Z=-7.5mm 的位置，如图 4-51 所示。到达位置后，取消选点。

⑩ 选取内圈，单击【布林体相减】命令，再单击外圈，实施掏空的命令，达到图 4-52 所示的效果。

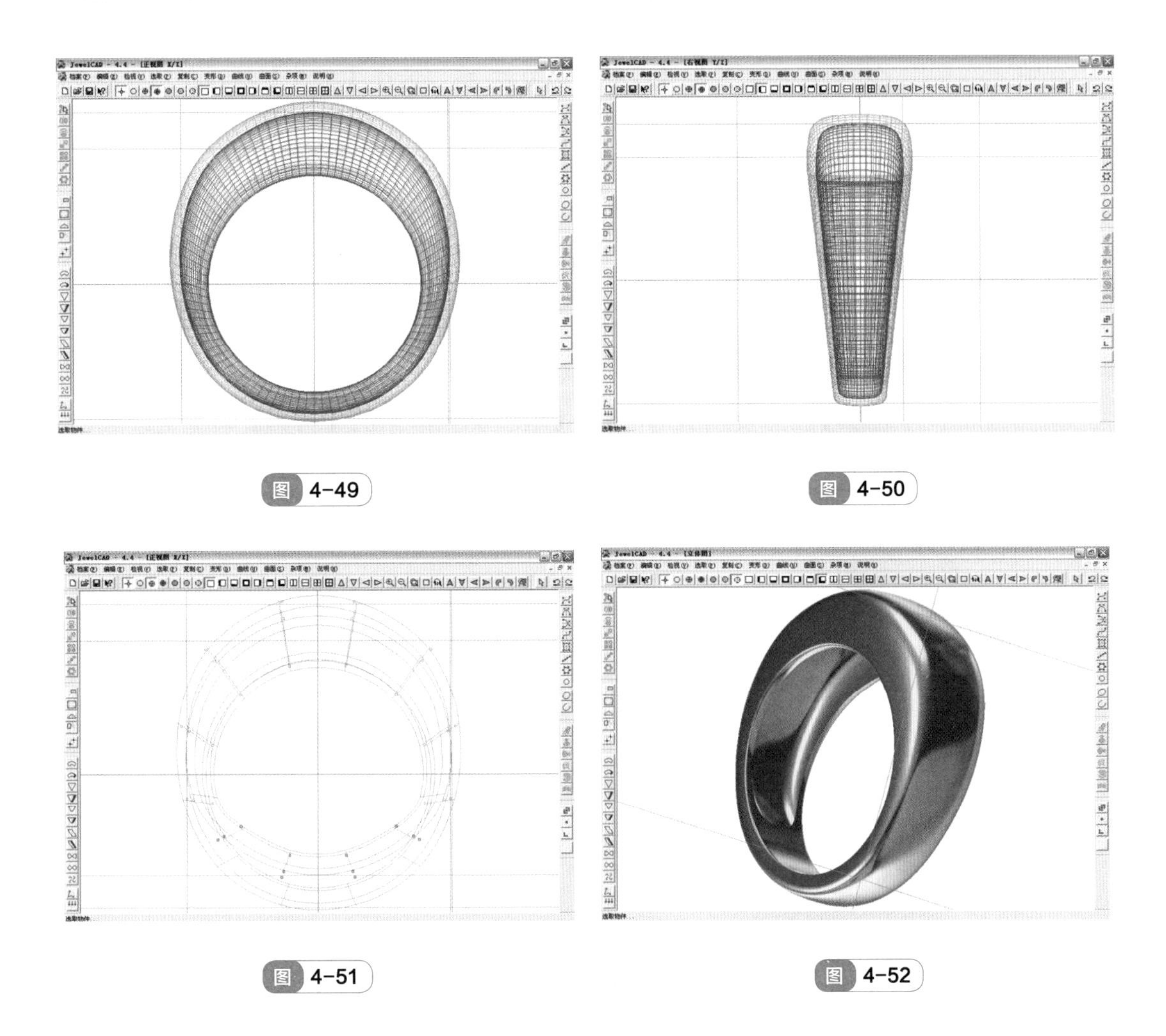

图 4-49　图 4-50

图 4-51　图 4-52

⑪ 在上视图中，使用【左右对称线】绘制心形作为导轨，选择【封口曲线】，并“向内偏移”0.6mm。并使用【上下左右对称线】绘制矩形作为切面（图 4-53）。

⑫ 将心形执行【导轨曲面】命令，选择“双导轨”、“不合比例”、“单切面”，切面量度为▭，单击“确定”，依次选择导轨和切面生成心形曲面。切换到右视图，将心形曲面执行【弯曲】命令⌓，使曲面弧度与戒指上壁表面弧度接近（图 4-54）。

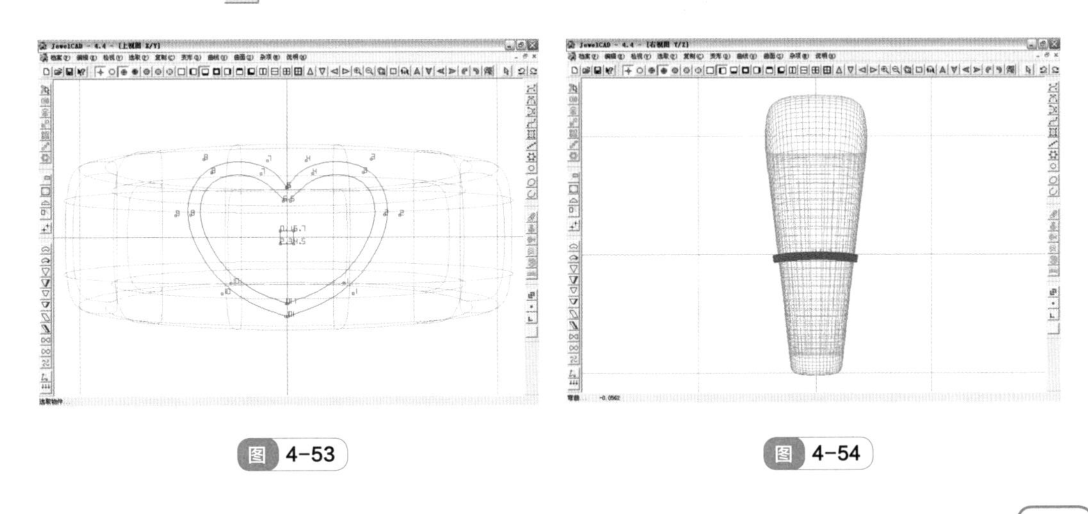

图 4-53　图 4-54

⑬ 在正视图中，将心形曲面执行【弯曲】命令后，选择【移动】将其移至戒指上壁表面，略比表面高（图 4-55）。

⑭ 剪贴宝石和钉。从【杂项】菜单的【宝石】命令中调出“圆形钻石”，设置直径为 1mm，在【快彩图】模式下执行【剪贴】宝石的命令。接着绘制钉，使用【圆形】命令绘制直径 0.52mm 的圆形作为参考，并选择【隐藏 CV】，使用【任意曲线】命令绘制曲线，如图 4-56 所示。

⑮ 将任意曲线执行【纵向环形对称曲面】命令，将其制作成钉后进行剪贴，效果如图 4-57 所示。

⑯ 将宝石和钉进行【左右复制】，并通过【编辑】菜单里的【材料】命令更改金属和宝石的材料，最终效果如图 4-58 所示。

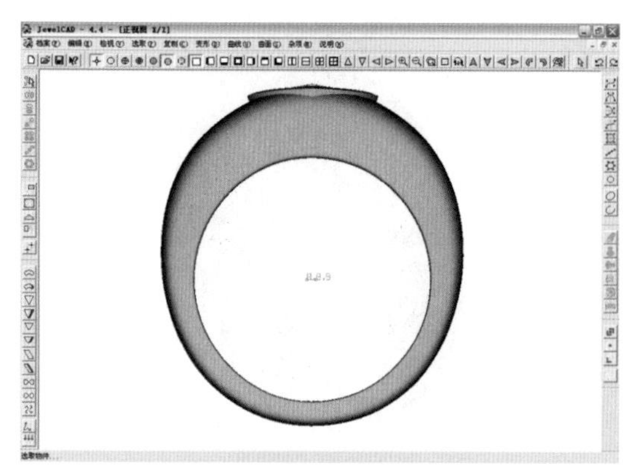

图 4-55

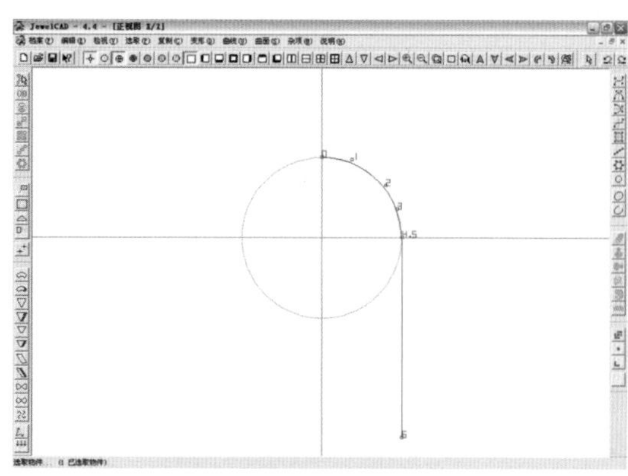

图 4-56

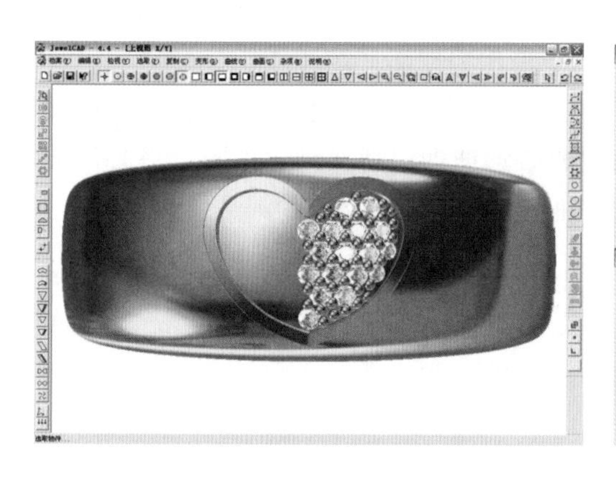

图 4-57

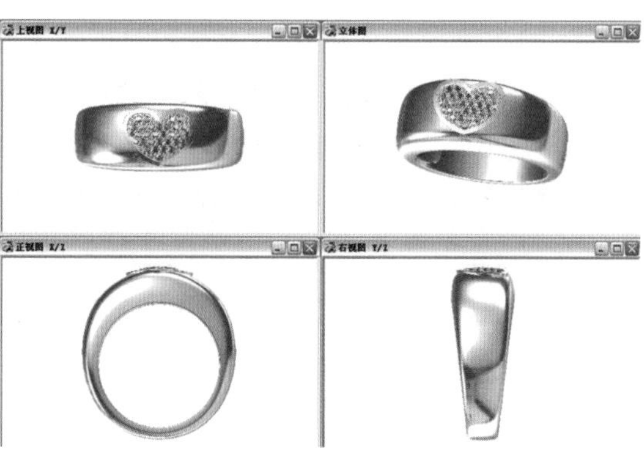

图 4-58

练习题

①绘制出如图 4-59 中的图形，并命名为“图 4-59”。将该图形的“正右上立体图”以“.jpg”的格式储存，同时储存该图形的“jcd”文档。

参数：戒指内直径 17mm，戒指下壁高度 1mm，侧壁宽度 1.5mm，上壁高度 3.9mm。戒指侧边，上壁宽度 8mm，下壁宽度 4.8mm。

图 4-59

②绘制图 4-60，将该图形的“正右上立体图”以“.jpg”的格式储存，同时储存该图形的“jcd”文档。

参数：戒指内直径 17mm。

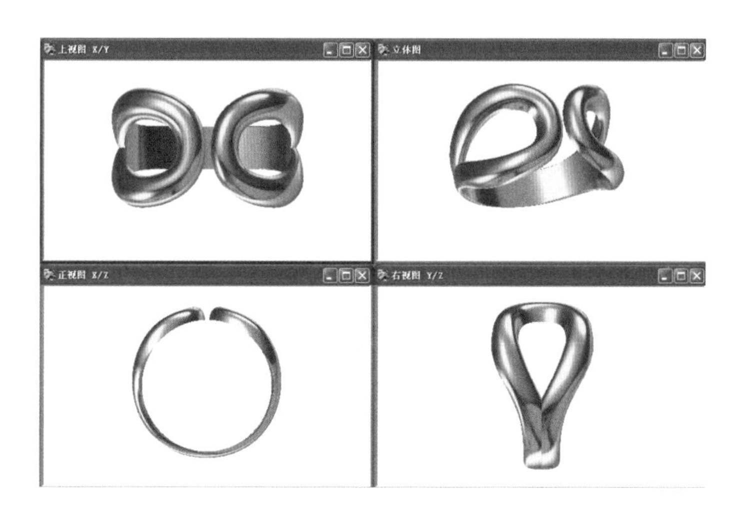

图 4-60 正右上立体图

③ 绘制图 4-61。并将该图形的“正右上立体图”以“.jpg”的格式储存，同时储存该图形的“jcd”文档。

参数：戒指内直径 17mm，外直径 21mm, 下壁高度 1.7mm，主石直径 3.5mm。

图 4-61 正右上立体图

第 5 章　吊坠的制作

5.1　皇冠吊坠的制作

① 在正视图中，绘制辅助线Z=3.1，Z=−1.2，Z=−1.5，Z=−2，Z=−2.3，X=−3.1，X=−2.5，X=−2.2，X=−2，X=−1.6。

② 在上视图中，通过【任意曲线】绘制图形，如图 5-1 所示。

③ 在正体图中，使用【纵向环形对称曲面】数目为 6，角度为 60°，选择全方位，形成皇冠的主体曲面，效果如图 5-2 所示。

皇冠吊坠四视图

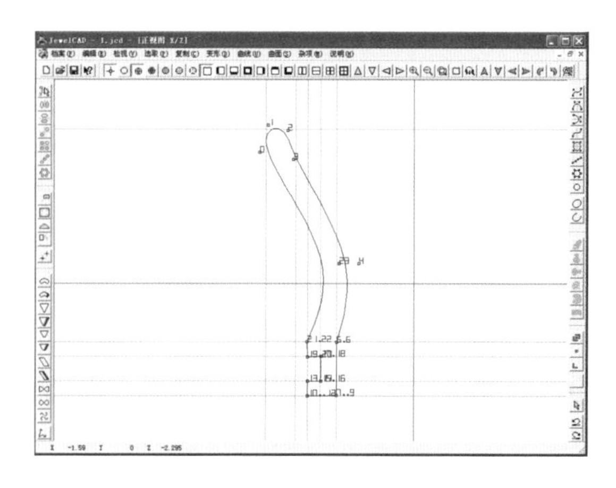

图 5-1

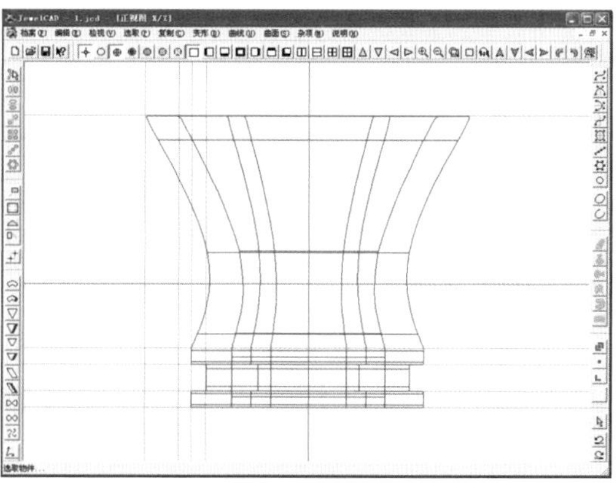

图 5-2

④ 在正视图中，用【左右对称线】绘制倒三角形，用【环形重复线】绘制星形，数目为5，角度为72，选择全方位的曲面，单击“确定”，如图 5-3 所示。

⑤ 在上视图中，选择星形，使用【直线延伸曲面】穿过实体圆柱，并使用【环形重复线】绘制星形体曲面，数目为3，角度为120°。单击“确定”，如图 5-4 所示。

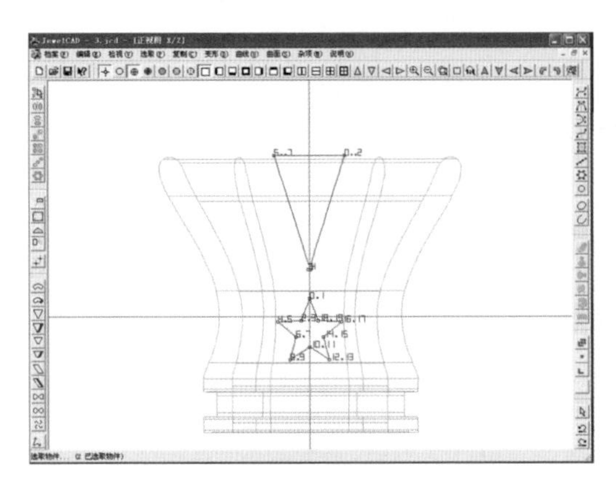

图 5-3

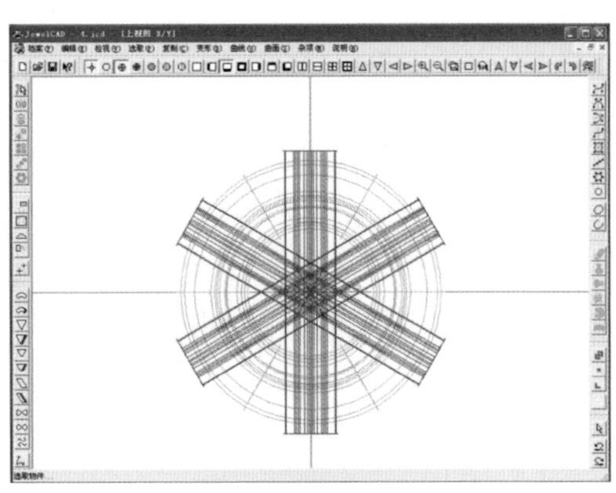

图 5-4

⑥ 在上视图中，使用【选取】工具的【选点】命令，选取倒三角体局部的点，通过【尺寸】命令单向拉伸，形成一个不规则的曲面，如图 5-5 所示。

⑦ 使用【环形复制】，绘制数目为 11，默认角度，单击“确定”，如图 5-6 所示。

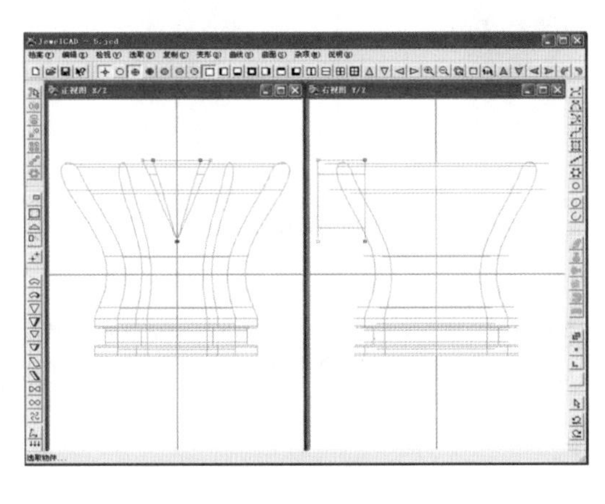

图 5-5

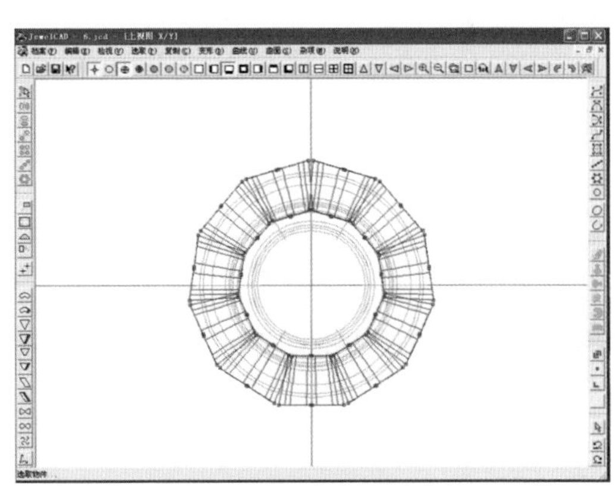

图 5-6

⑧ 使用【布林体相减】命令，依次选择 11 个不规则曲面与皇冠的主体曲面相减；3 个星形体曲面与皇冠的主体曲面相减，单击“确定”，效果如图 5-7 所示。

⑨ 在正视图中，使用【杂项】菜单里的【宝石】选择圆形钻石，设置宝石尺寸为 0.6mm（图 5-8）。切换上视图，翻转宝石方向，把宝石移动到皇冠圈口合适的位置，使用【环形复制】，绘制数目为 20 个，如图 5-9 所示。

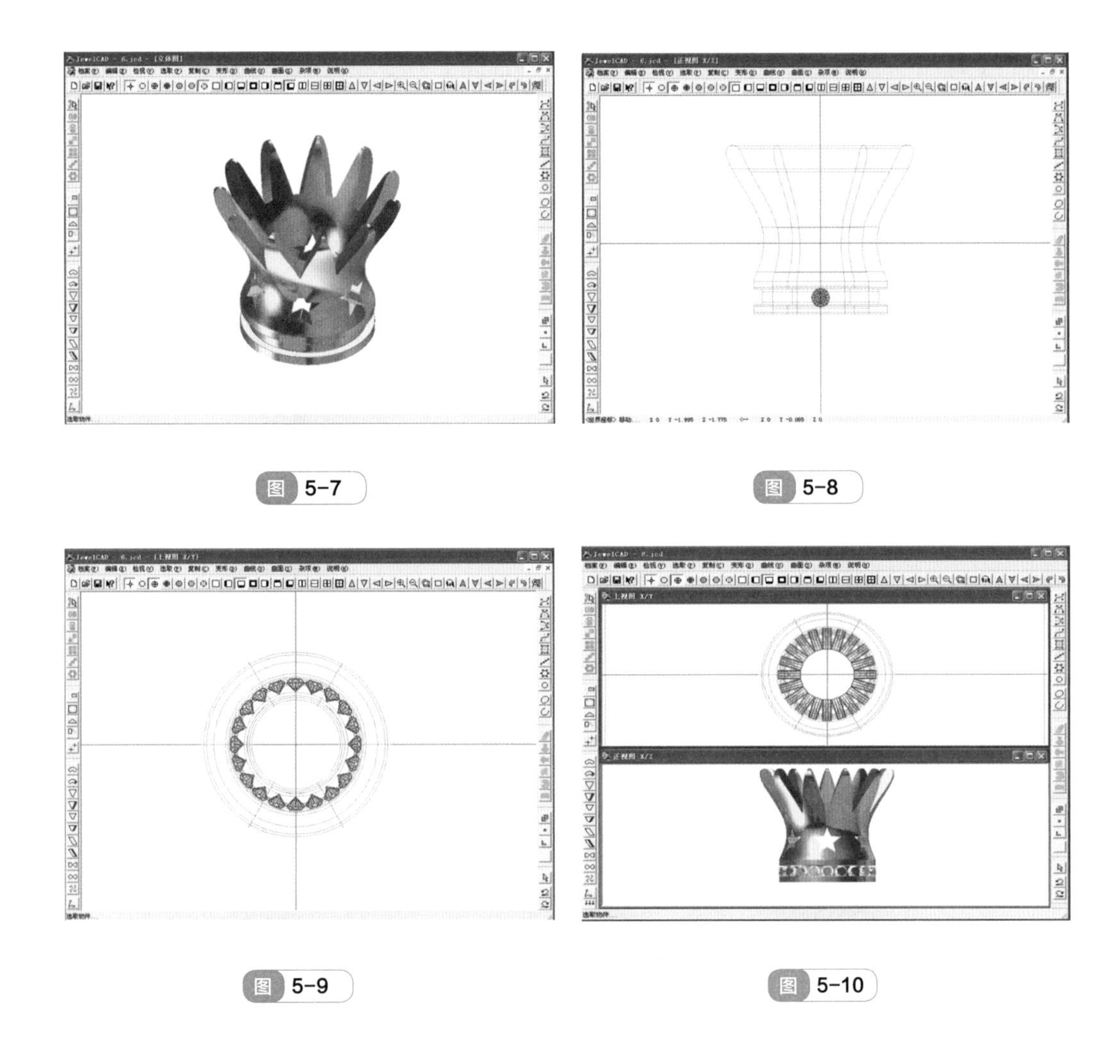

图 5-7

图 5-8

图 5-9

图 5-10

⑩ 在正视图中，针对 0.6mm 的钻石绘制圆为 0.4mm 的柱体，使用【环形复制】，设置数目为 20，并使用【布林体相减】命令，依次选择 20 个柱体与皇冠的主体曲面相减，单击“确定”，如图 5-10 所示。

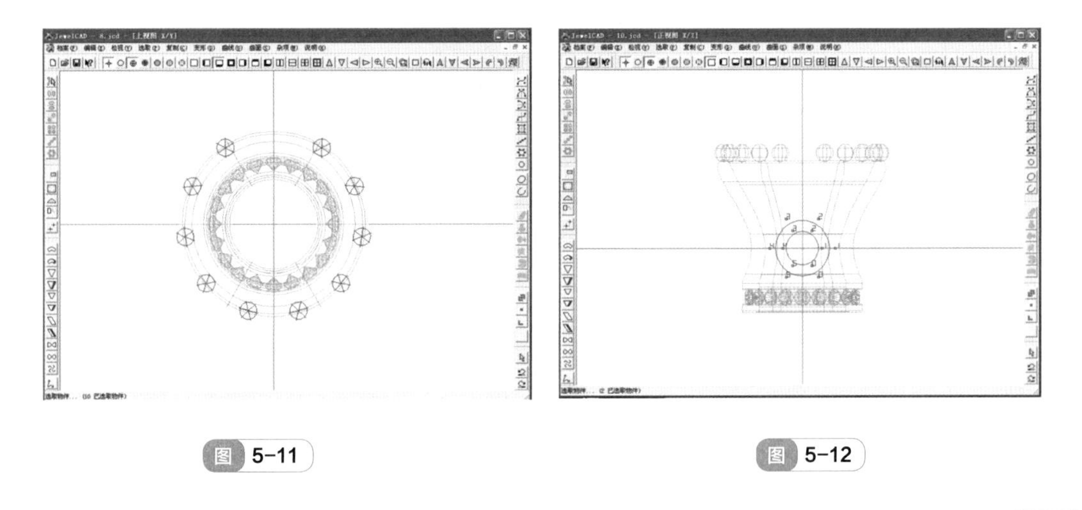

图 5-11

图 5-12

⑪ 在上视图，选择【曲面】工具里面的【球体曲面】命令，设置球体圆的直径为 1.2mm，使用【环形复制】，绘制数目为 12 个，单击“确定”，再删掉最后面一个留接圆环，如图 5-11 所示。

⑫ 切换到正视图，使用【圆形】命令绘制直径分别为 3mm、4mm 的圆（图 5-12），使用【管状曲面】命令，设置为“圆形切面”，直径分别为 0.5 mm 和 0.7mm，生成如图 5-13 中的圆环。

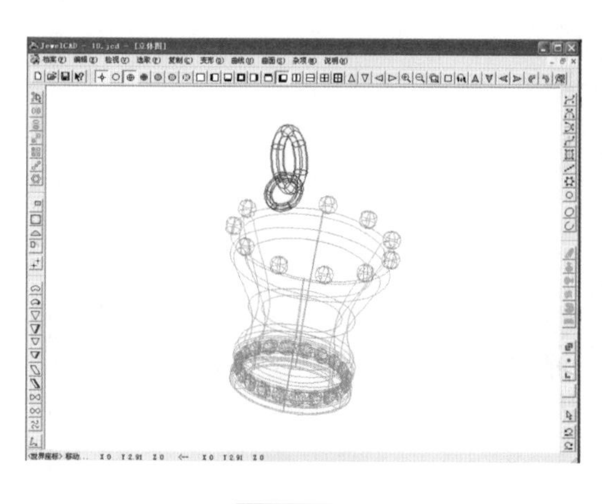

图 5-13

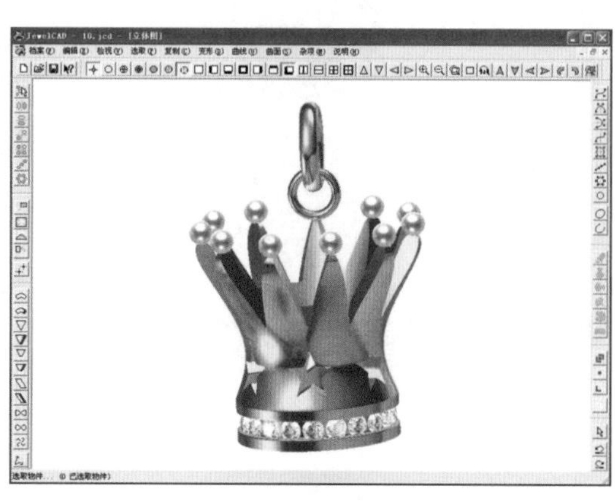

图 5-14

⑬ 使用【移动】命令将圆环上移到心形上方的位置，完成吊坠的制作（图 5-15）。

图 5-15

5.2 花形吊坠的制作

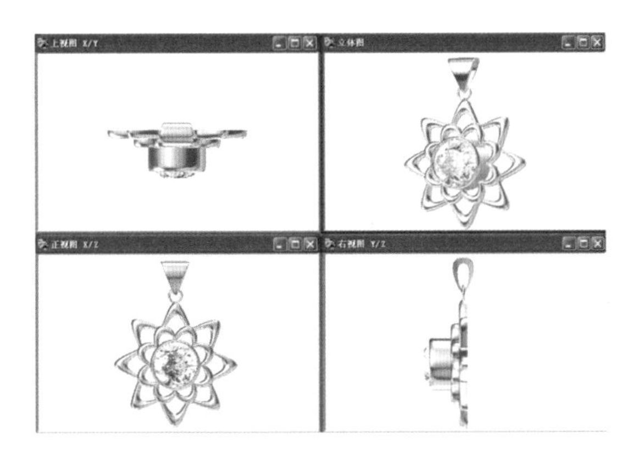

花形吊坠四视图

① 调出【档案】中的资料库【Settings】里的【Round1】文件，选择 Rnd00004，通过【圆形】命令制作直径 7mm 的圆形，使用【尺寸】命令将镶口放大到 7mm 的直径，如图 5-16 所示。

② 在正视图中，通过【圆形】命令制作直径分别为 20mm、15.5mm、13.3mm 和 10.5mm，控制点为 10 的圆形，并将其 CV 点隐藏，如图 5-17 所示。

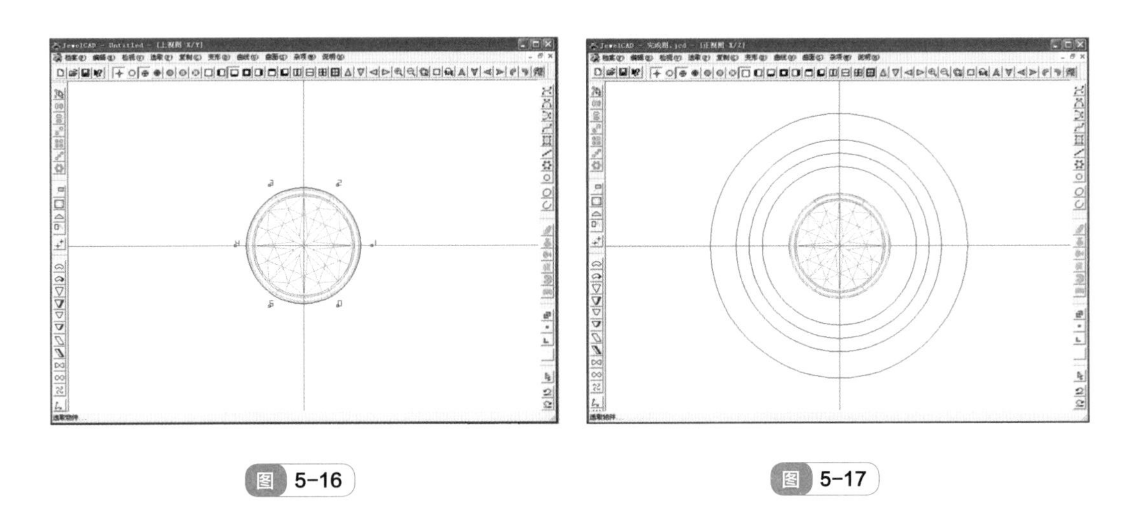

图 5-16　　图 5-17

③ 使用【环形重复线】，数目为 8，角度 45°，单击“确定”，绘制四条以这四个圆为辅助线的花瓣曲线，如图 5-18 所示。

④ 对花瓣曲线使用【编辑】中的【隐藏 CV】命令，并绘制切面，如图 5-19 所示。

⑤ 根据设置好的导轨和曲面，通过【导轨曲面】命令，使用“双导轨”、“不合比例”、“单切面”，切面量度为。单击“确定”后，分别两次选择两条导轨和切面，生成叶片的形状，效果如图 5-20 所示。

⑥ 在正视图中，使用【圆形】命令绘制如图 5-21 所示的直径 3mm 的圆形，并通过【管状曲面】命令，设置为“横向管状”、“圆形切面”、直径 1mm。生成圆环，并使用【移动】命令移到如图 5-22 所示的位置。

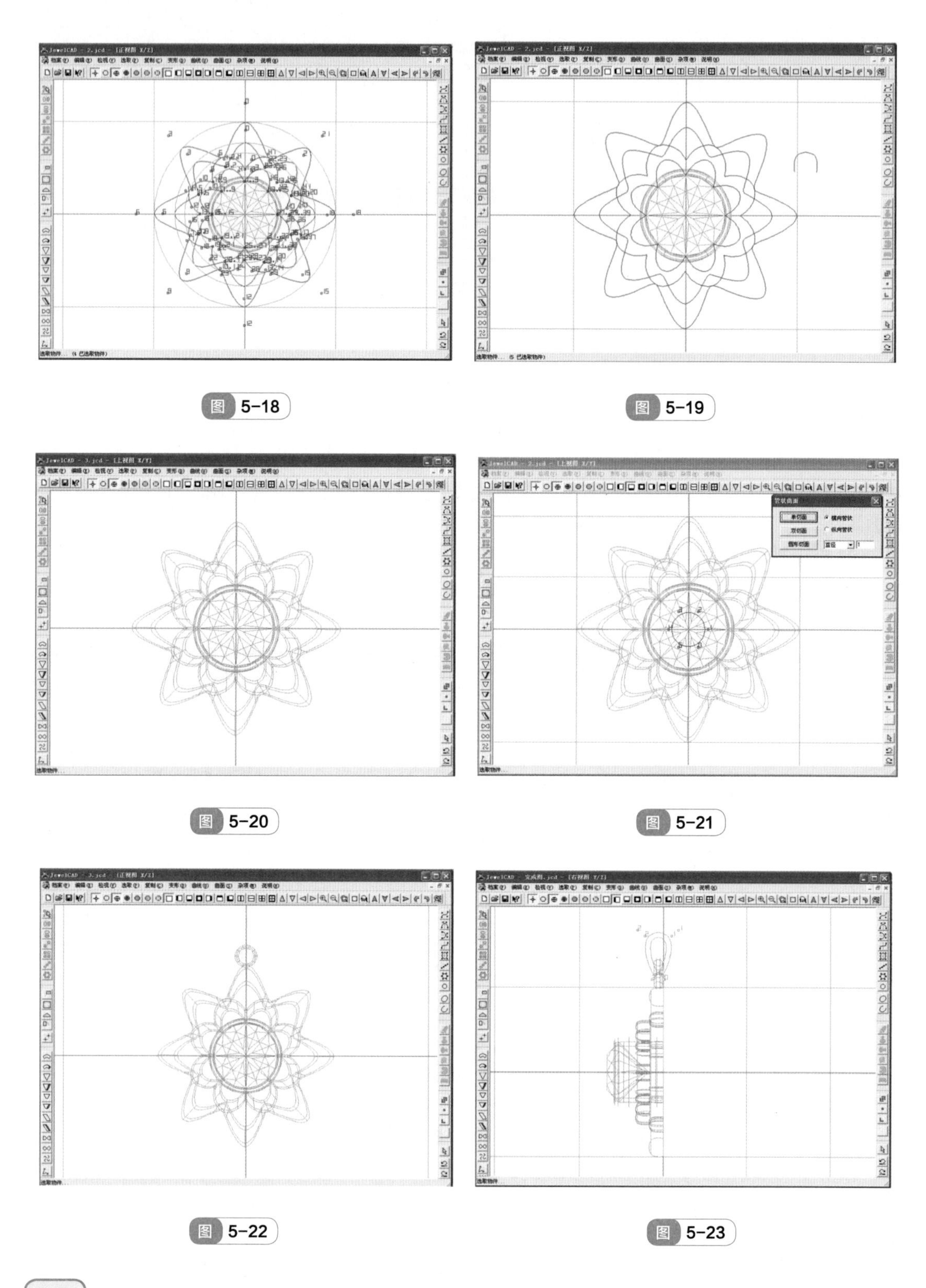

图 5-18

图 5-19

图 5-20

图 5-21

图 5-22

图 5-23

⑦ 在侧视图中，使用【左右对称线】命令绘制水滴形曲线，选择【封口曲线】，并设置【偏移曲线】为向内 0.6mm，如图 5-23 所示。

⑧ 切换正视图，使用【左右对称线】（图 5-24），将两条水滴形曲线选中，通过【曲面 / 线投影】命令，设置为“向右”、“贴在曲线 / 面上”、“保持曲面切面不变”，将水滴形曲线投影在作为参考的任意曲线上，并选择【左右复制】，效果如图 5-25 所示。

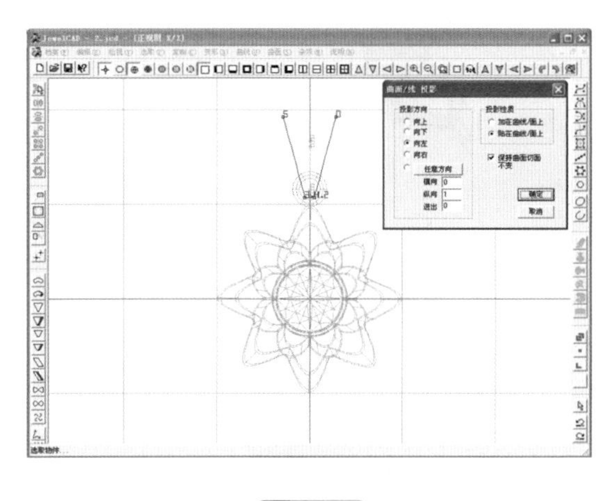

图 5-24

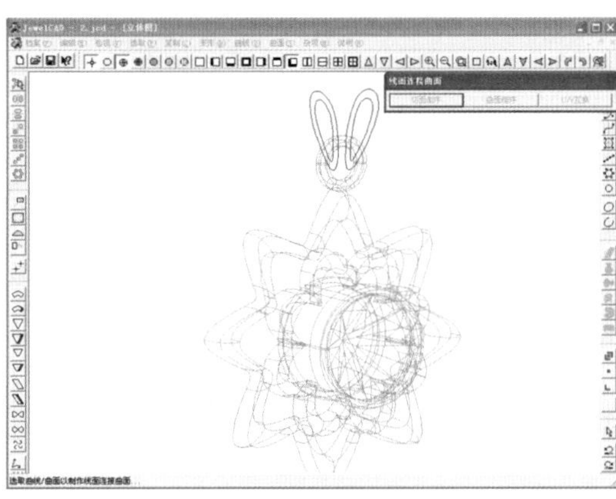

图 5-25

⑨ 使用【线面连接曲面】命令，依次双击每条曲线，将曲线连接成瓜子扣，如图 5-26 所示。

注意：每条线连接时，需要进行双击鼠标，以便形成直角。

⑩ 在三视图中调整好位置，选中所有的金属，通过【编辑】菜单里的【材料】命令，选择“Goldwhite”（白金）为金属的颜色，完成图形的制作（图 5-27）。

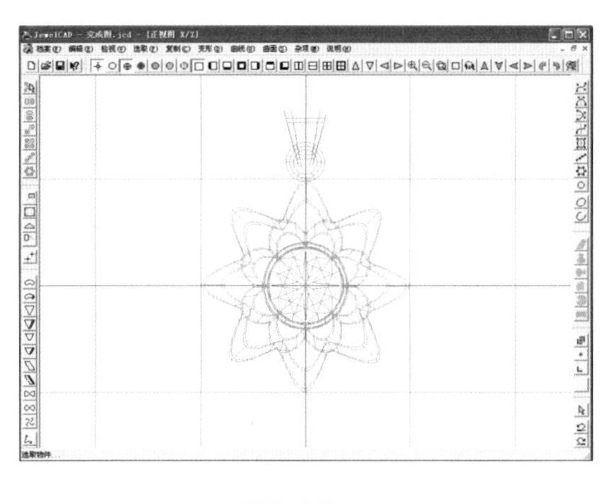

图 5-26

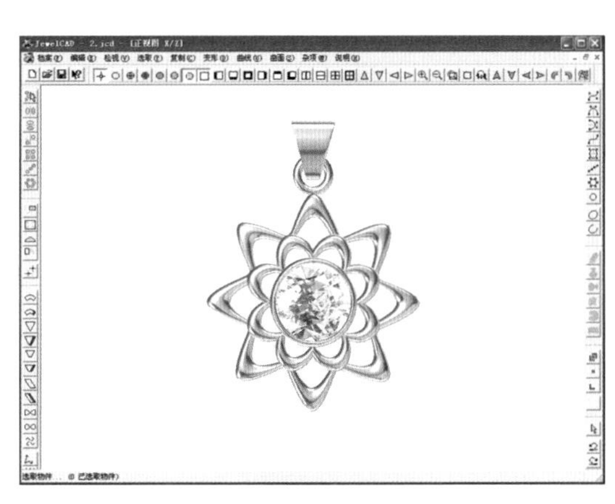

图 5-27

5.3　海豚吊坠的制作

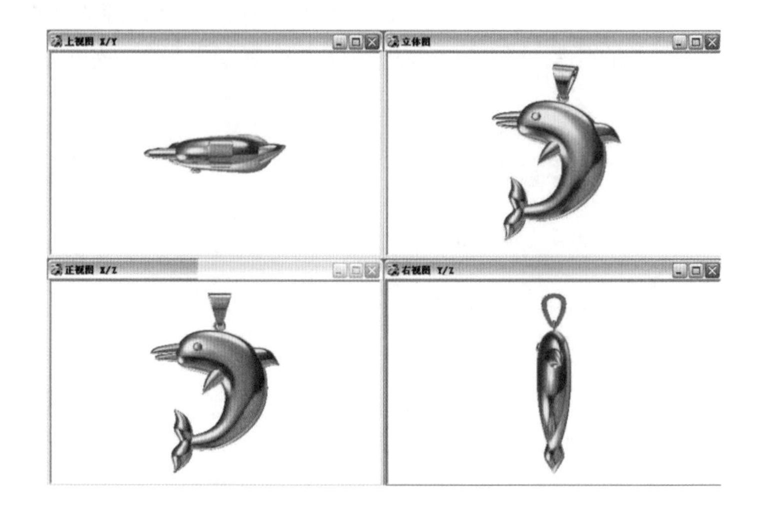

海豚吊坠四视图

① 绘制海豚的躯体部分。在正视图中，通过【任意曲线】绘制导轨曲线，如图 5-28 所示。

注意：躯体由两条任意曲线组成，海豚的鳍也分别由两条独立的曲线组成。在绘制时，注意相对应的两条曲线（导轨）的 CV 数目应相同，CV 点数相对应。

② 绘制海豚的嘴部曲线和尾部曲线。通过【任意曲线】绘制导轨曲线，如图 5-29 所示。

注意：上嘴唇和下嘴唇也分别由两条曲线组成导轨，尾部曲线也分别由两条独立的曲线组成。

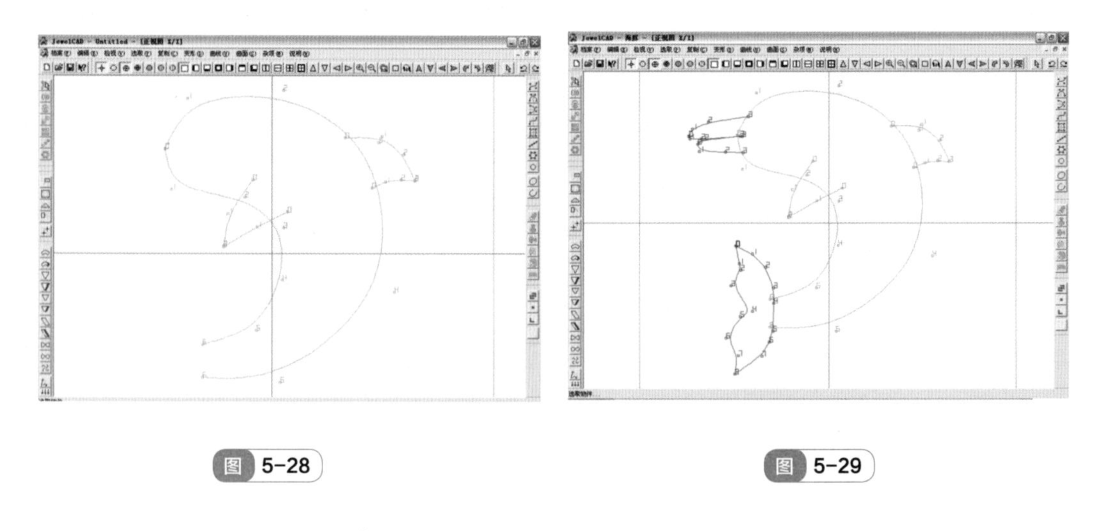

图 5-28　　　图 5-29

③ 通过【导轨曲面】命令，设定如图 5-30 所示的选项，分六次将两导轨选中，将之延伸成曲面。通过【移动】命令，调整好各个部位之间的位置（图 5-31）。

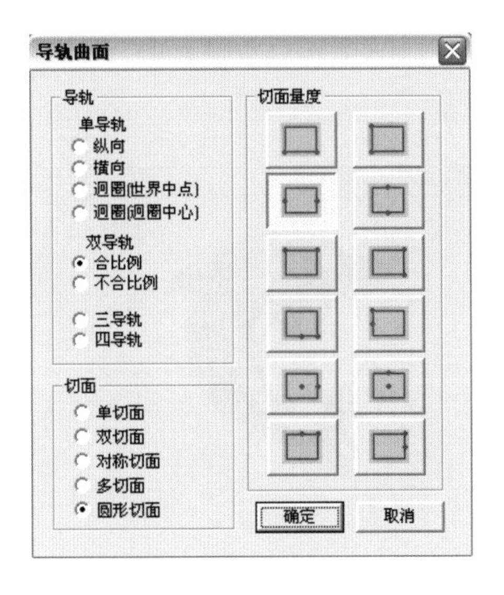

图 5-30

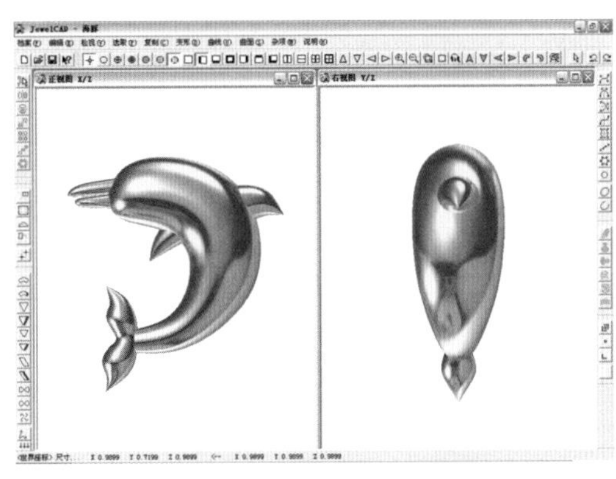

图 5-31

④ 在右视图中，将海豚的躯干部分选中，选取【尺寸】命令，单击鼠标右键单向缩放，形成图 5-32 的效果。

⑤ 接着将鱼鳍部分选中，在右视图中通过【旋转】命令调整其角度，效果如图 5-33 所示。

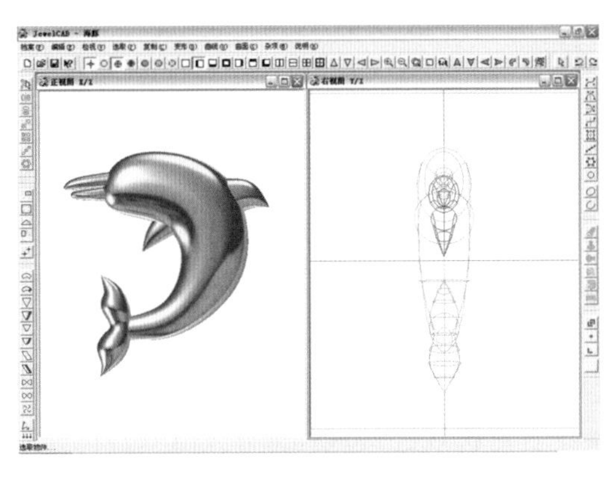

图 5-32

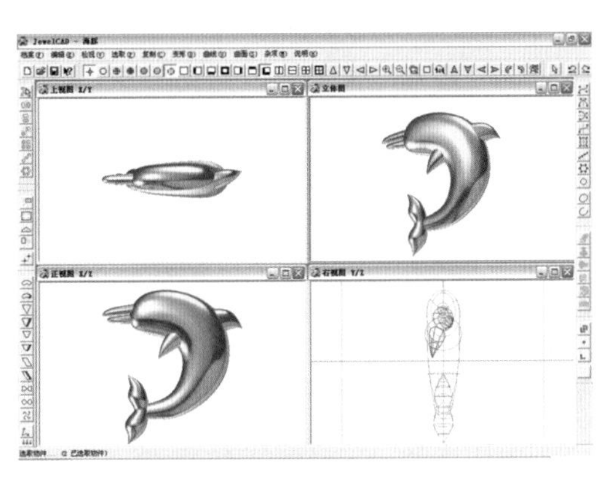

图 5-33

⑥ 绘制海豚眼睛。在正视图中，使用【圆形】曲线作为导轨，直径为 1mm。通过【任意曲线】绘制切面，如图 5-34 所示。

⑦ 通过【导轨】命令，选择“单导轨”、“迴圈（世界中心）”、“单切面”，切面量度为。单击“确定”后，依次选择导轨和切面，形成导轨曲面。使用【移动】命令将曲面移至如图 5-35 所示的位置。

⑧ 制作瓜子扣。在正视图中使用【圆形】绘制直径 1mm 的圆形，并通过【管状曲面】命令，设置为“横向管状”、“圆形切面”、直径 0.3mm。生成圆环，使用【移动】命令移到如图 5-36 所示的位置。

⑨ 在右视图中，选择【左右对称线】和【封口曲线】。选择【偏移曲线】，将其向内偏移 0.5mm（图 5-37）。

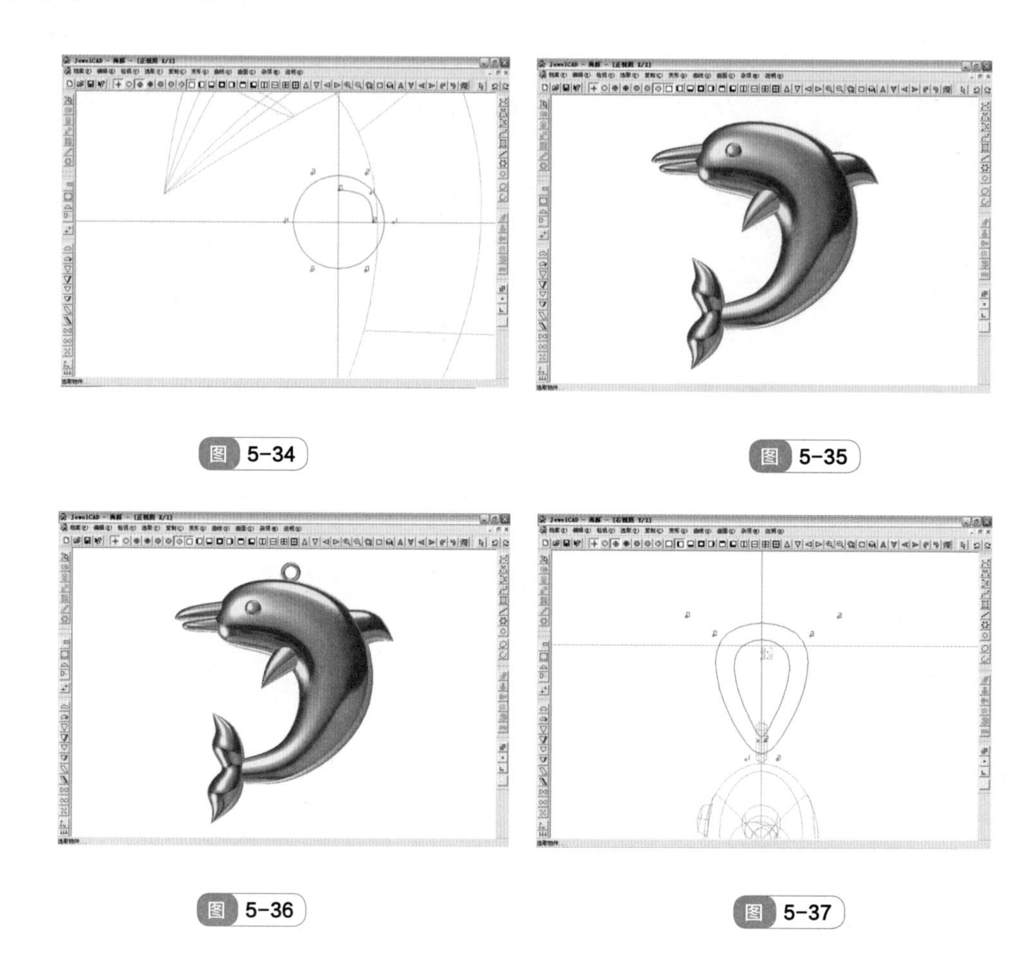

图 5-34

图 5-35

图 5-36

图 5-37

⑩ 在正视图中，绘制任意曲线，如图 5-30 所示，将刚才绘制的左右对称线选中，通过【曲面 / 线投影】命令，设置为“向右”、“贴在曲线 / 面上”、“保持曲面切面不变”，将左右对称线投影在作为参考的任意曲线上，并进行【左右复制】（图 5-38）。

⑪ 选择【线面连接曲线】命令，将四条左右对称线连接成曲面（图 5-39）。

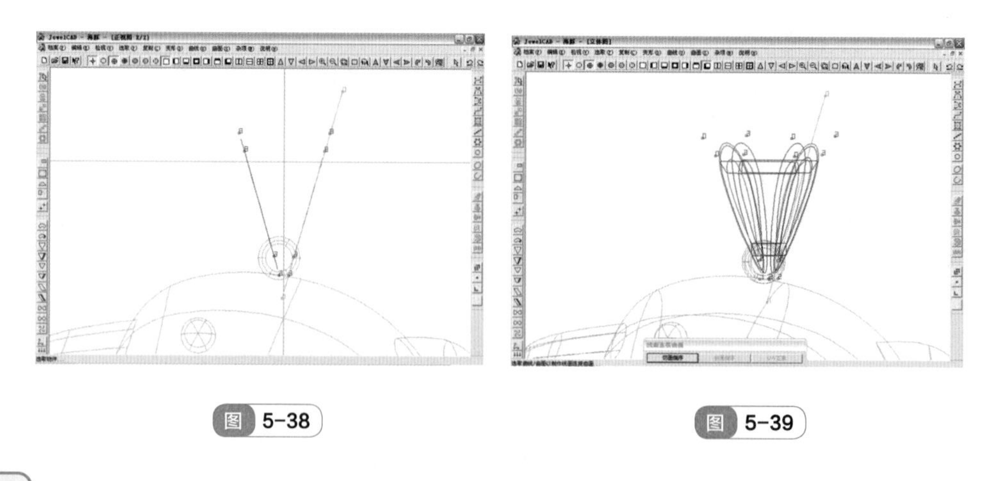

图 5-38

图 5-39

⑫ 最后通过【移动】命令调整瓜子扣的位置，形成如图 5-40 的效果。

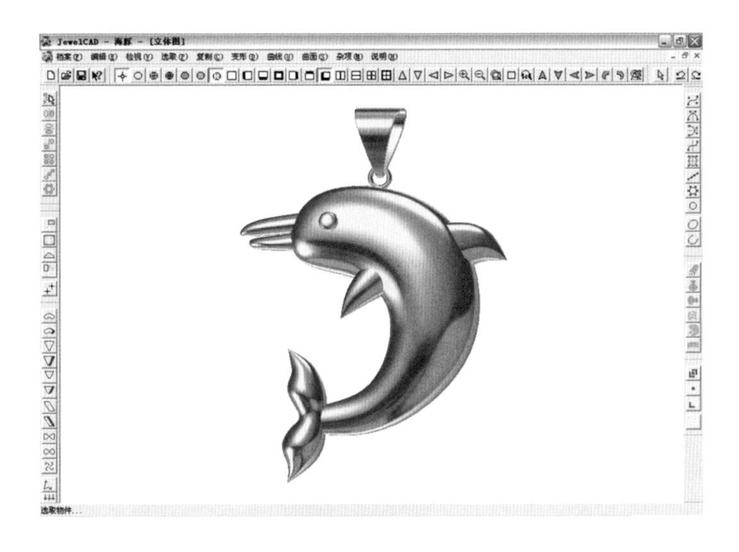

图 5-40

练习题

① 绘制出图 5-41 中的钥匙形吊坠,将该图形的“正右上立体图”以“.jpg”的格式储存，同时储存该图形的“jcd” 文档。

参数：吊坠总高 20mm，总宽 8mm。心形部分高度 6mm，钥匙部分高度 12mm，吊坠厚度 1.6mm。

② 绘制出图 5-42 中的花形吊坠,将该图形的“正右上立体图”以“.jpg”的格式储存，同时储存该图形的“jcd” 文档。

参数：吊坠总高 20 mm，宽度 18mm，总厚度 5 mm，宝石直径 4mm。

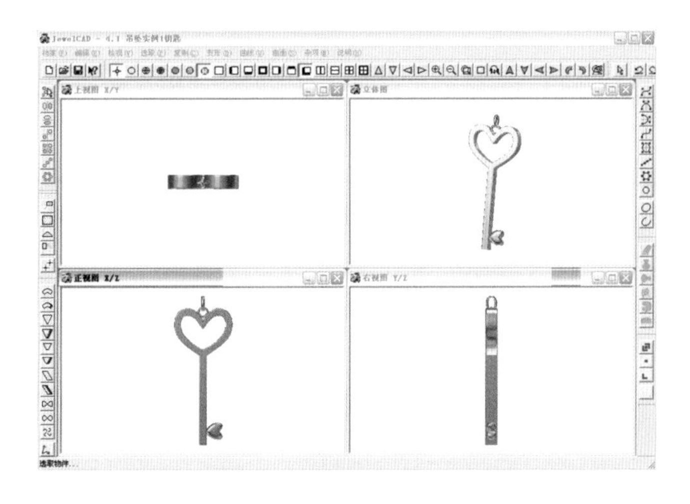

图 5-41

图 5-42

第 6 章　耳饰的制作

6.1　三角形耳钉的制作

① 绘制耳钉的主体物。在右视图中，绘制辅助线，Z=4.5mm，Z=-4.5mm，Y=1.2，Y=-1.2，选择【任意曲线】，根据辅助线绘制曲线，如图6-1 所示。转回正视图，并执行【直线复制】命令，水平值为 2，点击“确定”。通过【左右对称线】绘制矩形切面（图 6-2）。

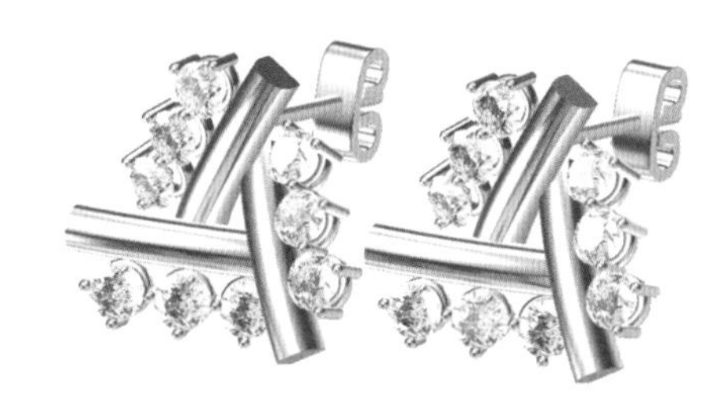

耳钉立体图

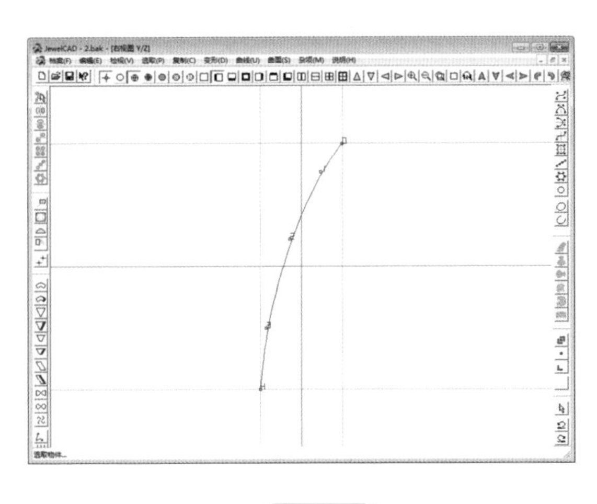

图 6-1

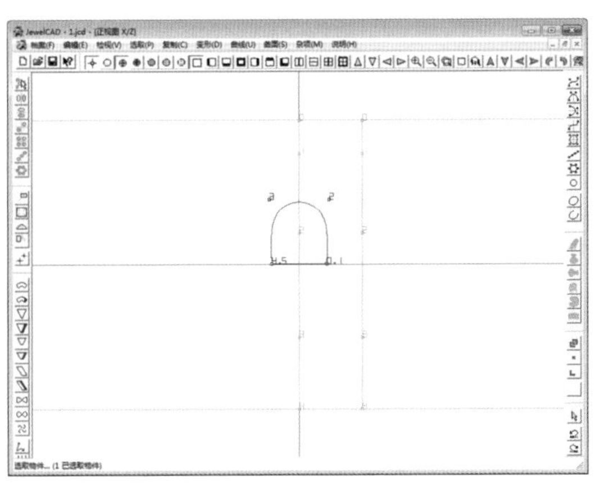

图 6-2

② 点击【导轨曲面】命令，选择“双导轨”、“不合比例”、“单切面”，切面量度为，单击“确定”。依次选择导轨和切面，生成曲面。将曲面选中后执行【旋转】命令，选择【移动】移至如图 6-3 所示的位置。

③ 从【档案】菜单的【资料库】中，打开“Settings”前面的，单击“Round1”，单击选择“Rnd01104”。使用【圆形】绘制直径 2.5mm 的曲线为辅助线，将爪、宝石和碗选中，放大与之对应，再将爪选中，执行【环形复制】命令，数目为 4，效果如图 6-4 所示。

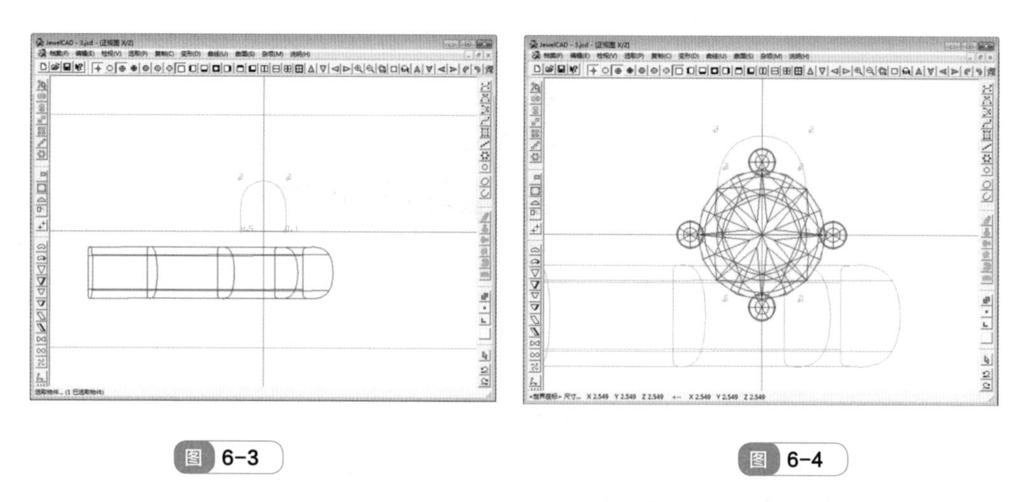

图 6-3　　图 6-4

④ 使用【移动】命令将宝石至曲线下面的位置（图 6-5），并删掉 2 个镶爪。选中宝石和镶爪执行【直线复制】命令，水平轴方向移动 -2.8mm，数目为 3，并进行调整和【联集】，完成三个宝石的制作，形成图 6-6 的效果。

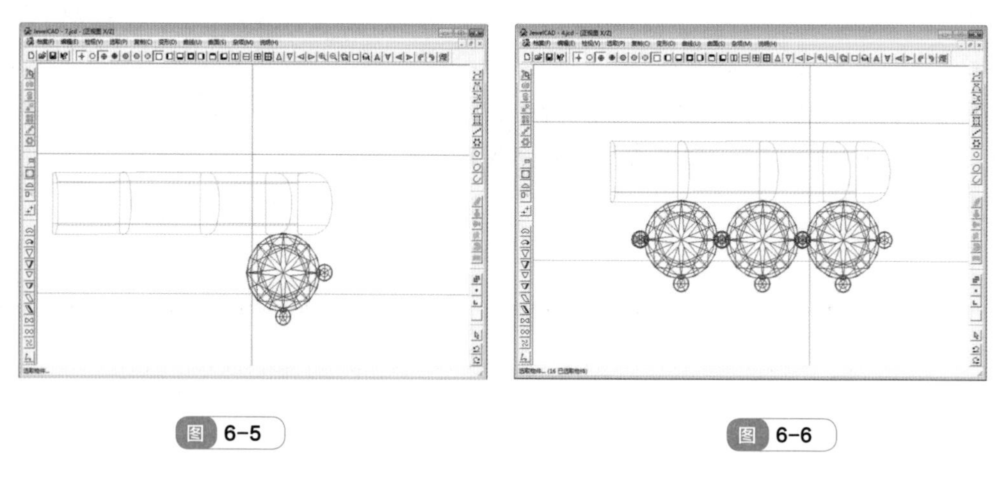

图 6-5　　图 6-6

⑤ 在上视图中，根据曲面弧度选择【任意曲线】绘制宝石的投影曲线。将爪、宝石和石碗选中，使用【曲面 / 线映射】命令，将爪、宝石和碗投影到曲线。效果如图 6-7 和图 6-8 所示。

注意：曲线由起始点从左到右绘制。

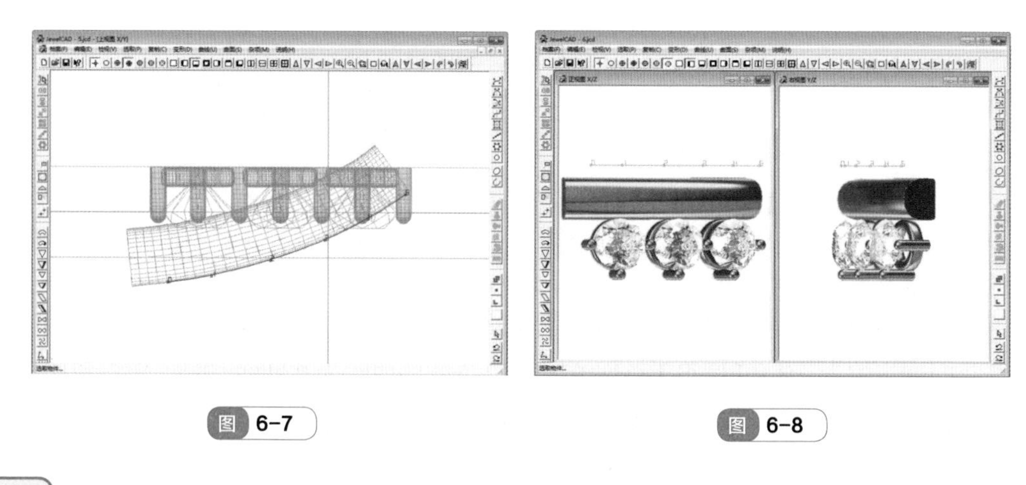

图 6-7　　图 6-8

⑥ 将曲面实体、宝石和石碗选中，执行【环形复制】命令，数目为 3。使用【圆形】绘制直径 10mm 的曲线，将整体缩小到圆形里面（图 6-9）。

⑦ 主体制作完毕后，绘制耳针和耳背部分。在右视图中，绘制长度为 12mm 直线，选中后通过【管状曲面】命令将其制成切面为圆形、直径 0.8mm 的耳针（图 6-10）。

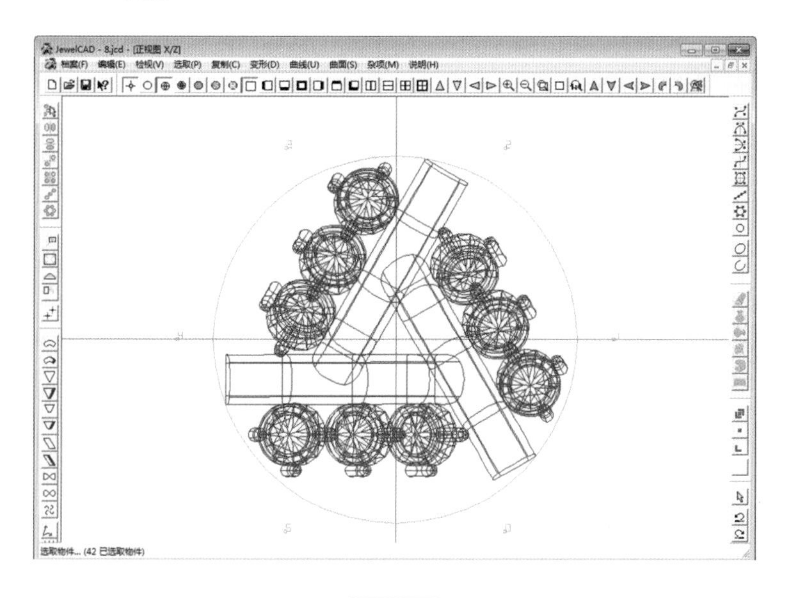

图 6-9

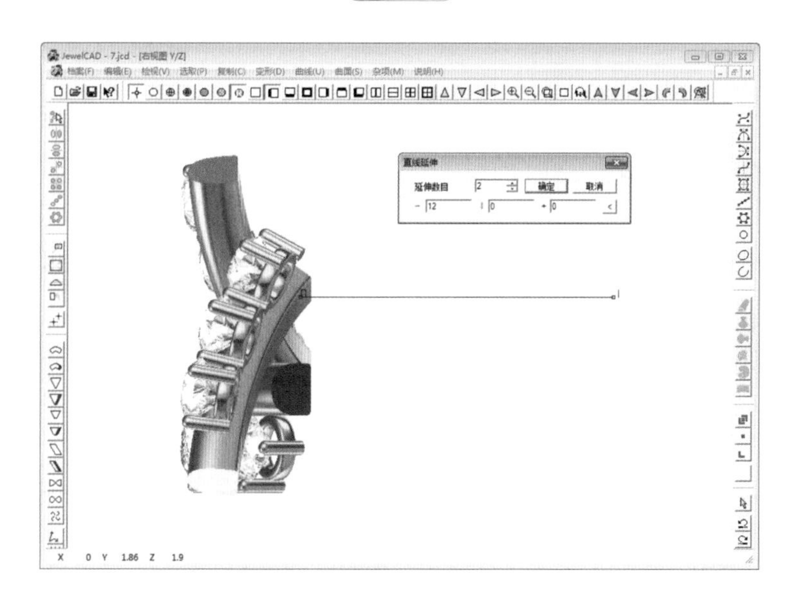

图 6-10

⑧ 绘制耳背部分。使用【上下对称线】绘制总高为 5.5mm 的对称线，并执行【曲线】菜单里的【偏移曲线】命令，使之向内偏移 0.6mm（图 6-11）。

⑨ 选中内部的曲线，在正视图中，使用【直线复制】向右复制 1 条曲线，距离为 1.5mm，完成第三条导轨曲线的制作。接着使用【上下左右对称线】绘制矩形切面，如图 6-12 所示。

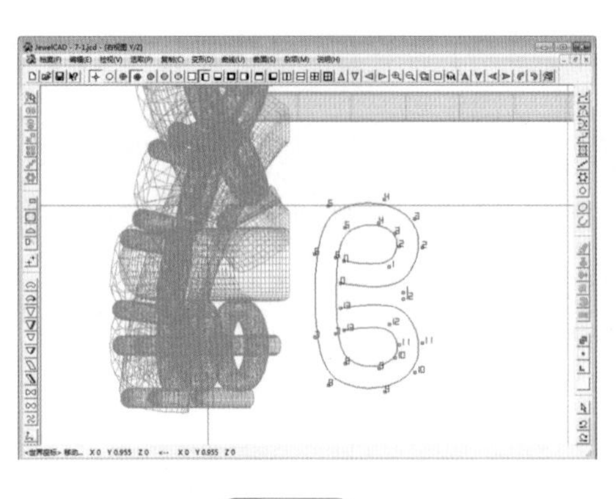

图 6-11

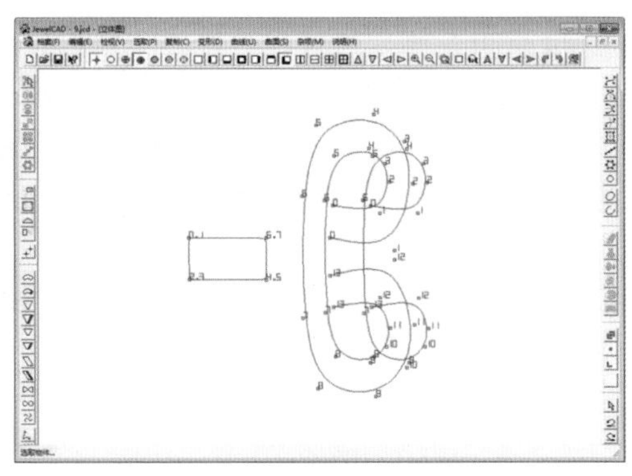

图 6-12

⑩ 选择【导轨曲面】命令，选择“三导轨”、“单切面”（图 6-13），切面量度为 ，单击“确定”。按左下角【状态栏】提示，依次选择“上边导轨”、“下边导轨”和“右边导轨”，最后选取切面，生成耳背，如图 6-14 所示。

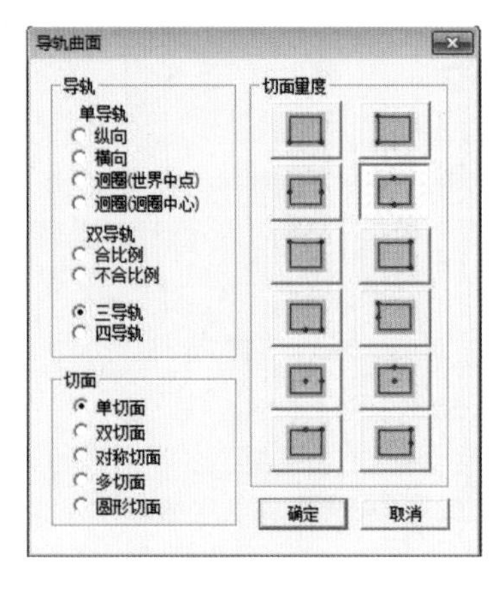

图 6-13

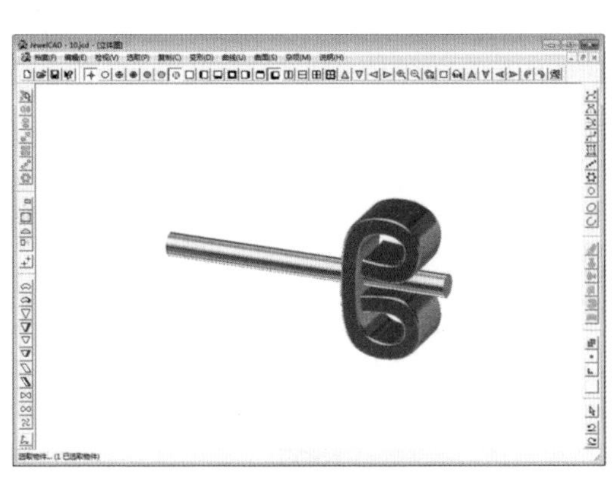

图 6-14

⑪ 选中耳针和耳背，在右视图调整好耳针和主体的位置，立体图旋转查看，并进行【左右复制】，生成最终的效果（图 6-15）。

⑫ 选中金属，选择【材料】命令将其材料改成白金（图 6-16）。

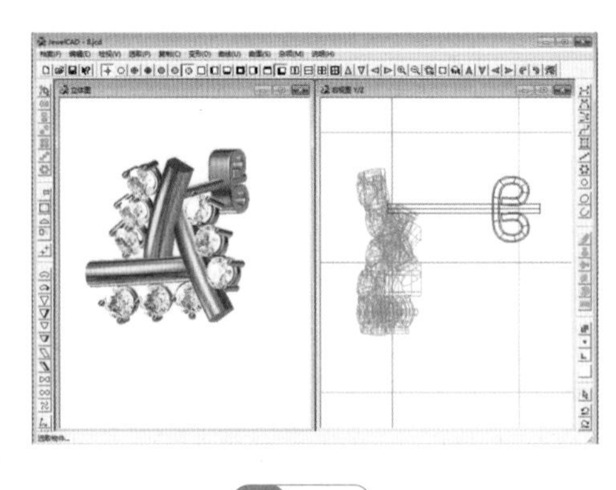

图 6-15

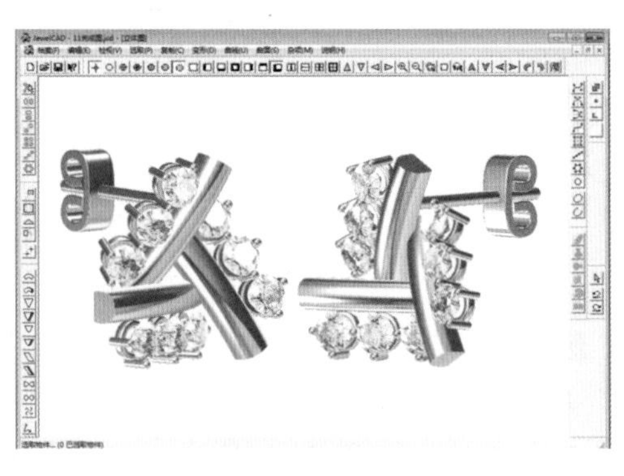

图 6-16

6.2 珍珠耳钉的制作

珍珠耳钉立体图

①绘制珍珠部分。在正视图中，调出【球体曲面】，并通过【多重变形】命令放大4倍“尺寸”。使用【左右对称线】绘制如图6-17所示的对称线作为参考线。

②绘制镶钻部分。从【杂项】菜单中调出圆钻一颗，设定直径为2.2mm。使用【上下对称线】绘制如图6-18所示的对称线。

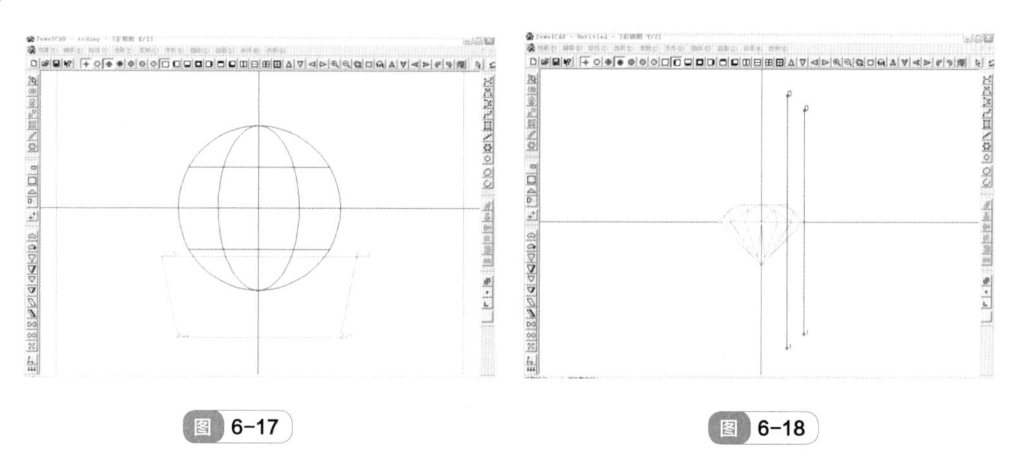

图 6-17

图 6-18

③绘制石碗。将两条线段执行【纵向环形对称曲面】命令后，使用【布林体相减】命令使之成为空心圆筒，并选择【移动】移至如图6-19所示的位置。

④在上视图中，绘制如图6-20所示的三角形。在正视图中执行【直线延伸曲面】命令，并通过调点达到图6-21的倾斜效果。

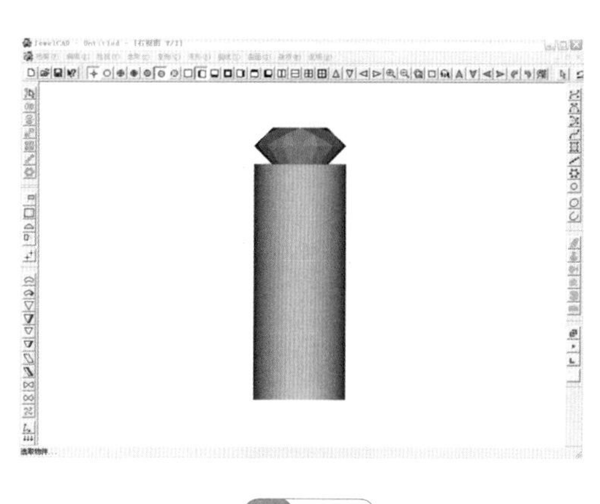

图 6-19

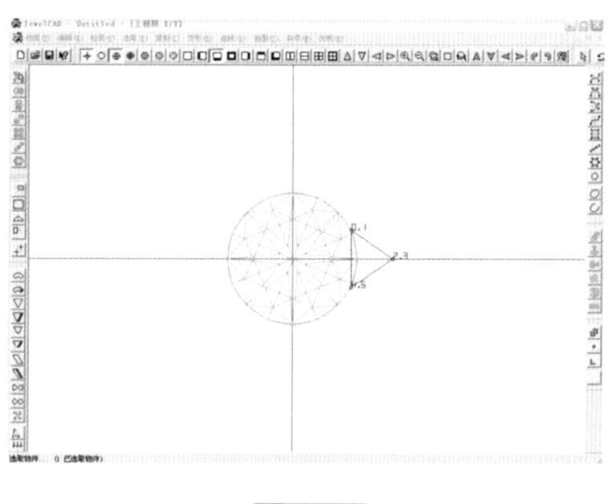

图 6-20

⑤ 使用【移动】将宝石和石碗移至如图 6-22 所示的位置，并在正视图中执行【环形复制】命令，设定复制数目为 11（图 6-23）。

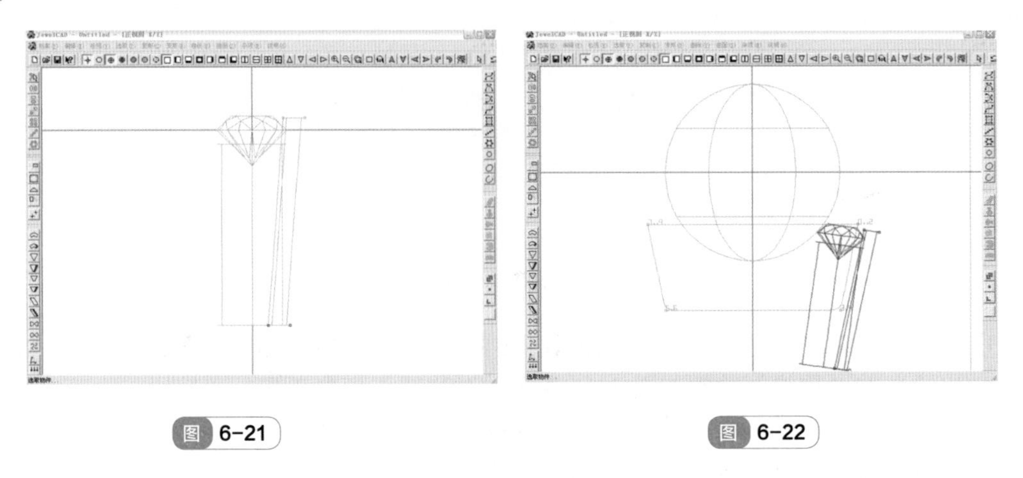

图 6-21

图 6-22

⑥ 绘制如图 6-24 所示的镶爪，并调整位置，在上视图中通过【环形复制】命令将其复制 11 个，达到图 6-25 的效果。

⑦ 将石碗的金属部分全部选中，使用【布林体联集】命令，绘制如图 6-26 所示的曲线，并选中曲线执行【直线延伸曲面】命令，长度超出整个石碗，再执行【布林体相减】命令，减去石碗，达到如图 6-27 的效果。

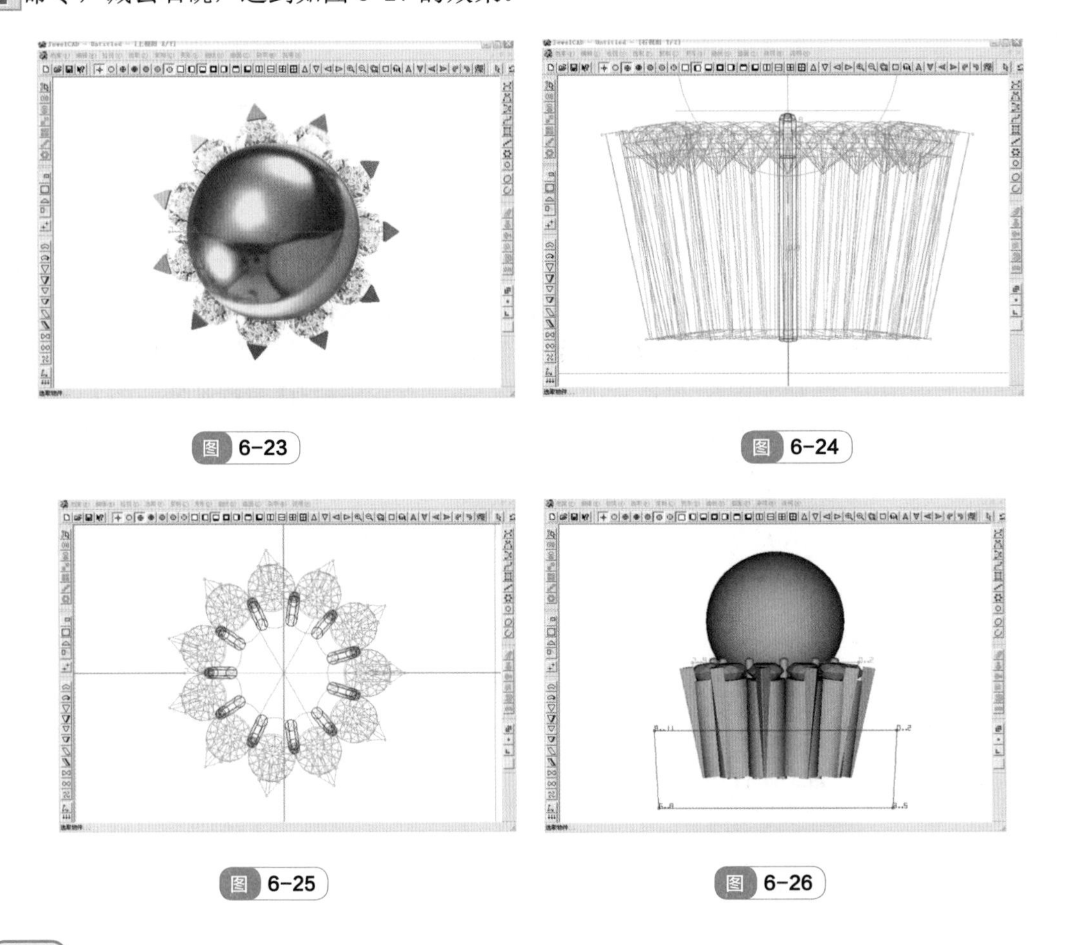

图 6-23

图 6-24

图 6-25

图 6-26

⑧ 在石碗内部制作如图 6-28 所示的焊片，用于连接珍珠与耳背部分。

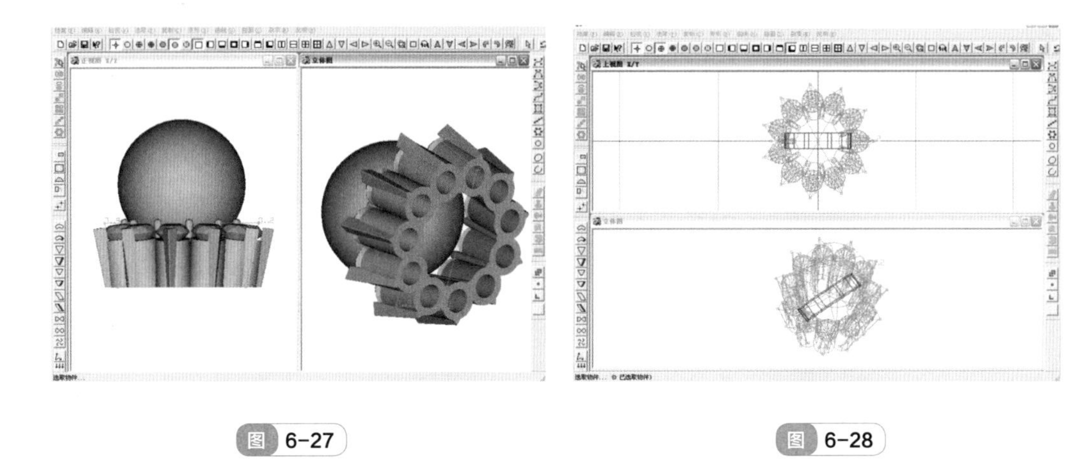

图 6-27　　图 6-28

⑨ 参照“6.1”中的耳钉制作步骤完成如图 6-29 中的耳背，并调整好位置，如图 6-29 所示。

⑩ 更改材质。将中间的圆球选中，使用【材料库】更改珍珠材质“PEARL4”，将其余的金属部分选中更改成白金“GoldWhite”（图 6-30）。最后，全选进行左右复制，完成珍珠耳钉的制作。

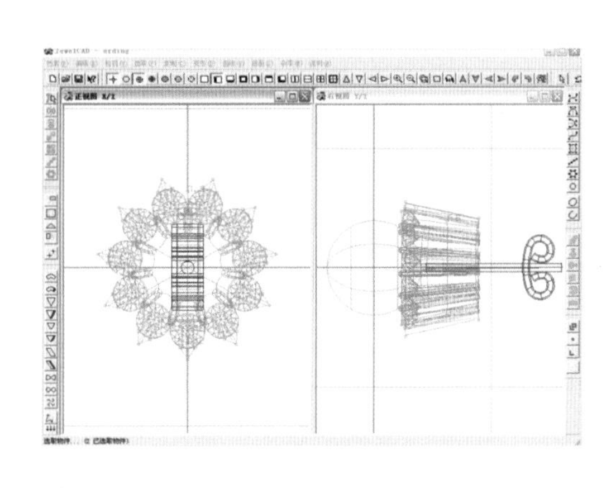

图 6-29

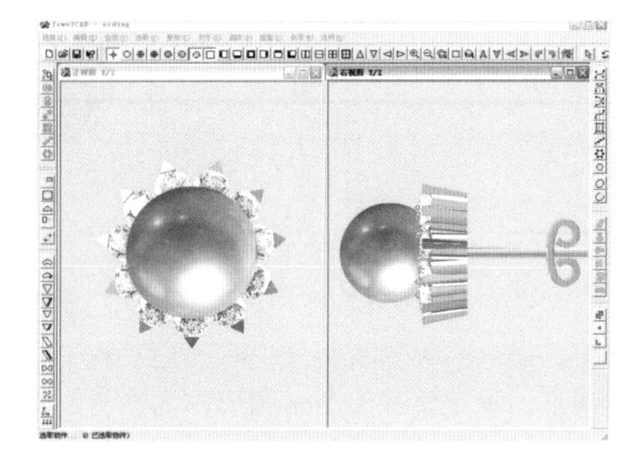

图 6-30

6.3 花形耳钉的制作

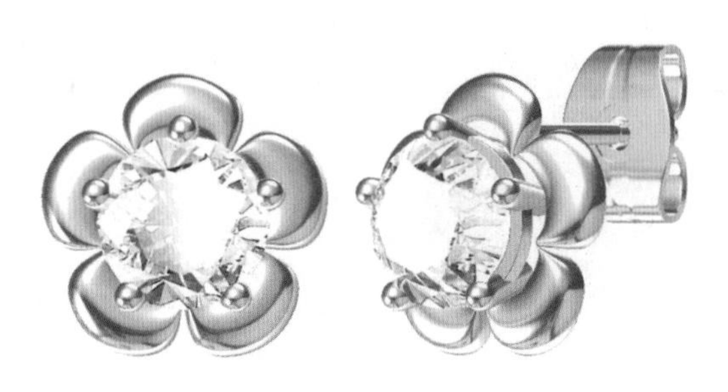

花形耳钉立体图

① 首先制作耳钉主体部分。在正视图中，使用【圆形】绘制直径11mm的圆形。从【杂项】菜单的【宝石】命令中调出“圆形钻石”，设定圆钻直径为6.5mm，并将圆钻选中，通过【变形】菜单里的【反转】命令将圆钻“向下”反转，使之在正视图中宝石的台面冲前方。

提示：【反转向下】命令的快捷键为按住“Shift”键的同时，按“↓”键（Down）。

② 根据圆形曲线和圆钻的位置绘制花瓣，使用【环形重复线】，数目为5，角度72°，单击“确定”，绘制花瓣曲线，再绘制对应的控制点为30的圆，作为制作花瓣的两条导轨（图6-31）。

③ 通过【左右对称线】绘制切面，【封口曲线】，选择【导轨曲面】命令，选择“双导轨”、“不合比例”、“单切面”，切面量度为，单击“确定”。依次选择导轨和切面，生成如图6-32所示的效果。

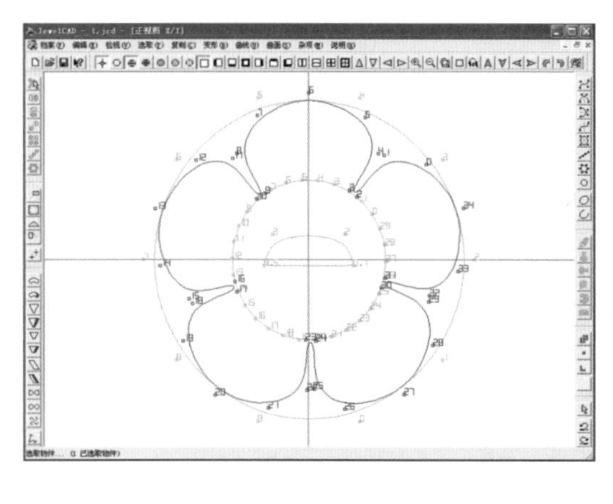

图 6-31

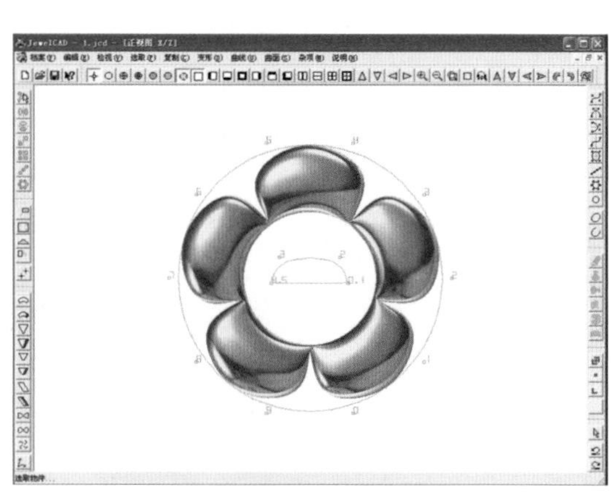

图 6-32

④ 在右视图中，绘制镶爪。设定直径1.2mm圆形作为参考；绘制如图6-33所示的【任意曲线】。

⑤ 将任意曲线通过【横向环形对称曲面】延伸成曲面，如图6-34所示。

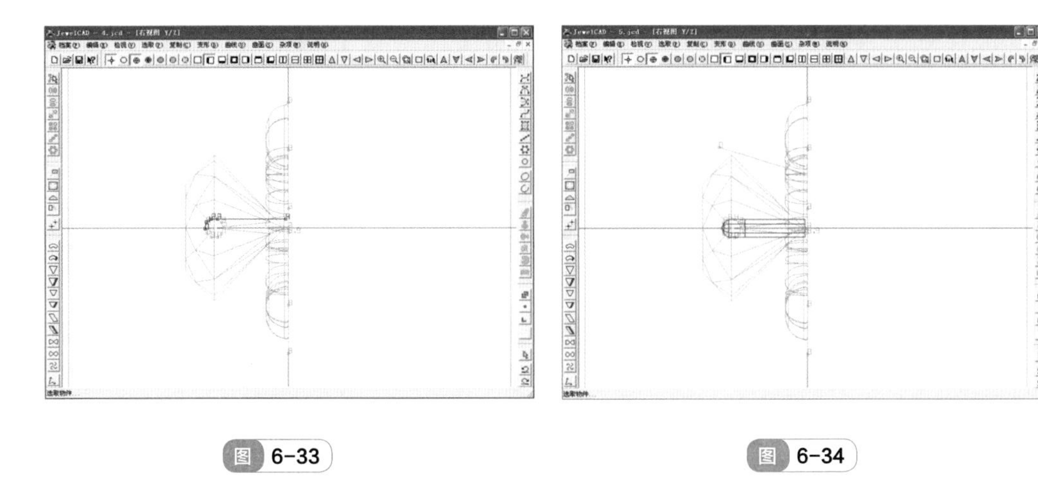

图 6-33　　图 6-34

⑥ 选中曲面后进行【曲面 / 线投影】命令，选择“向左”、“加在曲线 / 面上”、“保持曲面切面不变”，将曲面投影在任意曲线上（图 6-35）。

⑦ 在正视图中，使用【环形复制】复制 5 个爪（图 6-36）。

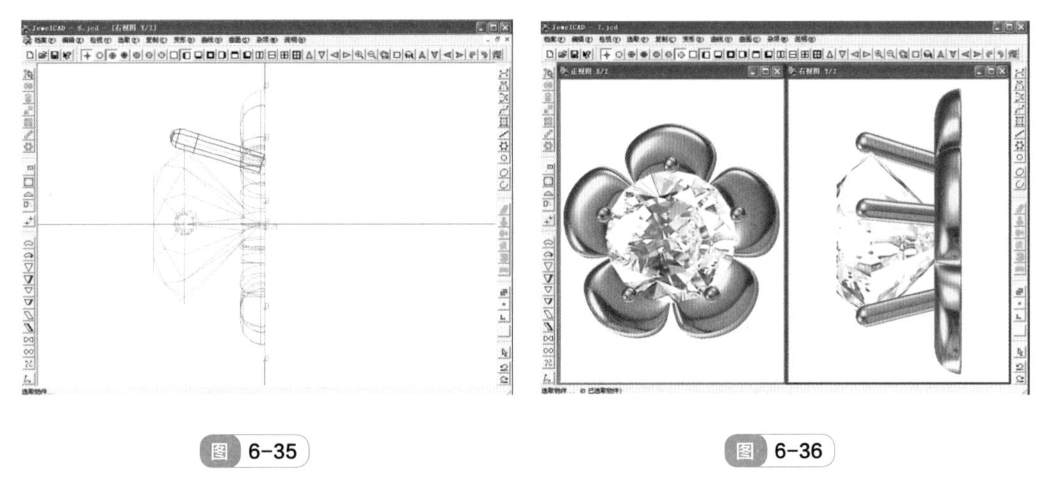

图 6-35　　图 6-36

⑧ 根据上一步制作的镶爪，绘制围绕在旁边的圈口。绘制如图 6-37 所示的切面，通过【横向环形对称曲面】导轨成曲面实体，如图 6-38 所示。

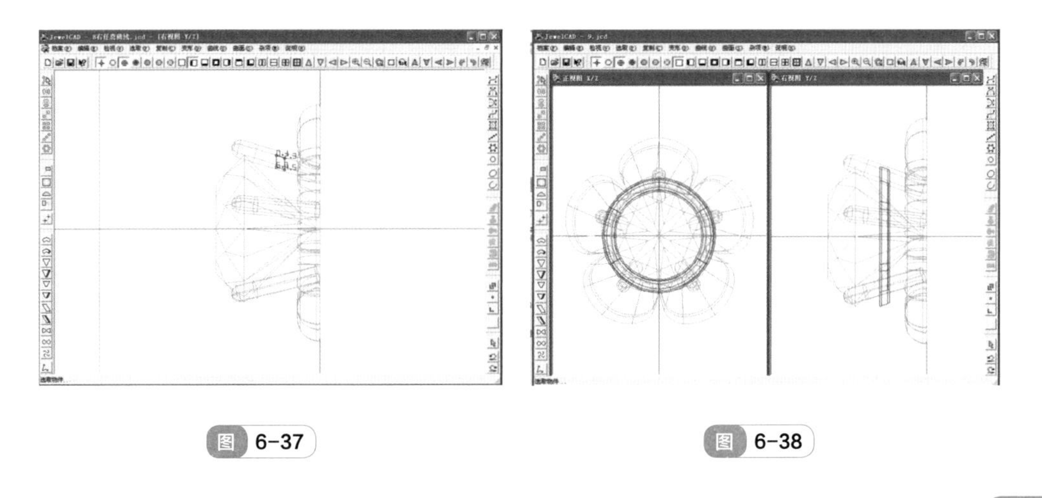

图 6-37　　图 6-38

⑨ 将耳钉主体隐藏，绘制耳针部分。使用【辅助线】绘制 Z=0.4mm、Z=0.3mm 和 Y=7mm、Y=7.6mm、Y=10.5mm、Y=8.6mm、Y=9.2mm，7 条辅助线，经过辅助线绘制【任意曲线】，注意下凹卡槽部分（图 6-39）。

⑩ 将任意曲线通过【横向环形对称曲面】延伸成曲面，如图 6-40 所示，并使用【移动】将其移至图 6-41 所示的位置。

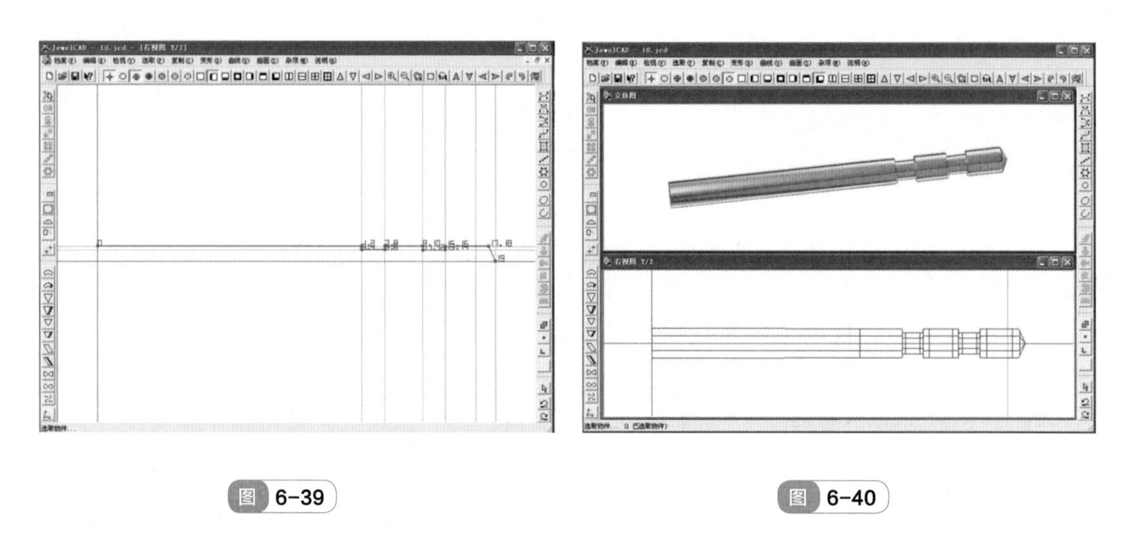

图 6-39　　图 6-40

⑪ 绘制耳背部分， 在右视图绘制辅助线 Z=3.3、Z=-3.3，在正视图绘制辅助线 X=2.6，选择【任意曲线】绘制导轨（图 6-42）。

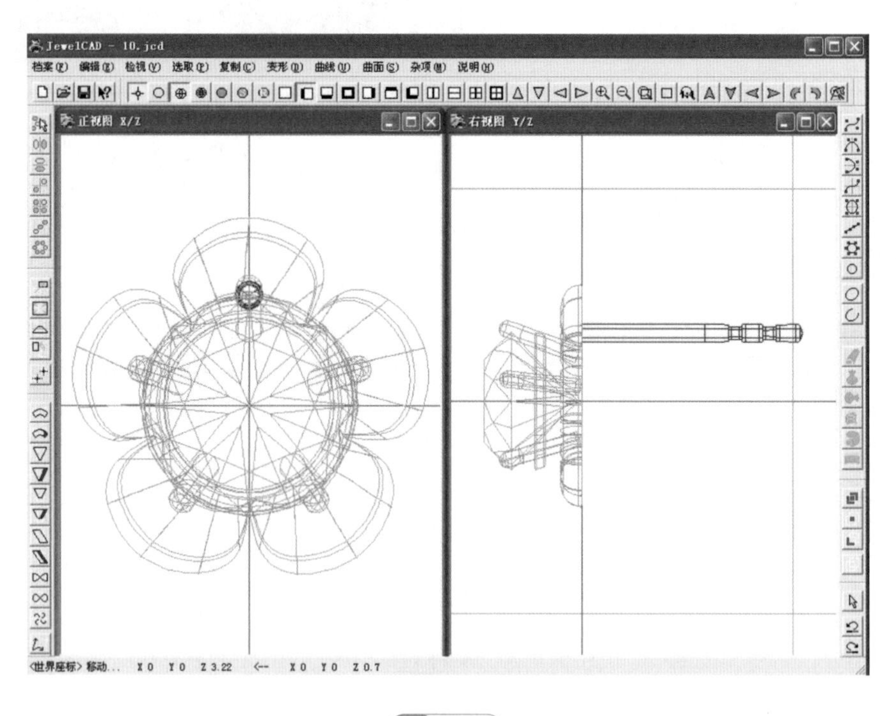

图 6-41

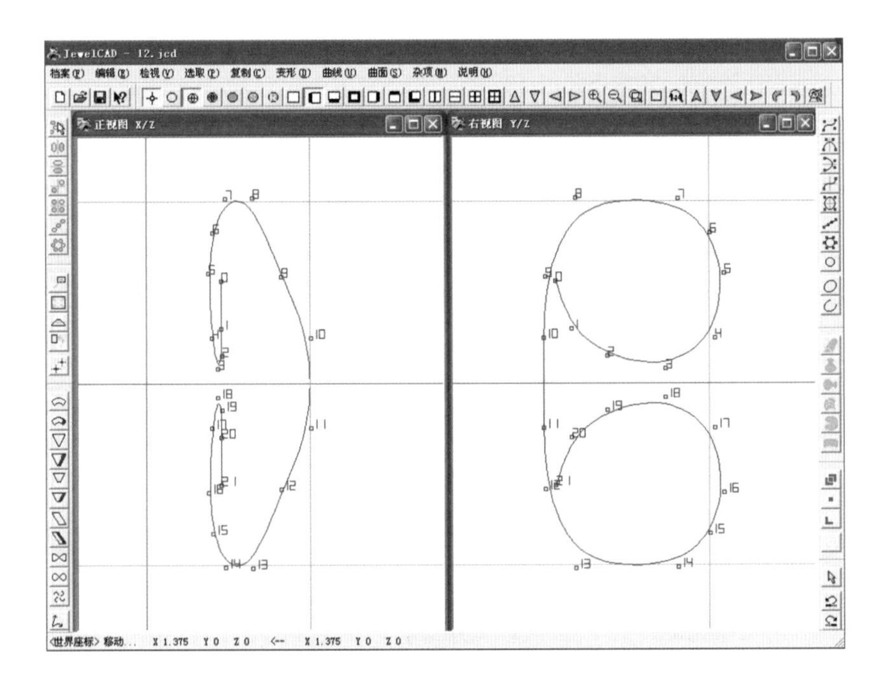

图 6-42

注意：在“正右视图”绘制曲线，调整好曲线的位置。

⑫ 在右视图中，将曲线选中，执行【偏移曲线】命令，向内偏移 0.3mm。再选中向内偏移的曲线，在正视图进行【左右复制】，完成三条导轨的制作，如图 6-43 所示。

⑬ 通过【左右对称线】绘制如图 6-44 中的两个切面。

注意：切面的 CV 数目应一样，并且 CV 点数相对应。

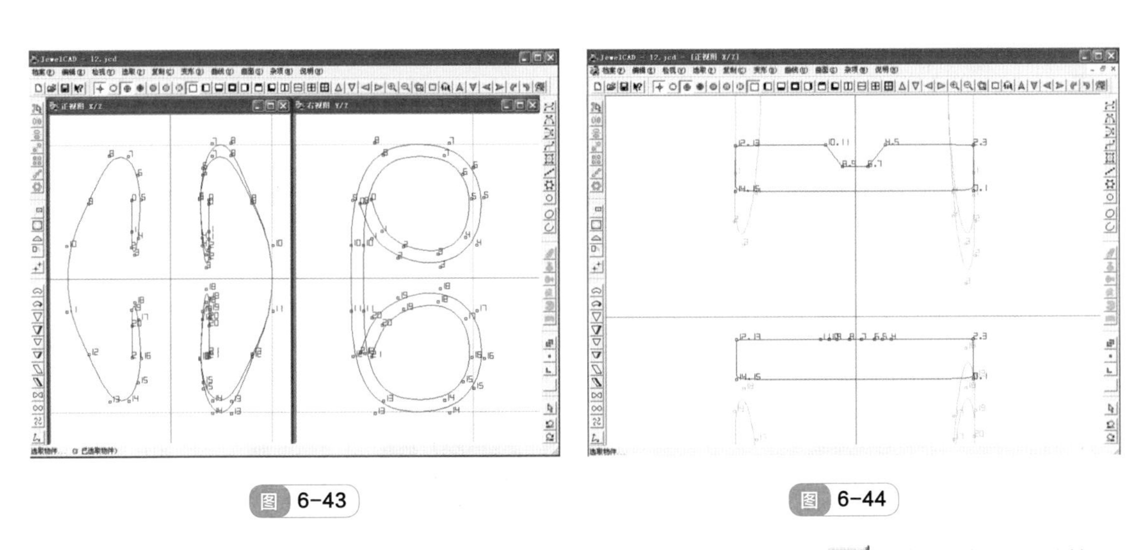

图 6-43　　图 6-44

⑭ 将三条曲线和两个切面导轨成耳背部分。执行【导轨曲面】命令，选择“三导轨”、“对称切面”、切面量度为。单击“确定”后，依次选择左边导轨、右边导轨和上边导轨，选择凹形作为切面 1，选择矩形作为切面 2，生成曲面如图 6-45 所示。

⑮ 正视图中，使用【圆形】绘制直径 1.3mm 和 2.2mm 的圆形，如图 6-46 所示。

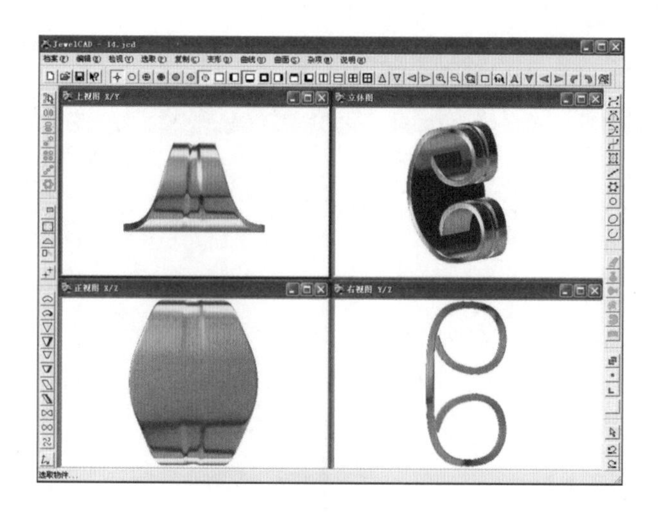

图 6-45

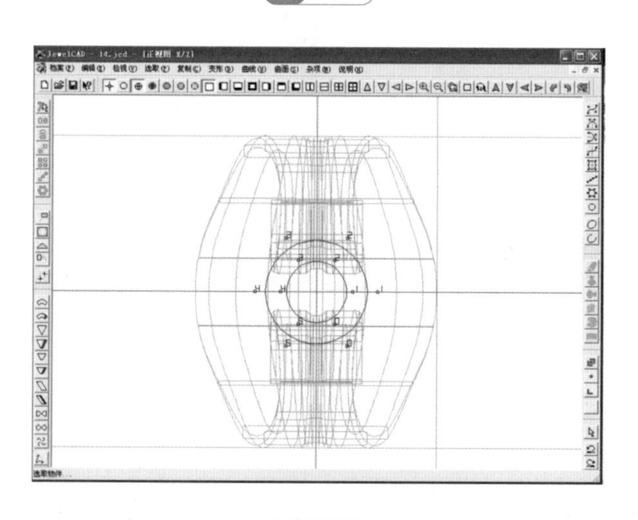

图 6-46

⑯ 在侧视图中，将圆形曲线通过【直线延伸曲面】命令延伸成实体，并将两个曲面实体的位置调整如图 6-47 所示。

⑰ 选中曲面，选择布尔体【相减】命令，减去耳背主体（图 6-48）。

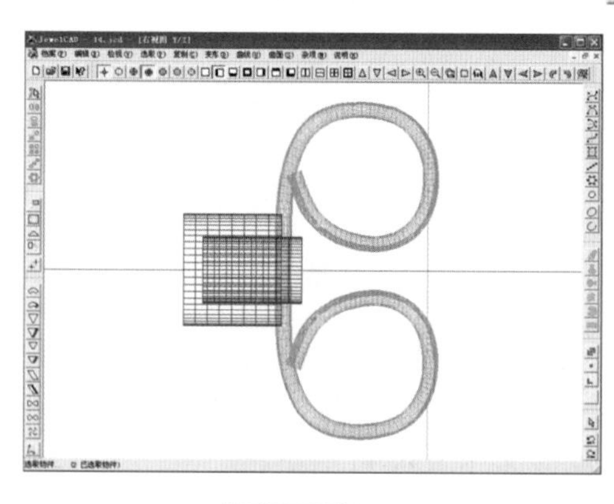

图 6-47

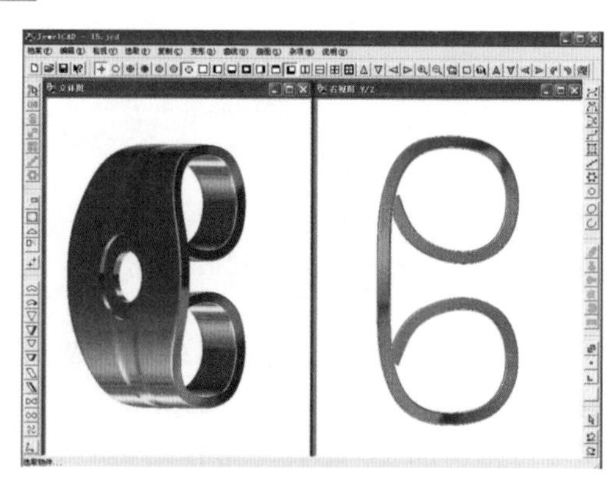

图 6-48

⑱ 选择【不隐藏】命令，调整好花瓣和耳针、耳背的位置（图 6-49）。

⑲ 选中金属，选择【材料】命令将其材料改成白金，得到最终效果（图 6-50）。

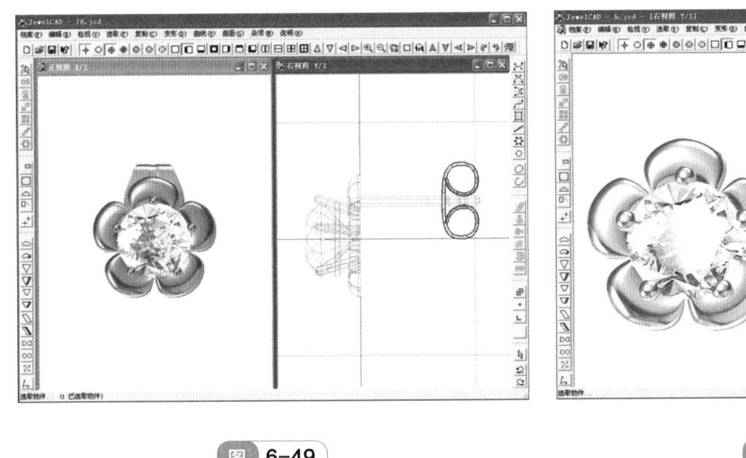

图 6-49

图 6-50

练习题

① 绘制出图 6-51 中的图形，将该图形的“正右上立体图”以“.jpg”的格式储存，同时储存该图形的“jcd”文档。

参数：耳钉主体花形长和宽为 15mm，圆形宝石直径为 2mm。

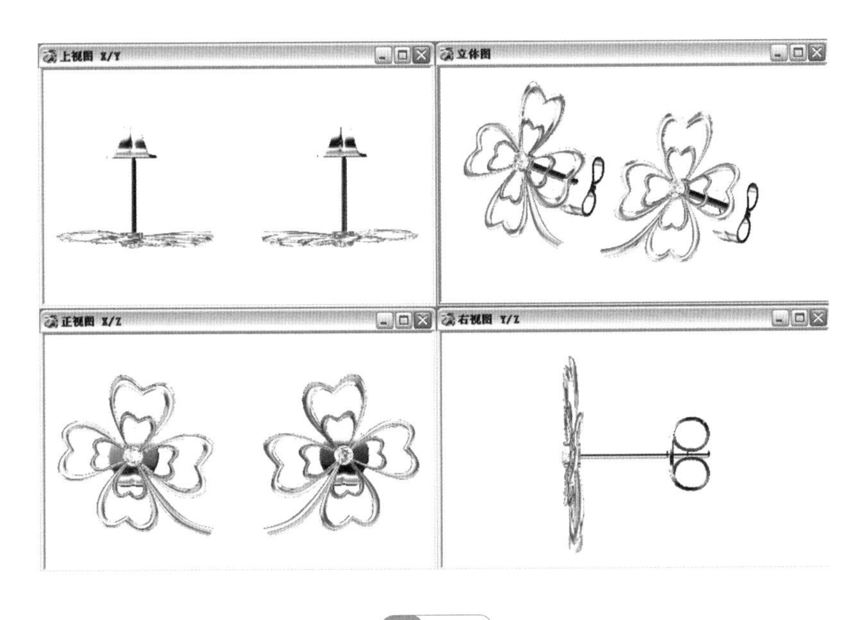

图 6-51

②绘制出图6-52中的图形，将该图形的“正右上立体图”以“.jpg”的格式储存，同时储存该图形的“jcd”文档。

参数：耳钉主体花形长和宽为12mm，圆形宝石直径为2mm。

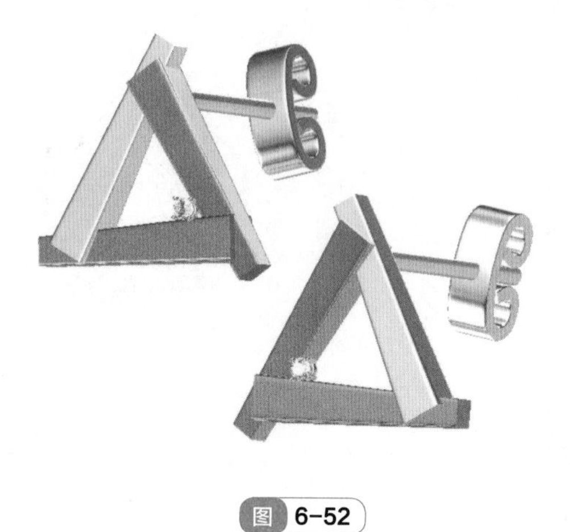

图 6-52

第三部分

Jewel CAD 中级实例教程

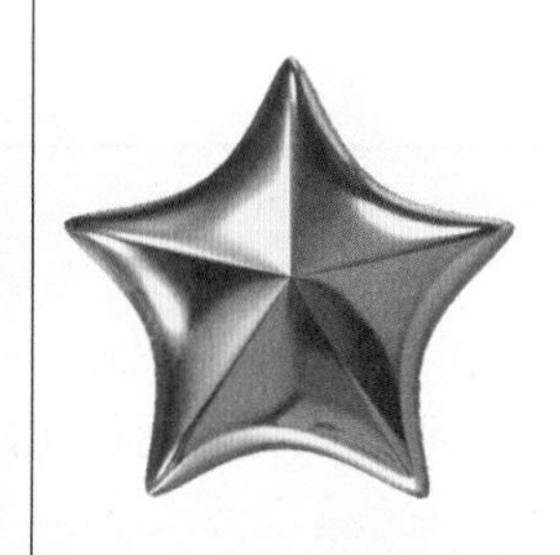

第 7 章 戒指的制作

7.1 分色戒指的制作

分色戒指立体图和侧视图

分色工艺一般分为两种：一种由两种不同的金属熔合而成，产生实际意义上的分色；另一种是在金属表面镀上其它金属的颜色，形成分色效果。

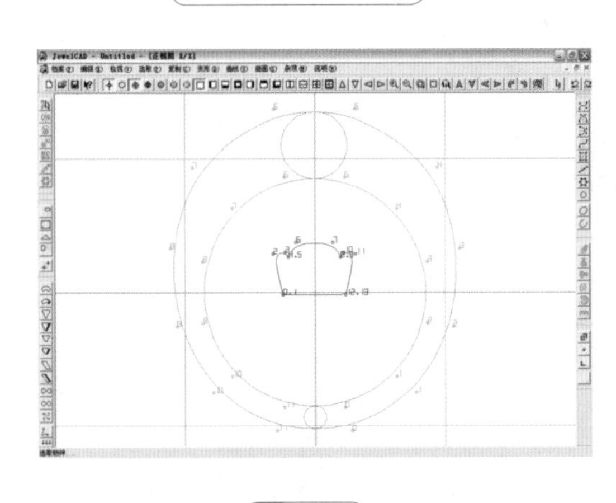

图 7-1

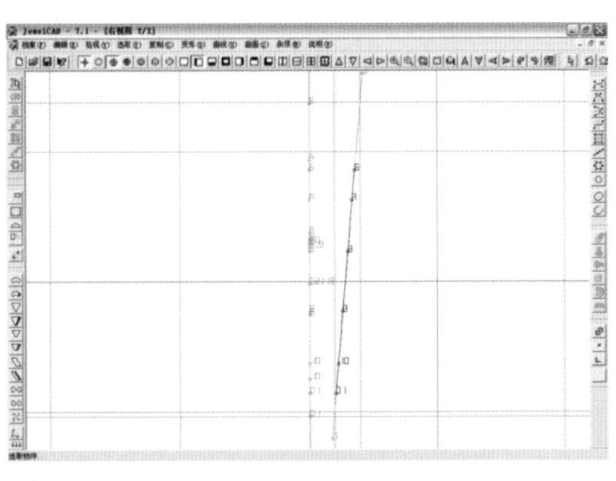

图 7-2

① 首先绘制三条导轨和一个切面。在正视图中，使用【圆形】绘制曲线，内圈直径 17mm，外圈直径 22mm，CV 数目皆为 12。再绘制直径 1.7mm 和 5mm 的小圆，选择【隐藏 CV】后分别移至与内圈相切，通过【修改左右对称线】命令将外圈修改与两个小圆相切。并通过【左右对称线】绘制切面，如图 7-1 所示。

② 在右视图中，在 *Z* 轴方向绘制辅助线与外圆相切，以及辅助线 *Y*=2mm 和 *Y*=4mm。使用【任意曲线】经过辅助线绘制作为投影的参考线。在正视图中将内圈选中，切换到右视图，通过【直线复制】命令复制 1 个内圈，并通过【曲面 / 线投影】命令将内圈投影在任意曲线上，对话框中设置为“向左”、“贴在曲线 / 面上”、“保持曲面切面不变”，生成第三条导轨（图 7-2）。

③ 单击【导轨曲面】命令，选择“三导轨”、“单切面”，切面量度为 ，单击“确定”后，按照图 7-3 的提示，依次选择“上边导轨”、“下边导轨”和“右边导轨”，最后选择切面，生成如图 7-4 所示的效果。

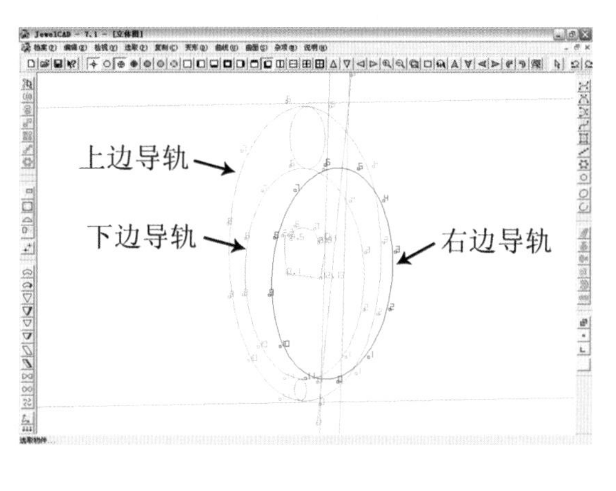

图 7-3

图 7-4

④ 在上视图中，选择【上下对称线】绘制曲线并选择【封口曲线】，如图 7-5 所示。

⑤ 在正视图中，将曲线选中执行【直线延伸曲面】命令（长度应超过戒圈的厚度）。对曲面选择【展示 CV】，通过【选点】命令，将 CV【移动】进行调整。重复调整和选点的步骤，最终达到如图 7-6 所示的效果（上宽下窄）。

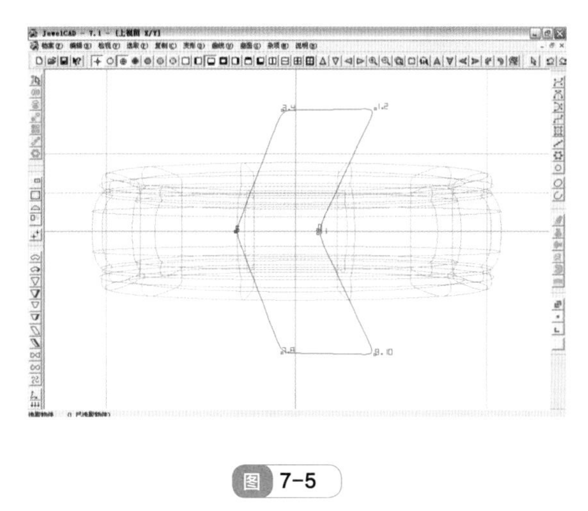

图 7-5

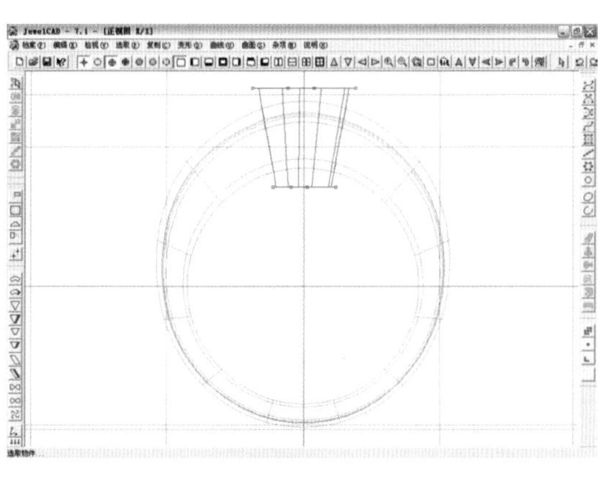

图 7-6

⑥ 选中曲面进行【环形复制】，数目为设置为 8，将复制后的所有曲面进行布林体【联集】命令。再将所有物体选中，使用【移动】移到纵轴的一侧，并执行【左右复制】命令（图 7-7）。

⑦ 将左边的曲面和戒圈选中，执行布林体【交集】命令。将右边的曲面选中，执行布林体【相减】命令，再单击要减去的戒圈。效果如图 7-8 所示。

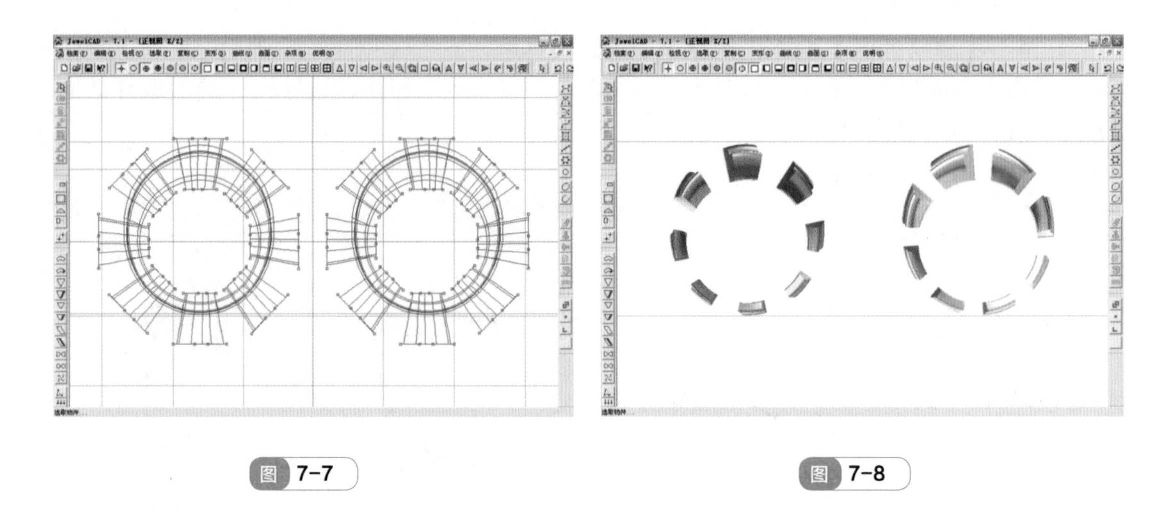

图 7-7　　图 7-8

⑧ 将右边的图形选中，执行【左右复制】命令后，删除右边的图形。最终生成的分色戒指效果如图 7-9 所示。

图 7-9

7.2　扭绳戒指的制作

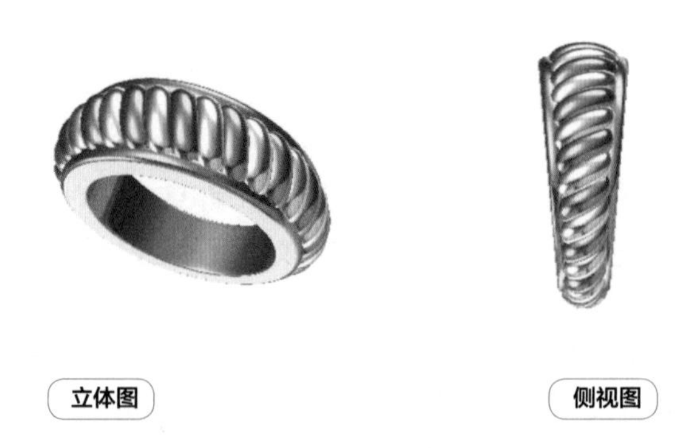

立体图　　侧视图

① 首先绘制扭绳部分，在右视图中，使用【螺旋】绘制曲线，并选中进行【旋转 180° 复制】（图 7-10）。

② 绘制戒圈，在正视图中，使用【圆形】绘制内直径 17mm，外直径 22mm 的圆形。绘制直径 1.7mm 的参考小圆确定戒指下壁的厚度，调整外圈的位置，并绘制如图 7-11 所示的戒指切面。

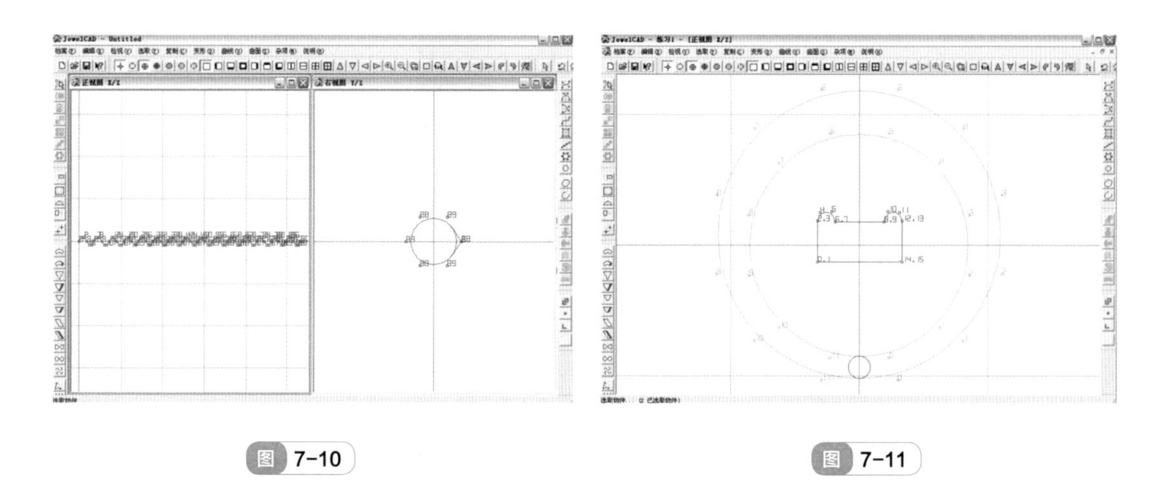

图 7-10　　图 7-11

③ 通过【导轨曲面】命令里面的双导轨、单切面命令生成如图 7-12 所示的戒圈。

④ 使用【圆形】，沿着戒指外壁内凹的部分分别绘制两条曲线，并将两条曲线执行【线面连接曲面】命令（图 7-13）。

⑤ 选中第一步制成的螺旋曲线，执行【曲面 / 线映射】命令映射到上一步制成的曲面上，效果如图 7-14 所示。

⑥ 将螺旋曲线选中执行【管状曲面】命令，使其生成实体，并执行【封口曲面】命令（图 7-15）。

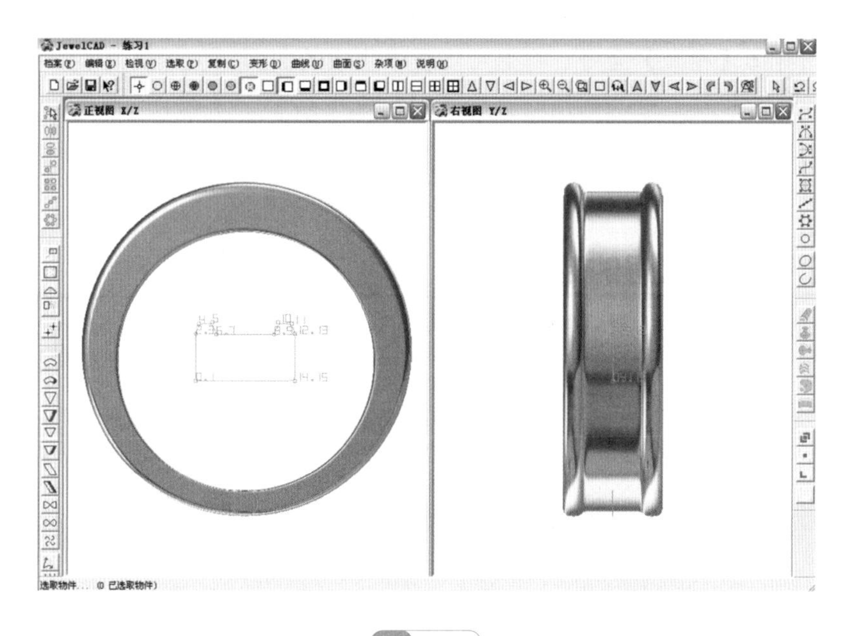

图 7-12

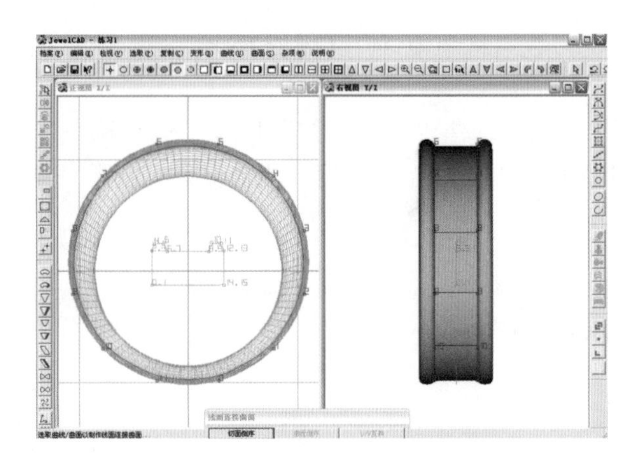

图 7-13

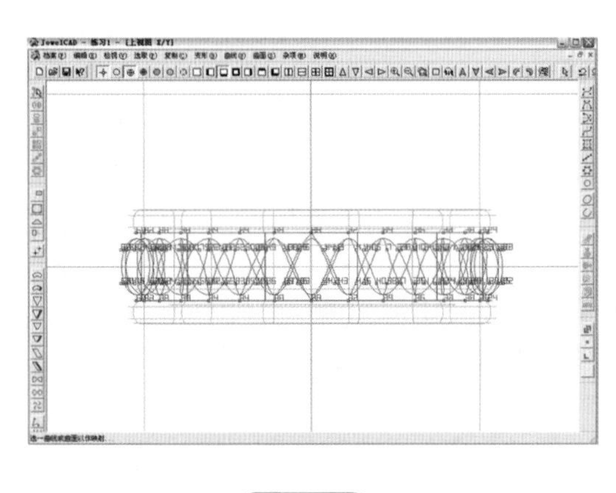

图 7-14

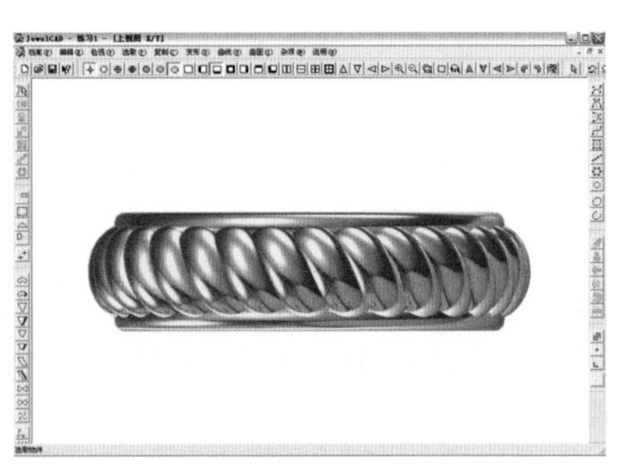

图 7-15

⑦ 使用【圆形】绘制直径 18mm 的曲线，执行【直线延伸曲面】命令（图 7-16）。

⑧ 执行布林体【相减】命令，将上一步骤中生成的曲面减去螺旋曲面。接着，在侧视图中执行【梯形化】命令更改戒指的宽窄，最后选中其中一条螺旋曲面更改材质为白金，完成戒指的制作（图 7-17）。

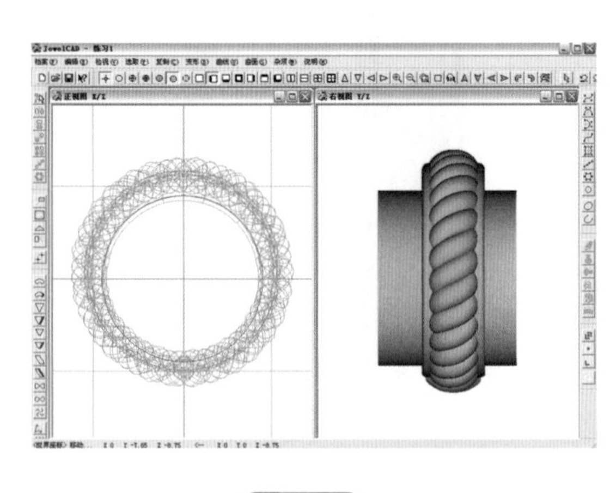

图 7-16

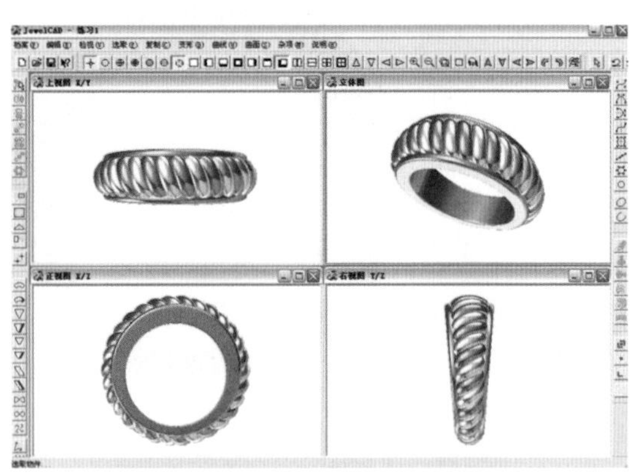

图 7-17

7.3 钉镶戒指的制作

钉镶戒指的上视图和立体图

① 首先绘制导轨和切面。在正视图中，使用【圆形】分别绘制直径 17mm 和 21mm 的曲线。并绘制直径 1.7mm 的小圆,【隐藏 CV】后移至下方与内圈相切的位置,将外圈通过【移动】命令也与小圆相切。绘制完两条导轨后，用【上下左右对称线】绘制矩形切面。选中内圈，切换到右视图绘制第三条导轨，将选中的内圈通过【直线复制】命令向右 1.25mm 的位置复制，生成第三条导轨（图 7-18）。

② 单击【导轨曲面】命令，选择“三导轨”、“单切面”，切面量度为[图标]，单击“确定”后，按照图 7-3 的提示，依次选择“上边导轨”、“下边导轨”和“右边导轨”，最后选择切面，单击“确定”后生成如图 7-19 所示的效果。

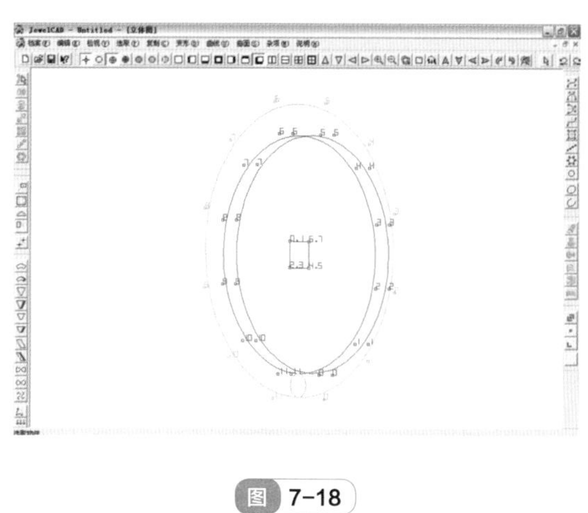

图 7-18

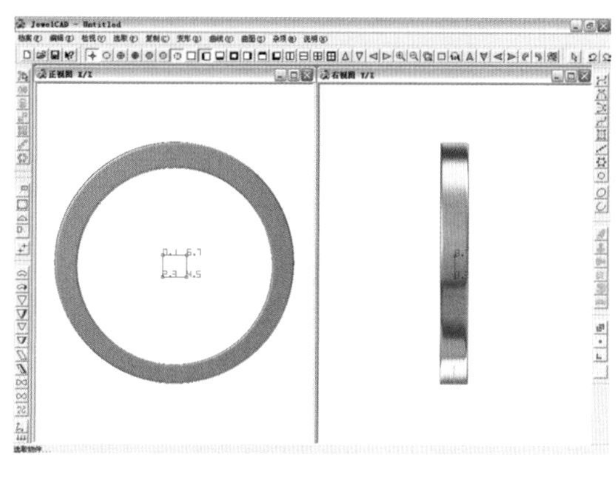

图 7-19

③ 切换到正视图中，在正视图中选取戒圈【展示 CV】，取消选取后，通过【选点】命令选取 CV，隔一组 CV 选取一组，共框选 6 组。在右视图中绘制辅助线 Y=4mm，将选中的 CV 使用【移动】移到与辅助线相切的位置（图 7-20）。

④ 绘制宝石和镶爪。从【宝石】命令中调出直径 1.5mm 的圆形钻石，并使用【圆形】绘制直径 0.5mm 的曲线，选择【隐藏 CV】后作为镶爪的参考线，使用【任意曲线】命令绘制曲线如图 7-21 所示。

⑤ 执行【纵向环形对称曲面】命令将任意曲线生成镶爪。切换到上视图中，选择爪执行【上下复制】命令（图 7-22）。

⑥ 将镶爪和宝石选中，执行【直线复制】命令，将复制数目设为 12，横轴框中的距离设为 1.7mm，单击“确定”。将最左侧宝石右边的两个爪选中，执行【左右复制】命令，生成如图 7-23 所示的效果。将所有宝石执行布林体【联集】命令，所有镶爪同样执行布林体【联集】命令。

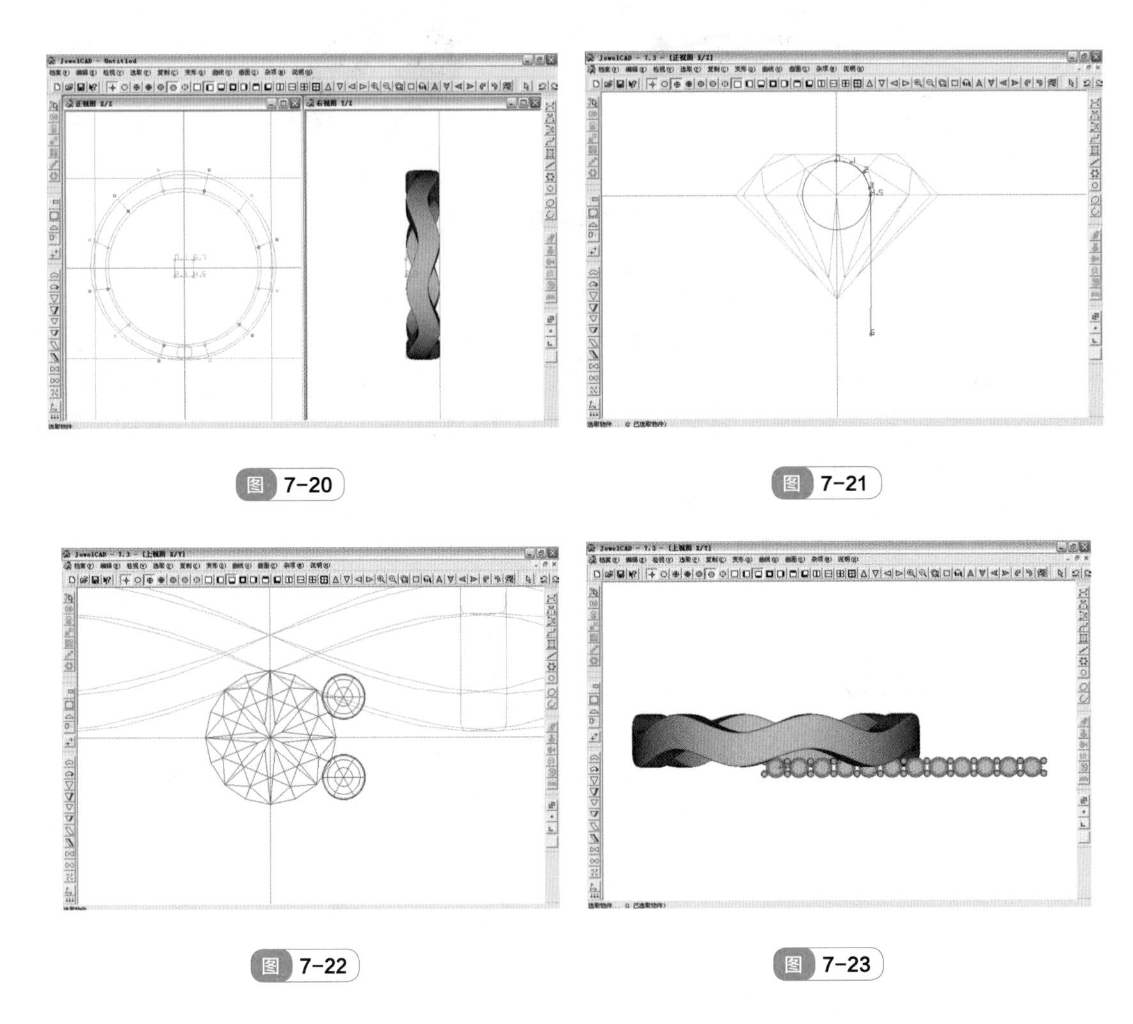

图 7-20

图 7-21

图 7-22

图 7-23

⑦ 绘制宝石切位。执行【任意曲线】命令绘制如图 7-24 中的图形。

⑧ 将任意曲线执行【纵向环形对称曲面】命令后，用【移动】命令将其下移 0.2mm。执行【直线复制】命令，将复制数目设为 12，横轴框中的距离设为 1.7mm，单击“确定”，将生成的宝石切位执行布林体【联集】命令。

⑨ 绘制完宝石、镶爪后，使用【杂项】菜单里的【量度距离】命令测量整个宝石及镶爪部分的长度，以方便后面的映射命令（图 7-25）。

⑩ 绘制戒圈上部的镶口切位。在正视图中，绘制如图 7-26 所示的曲线。通过【曲线】菜单里的【曲线长度】命令，选中曲线测量长度。将曲线长度和宝石总长度调整为一致的数值，以保证执行映射命令时不会发生变形。

注意：绘制时，应同时在两个视图中进行调整，并使 CV 分布均匀。

提示：可先使用【左右对称线】在正视图中绘制，再通过【修改】任意曲线命令在上视图中进行修改。

⑪ 将绘制完的曲线“A”分别执行两次【直线复制】命令，纵轴框内设置的数值分别为 0.4mm 和 1.9mm，分别生成“B”和“C”曲线，如图 7-27 所示。

提示：0.4mm 为镶口边的宽度。

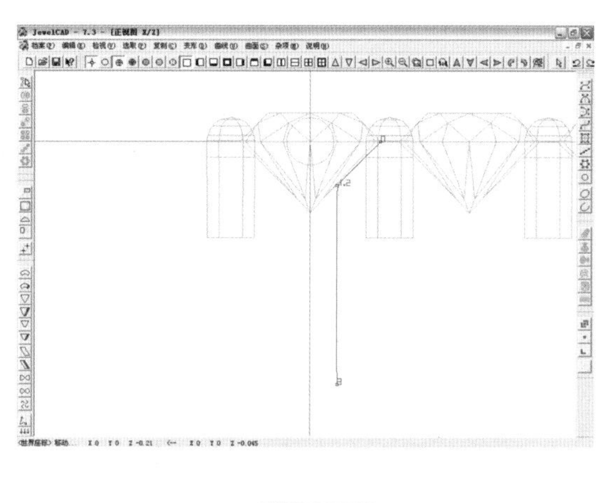

图 7-24

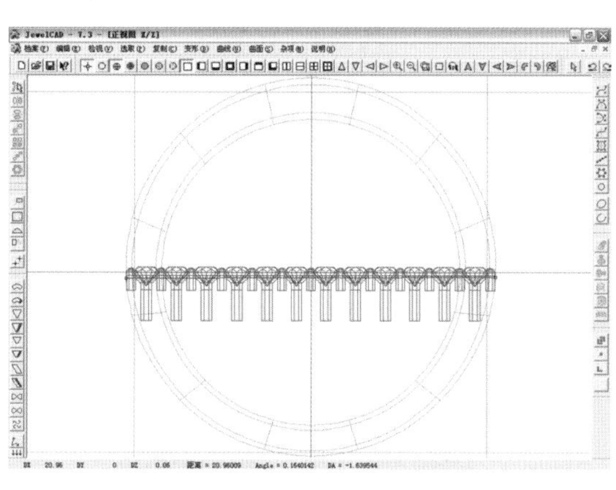

图 7-25

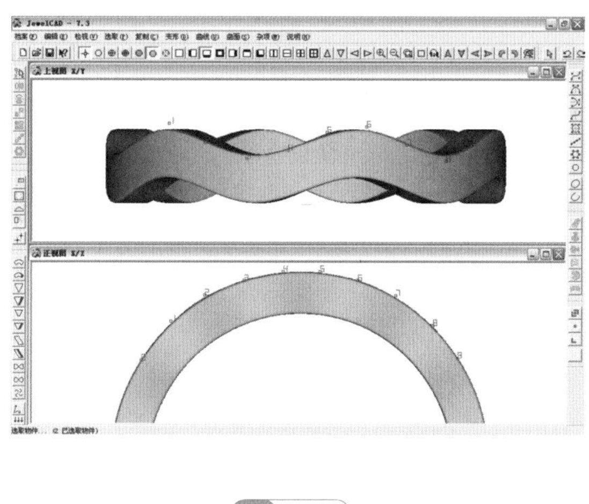

图 7-26

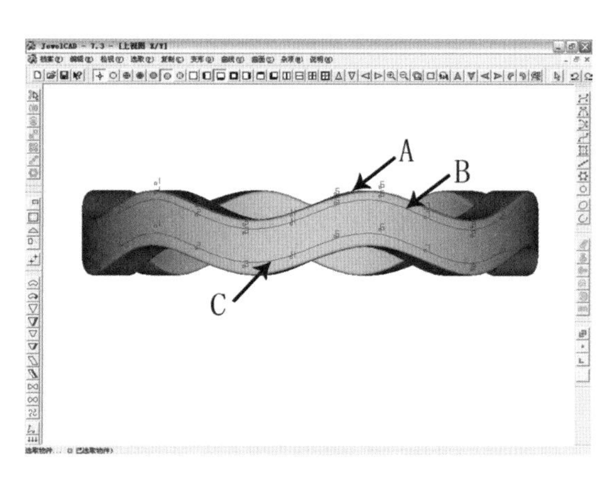

图 7-27

⑫ 在视图中选中曲线 B，在右视图中将其执行【直线复制】命令，在纵轴框中输入数值 -0.6mm，生成第三条导轨，并将曲线 A 执行【隐藏】命令。

⑬ 单击【导轨曲面】命令，选择“三导轨”、“单切面”，切面量度为，单击“确定”后，按照如图 7-28 所示，依次选择“左边导轨”（曲线 C）、“右边导轨”（曲线 B）和“下边导轨”，最后选择切面，生成如图 7-29 所示的镶口切位。

⑭ 将镶口切位选中，执行布林体【相减】命令，再单击戒圈，生成如图 7-30 所示的镶口。

⑮ 执行【不隐藏】命令，对曲线在上视图中执行【直线复制】命令，在纵轴框中输入数值 -1.15mm，单击“确定”后，生成如图 7-31 所示的曲线。该曲线作为宝石的映射线。

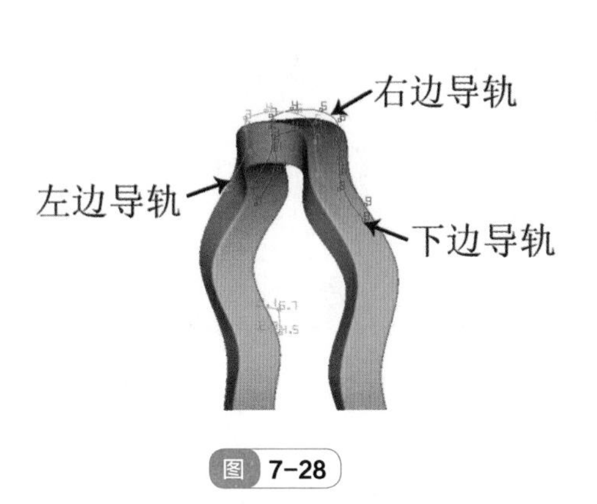

图 7-28

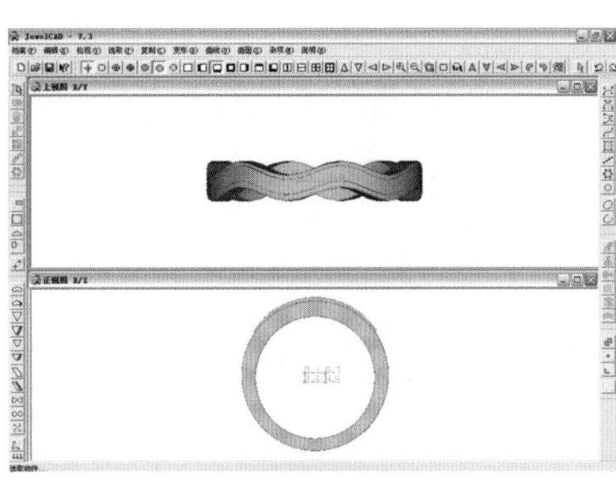

图 7-29

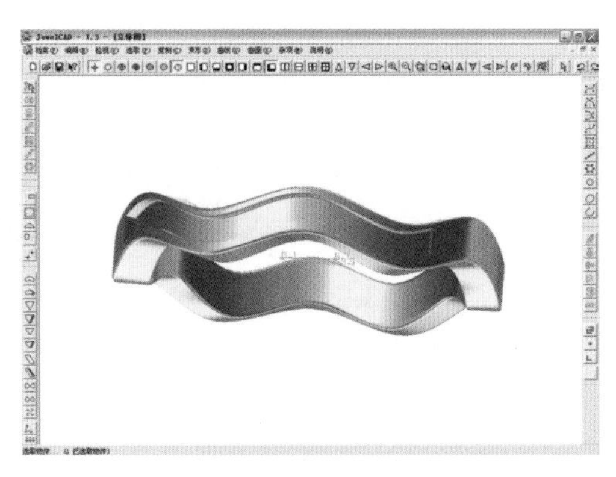

图 7-30

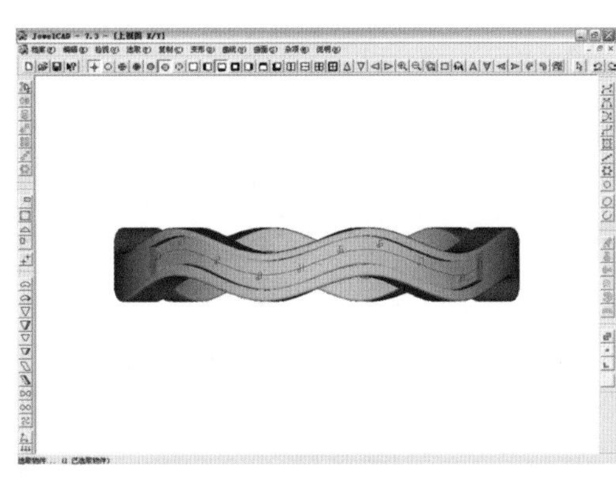

图 7-31

⑯ 在正视图中，将宝石、爪及宝石切位选中后执行【曲面 / 线映射】命令，在对话框中，设置映射方向及范围为“纵向”、勾选“自动探测映射方向及范围”和“平均映射在曲线上”，选择“映射在单一曲线或曲面上”，单击“确定”后，选择上一步骤中制作的曲线作映射，生成如图 7-32 所示的效果。

⑰ 将宝石切位选中，执行布林体【相减】命令，再单击要减去的戒圈。

⑱ 在上视图中，选中所有物体，执行【直线复制】命令，向下 2.3mm 处复制一个戒圈。分别更改宝石和金属的材质，达到如图 7-33 所示的效果。

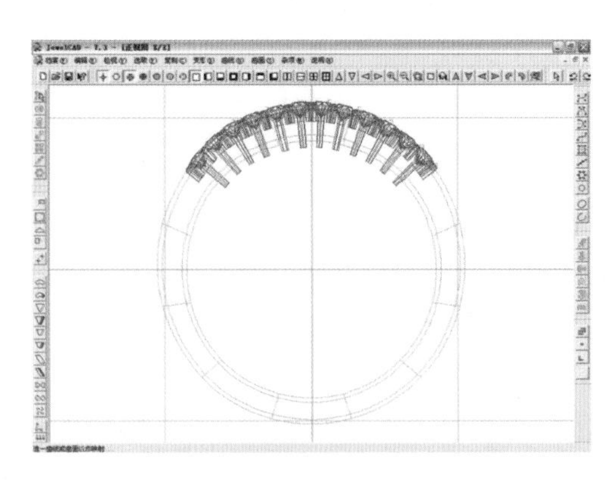

图 7-32

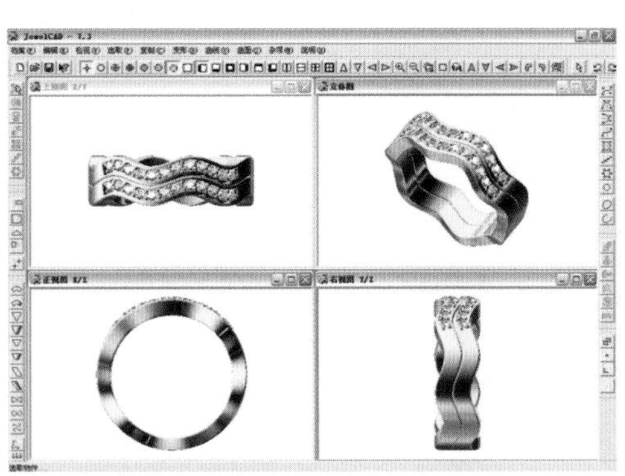

图 7-33

7.4　包镶戒指的制作

戒指上视图和立体图

① 首先绘制戒圈。在正视图中，使用【圆形】分别绘制直径 17mm 和 22mm 的曲线作为导轨，CV 数目为 12。绘制直径 1.7mm 的小圆，选择【隐藏 CV】后移至下方与内圈相切的位置，将外圈通过【移动】命令与小圆相切（图 7-34）。

② 绘制完两条导轨后，从【杂项】菜单中单击【宝石】命令，调出“八方钻石”。通过【多重变形】命令，设置“尺寸”为 5，其它选项为默认值。将放大的宝石用【移动】命令移至外圈上方，用【左右对称线】绘制石碗参考线（图 7-35）。

③ 切换到正视图，绘制宝石的石碗部分。在上视图中沿着宝石边缘使用【上下左右对称线】绘制切面。在正视图中根据参考线使用【任意曲线】绘制导轨（图 7-36）。

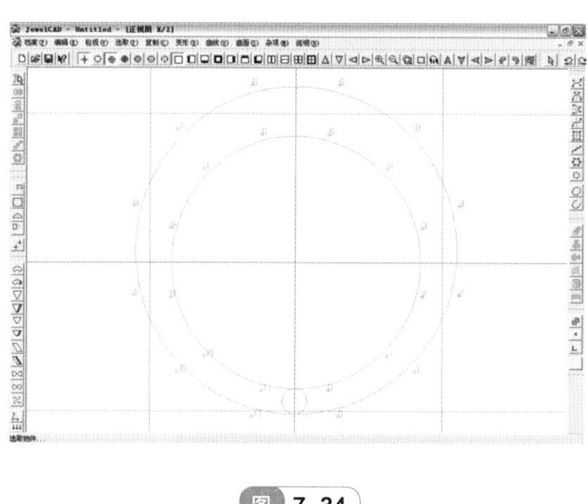

图 7-34

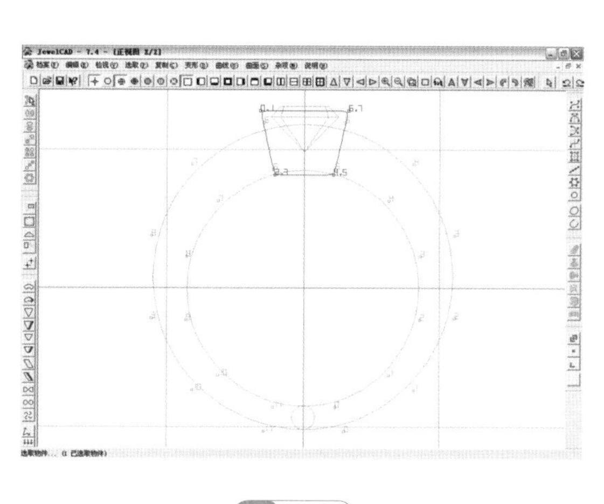

图 7-35

④ 在立体图中，执行【导轨曲面】命令，选择“单导轨”、“纵向”、切面量度为 ，依次选择导轨和切面，生成如图 7-37 所示的石碗。

⑤ 绘制石碗旁边的金属片部分。在右视图中，选择【左右对称线】绘制如图 7-38 所示的【封口曲线】作为导轨。

⑥ 使用【圆形】绘制直径 1mm 曲线，选择【隐藏 CV】后作为参考形，根据小圆使用【上下对称线】绘制切面（图 7-39）。

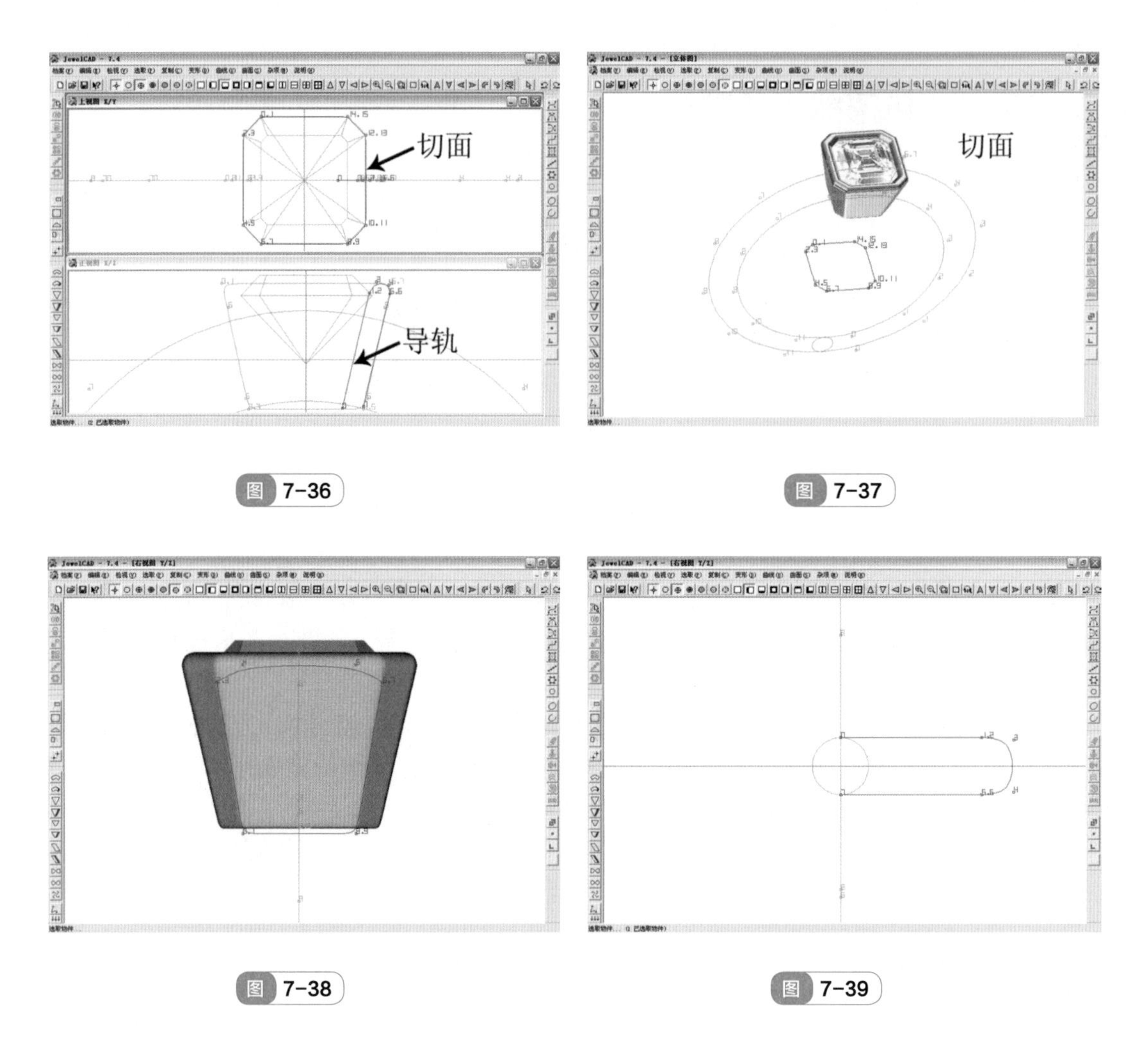

图 7-36　图 7-37

图 7-38　图 7-39

⑦ 选择【导轨曲面】命令，依次选择导轨和切面，生成金属片。在正视图中，使用【任意曲线】根据石碗边缘绘制如图 7-40 所示的曲线。

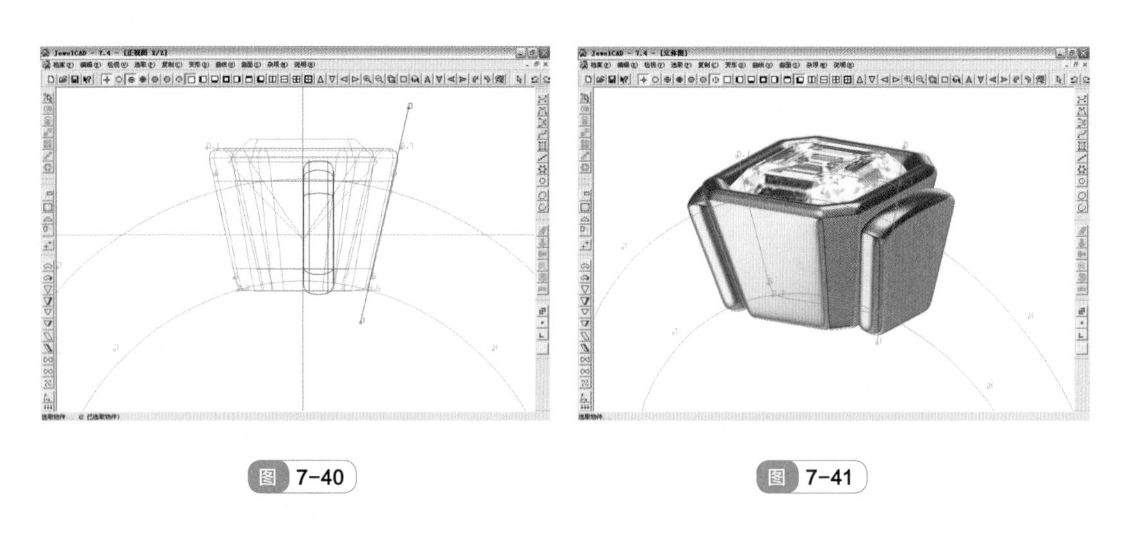

图 7-40　图 7-41

⑧ 将金属片执行【曲面 / 线投影】命令，选择“加在曲线 / 面上”，将金属片投影在

任意曲线上，并执行【左右复制】命令（图 7-41）。

⑨ 绘制戒圈部分。在右视图中，根据戒指外圈最上边和最下边绘制两条辅助线，并绘制辅助线 Y=1mm，Y=1.5mm。由四条辅助线的交叉点引出【任意曲线】，如图 7-42 所示。

⑩ 在正视图通过【上下左右对称线】绘制矩形切面。选中内圈，切换到右视图，将选中的内圈通过【直线复制】命令向右复制 1 个，并将复制的内圈执行【曲面 / 线投影】命令，将其投影在任意曲线上生成第三条导轨。

⑪ 执行【导轨曲面】命令，选择“三导轨”、“单切面”，切面量度为▢，单击“确定”后，依次选择“上边导轨”、“下边导轨”和“右边导轨”，最后选择切面，单击“确定”后生成如图 7-43 所示的效果。

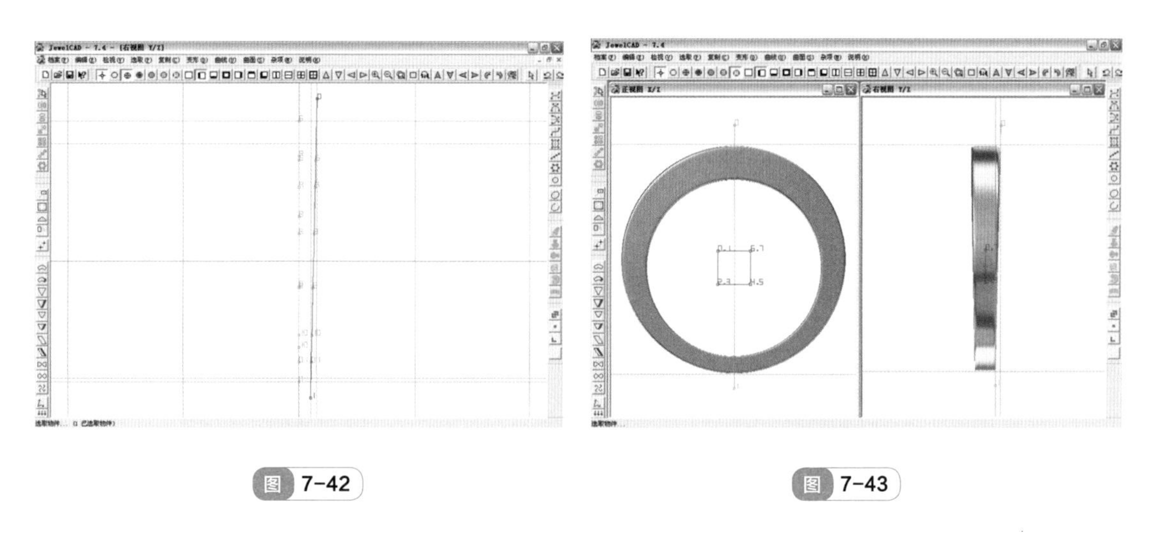

图 7-42　　图 7-43

⑫ 绘制戒指掏空效果。在正视图中，将视图切换为【详细线图】，并使用【左右对称线】沿着戒指外壁绘制曲线，绘制完后执行【偏移曲线】命令，选择“两方偏移”0.8mm，如图 7-44 所示。

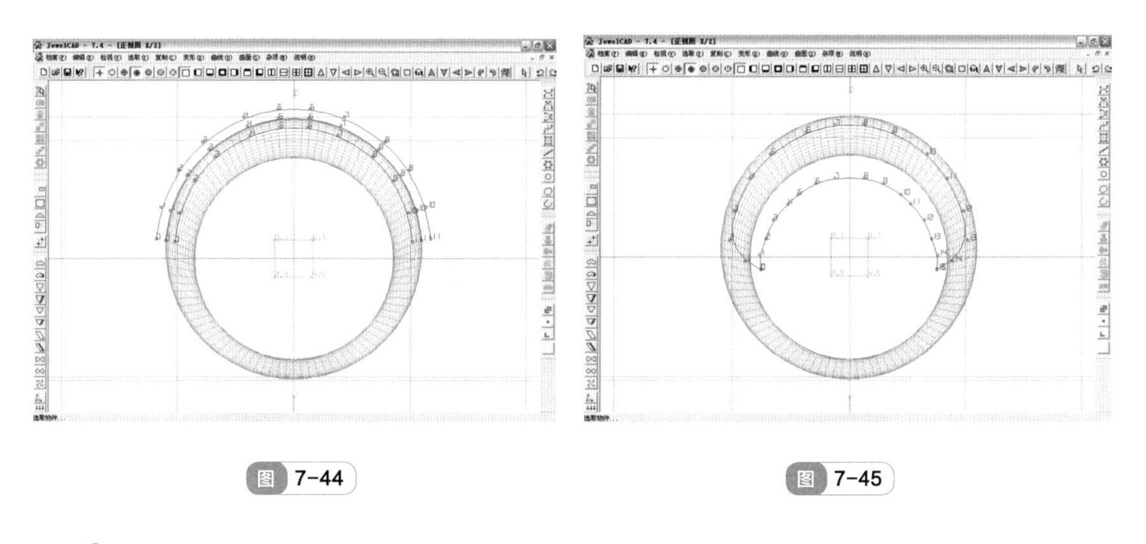

图 7-44　　图 7-45

⑬ 保留最里面的曲线，通过【修改左右对称线】命令将其修改为如图 7-45 所示的形状。

使用【左右对称线】绘制曲线，并与原先的曲线起始点和终点相重合。

注意：两条曲线（导轨）的 CV 数目要相同，并且 CV 点数相对应。

⑭ 在右视图中，绘制第三条导轨投影的参考线。将如图 7-42 中的参考曲线执行【偏移曲线】命令，选择“两方偏移”0.8mm（图 7-46）。

⑮ 保留最内部的任意曲线。在正视图将内部的曲线选中，使用【直线复制】在右视图中向右复制 1 条曲线，并将曲线执行【曲面 / 线投影】命令，将之投影在任意曲线上，生成第三条导轨（图 7-47）。

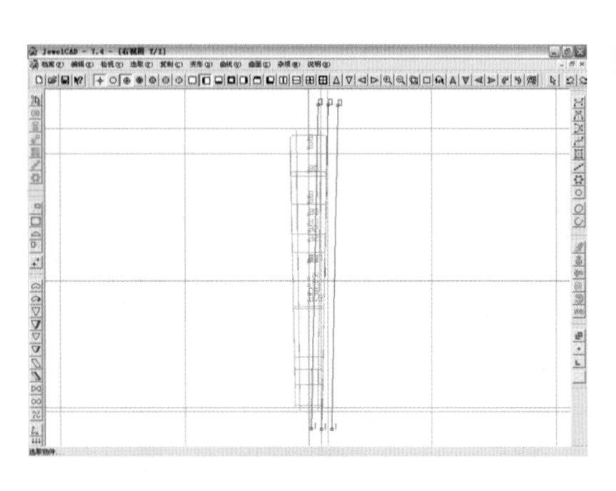

图 7-46

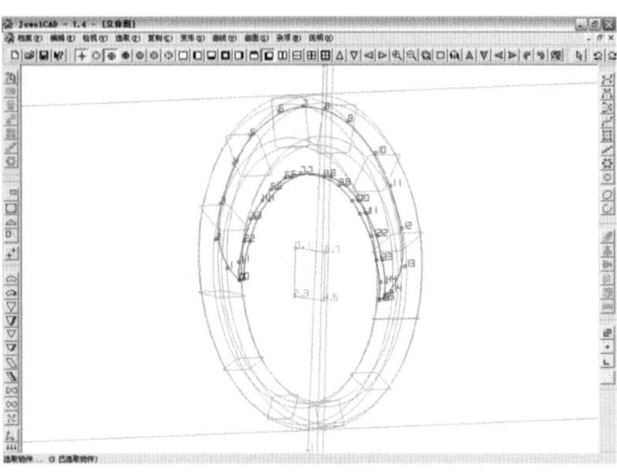

图 7-47

⑯ 执行【导轨曲面】命令，选择“三导轨”、“单切面”，切面量度为▭，单击“确定”后，依次选择“上边导轨”、“下边导轨”和“右边导轨”，最后选择矩形曲线作为切面，单击“确定”后生成戒指的切位。将切面选中，执行布林体【相减】命令后，单击戒圈，生成如图 7-48 所示的效果。

⑰ 绘制金属装饰边部分。在正上视图中，使用【任意曲线】绘制曲线，如图 7-49 所示。通过【曲线】菜单里的【曲线长度】命令进行测量，将曲线长度调整为 6mm。

注意：在两个视图中同时进行调整曲线，正视图中曲线 CV 点排列应均匀，保证后面映射物体的平均分布。

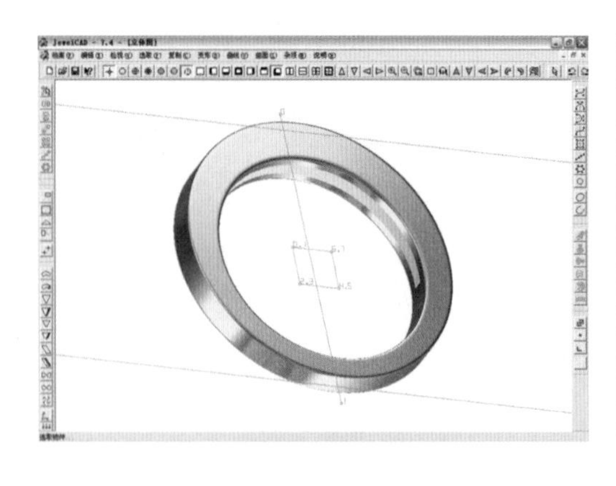

图 7-48

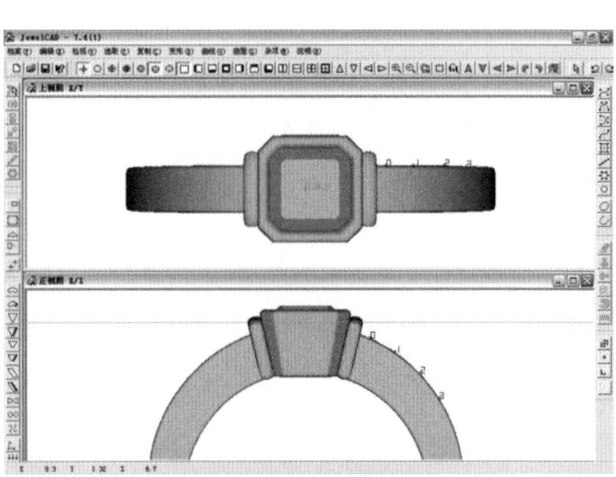

图 7-49

⑱ 将绘制的任意曲线执行【偏移曲线】命令，“两方偏移”0.6mm。保留最下方的曲线，将曲线执行【上下复制】命令，选择【线面连接曲面】（图 7-50）。

⑲ 使用【圆形】绘制直径 2mm 的曲线作为参考，使用【左右对称线】根据圆形分别绘制两条曲线作为导轨，两条线的首尾相接，CV 一致（图 7-51）。

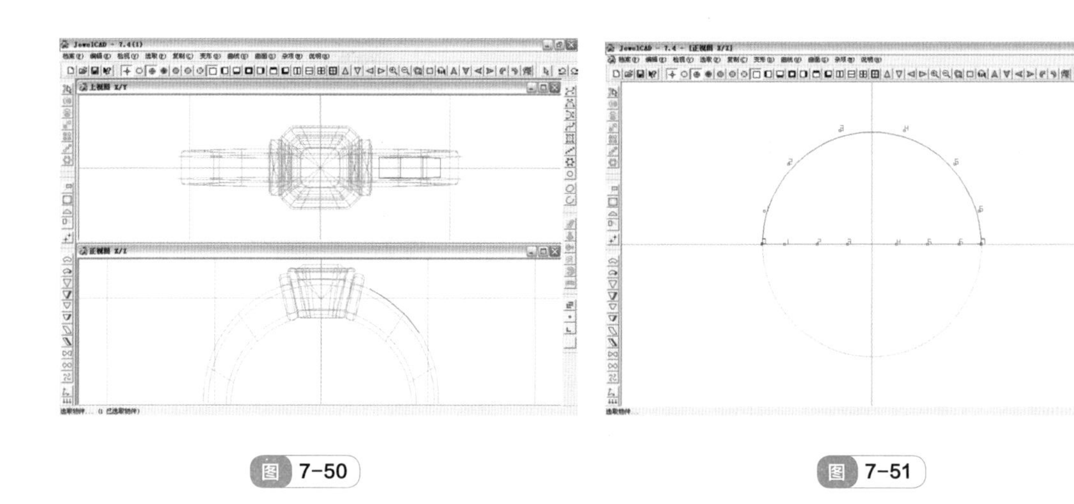

图 7-50　　图 7-51

⑳ 将下方的曲线选中，在右视图中选择【直线复制】向右复制 0.8mm，作为第三条导轨（图 7-52），并通过【上下左右对称线】绘制矩形切面。

㉑ 执行【导轨曲面】命令，选择“三导轨”、“单切面”，切面量度为□，单击“确定”后，依次选择“上边导轨”、“下边导轨”和“右边导轨”，最后选择矩形曲线作为切面，单击“确定”后生成戒指的金属装饰面。将曲面分别执行两次【直线复制】命令，生成如图 7-53 所示的效果，并将六块曲面布林体【联集】。

㉒ 在上视图中，将联集好的曲面执行【曲面 / 线映射】命令，选择“横向”、勾选“自动探测映射方向及范围”和“平均映射在曲线上”，选择“映射在单一曲线或曲面上”，单击“确定”后，选择步骤 ⑱ 中制作的曲面作映射，生成如图 7-54 所示的效果。

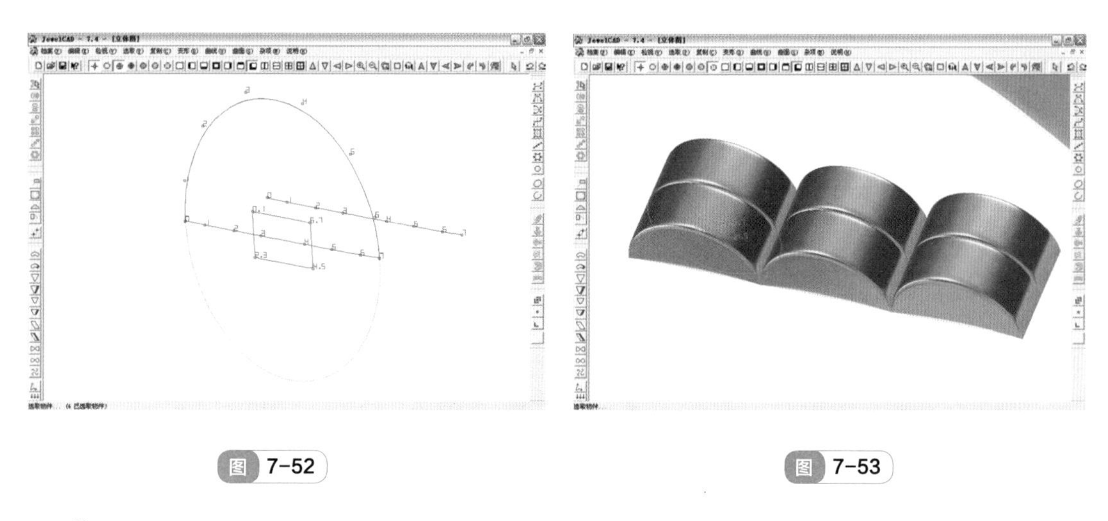

图 7-52　　图 7-53

㉓ 将金属装饰边在上视图中选择【左右复制】，并绘制切位修整石碗形状。将石碗、

石碗旁的金属片和戒圈执行布林体【联集】命令。使用【圆形】在正视图中绘制直径 17mm 的曲线，在右视图中将曲线执行【直线延伸曲面】命令，生成如图 7-55 所示的效果

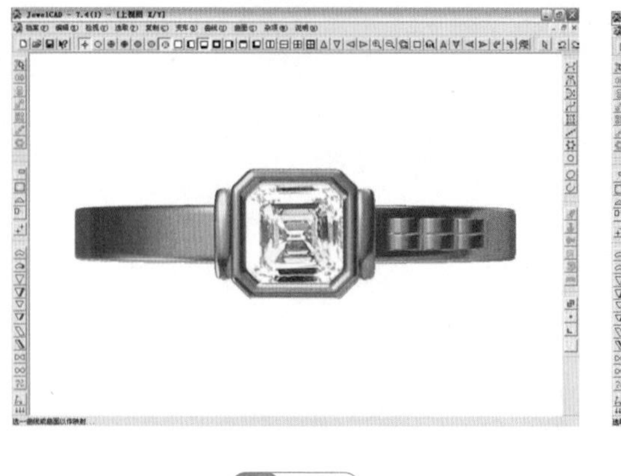

图 7-54

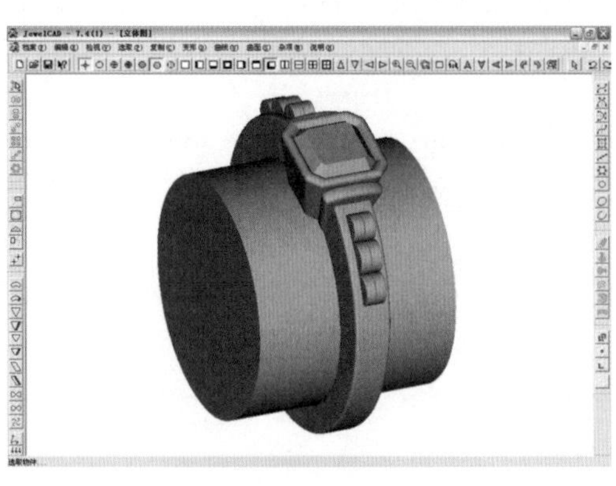

图 7-55

㉔ 将圆筒（切位）选中，执行布林体【相减】命令，单击戒圈，完成石碗的修整。最后将联集的石碗、金属片和戒圈部分更改【材质】为“白金”,形成的包镶戒指如图 7-56 所示。

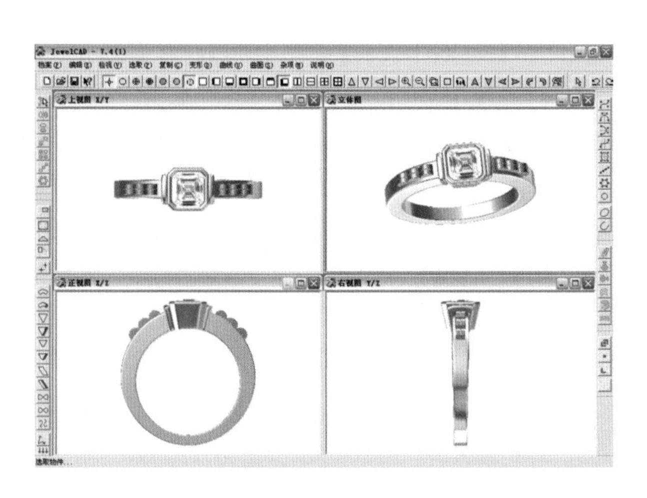

图 7-56

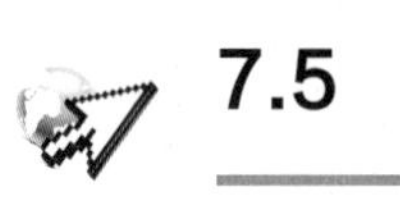

7.5 错臂戒指的制作

戒指上视图

① 首先绘制戒圈参考线。在正视图，用【圆形】分别绘制出直径 17mm 和 21mm 的圆形曲线。绘制直径 1.5mm 的圆形辅助曲线，使用【移动】将其移到手寸内圈下方，用来控制戒指底部的厚度；绘制一个 2mm 的圆形辅助曲线，放到手寸内圈右方，用来控制戒指厚度。根据两个小圆形辅助线对外圈圆形曲线的位置和形状进行调整，如图 7-57 所示。

② 接下来制作镶口部分。在上视图，用【宝石】工具，调出一个直径 4.5mm 的圆形宝石。在正视图中，移动到手寸内圈的上方。在正视图中，宝石的左边用【任意曲线】工具，绘制两条任意曲线。两条曲线的距离为 1mm。（提示：先在宝石左边绘制一条任意曲线，宝石与曲线相交后，宝石左边露出的边位约 0.1mm，然后用【曲线】菜单中的【偏移曲线】，把另外一条曲线偏移出来。）在正视图中，根据所绘制的两条任意曲线绘制一个石碗的切面，并用【纵向环行对称曲面】制作成石碗，如图 7-58 所示。

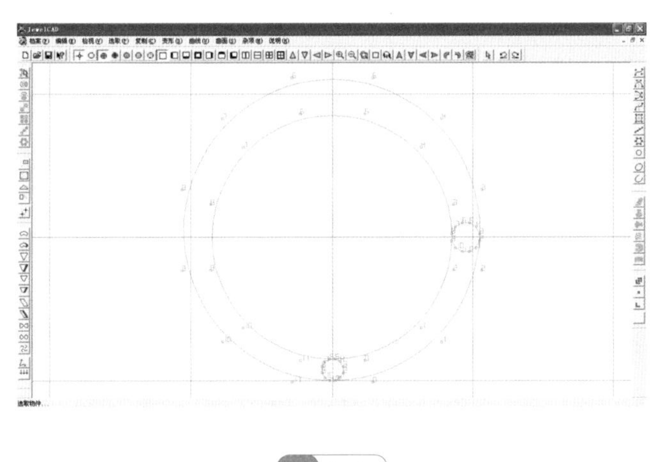

图 7-57

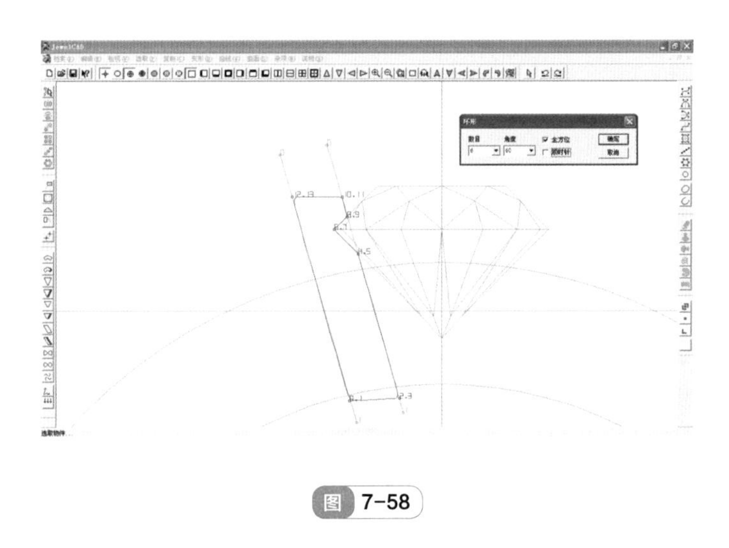

图 7-58

③ 制作曲面掏空石碗。绘制如图 7-59 所示的两组封口曲线，并选择【直线延伸曲面】成实体。

④ 在上视图中，将心形实体旋转 45° 角，通过【环行复制】命令，复制两个或者四个心形实体。将 U 形实体曲面使用【环形复制】复制 3 个，如图 7-60 所示。

⑤ 将所有的心形和 U 形曲面体选中，用【布林体】的【相减】命令，减去镶口，达到如图 7-61 所示的效果，完成镶口的制作。

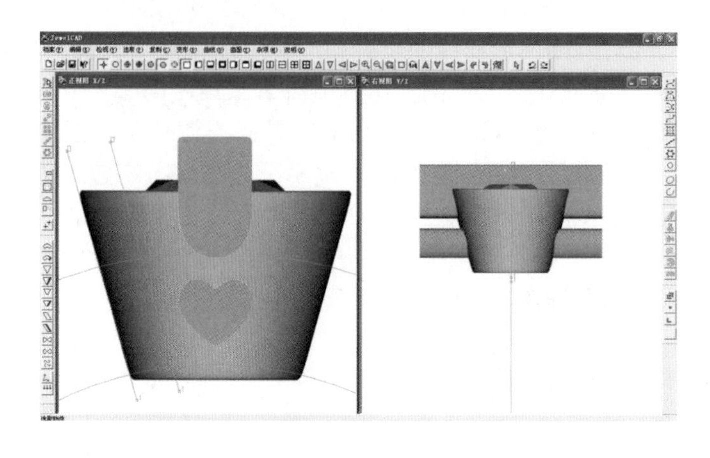

图 7-59

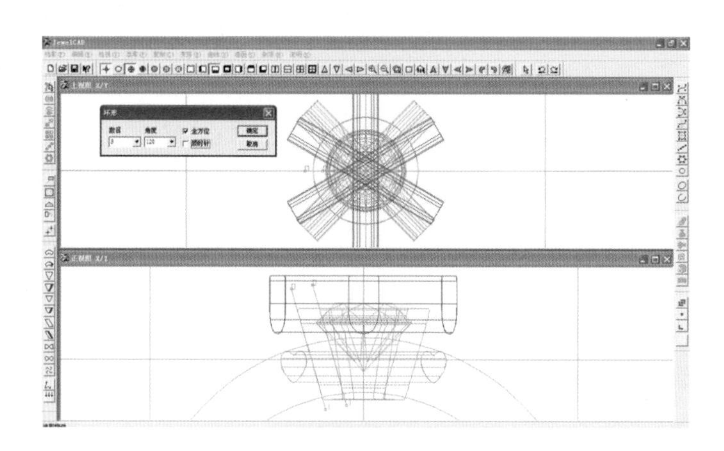

图 7-60

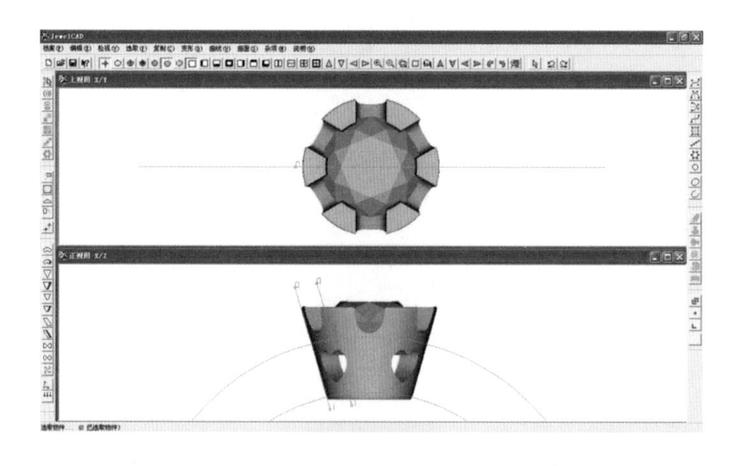

图 7-61

⑥ 绘制戒圈部分。在正视图中,用【任意曲线】沿着手寸参考线形状绘制一条曲线出来，然后通过上视图调整外形。然后用【直线复制】命令复制一条间距为 2.8mm 的曲线，并分别调整好两条曲线的形状，如图 7-62 所示。

提示：在上视图调控制点的时候，控制点的操控最好垂直上下拉动去调整，这样可以避免正视图的外形被破坏，并注意控制点的分布和对应位置。

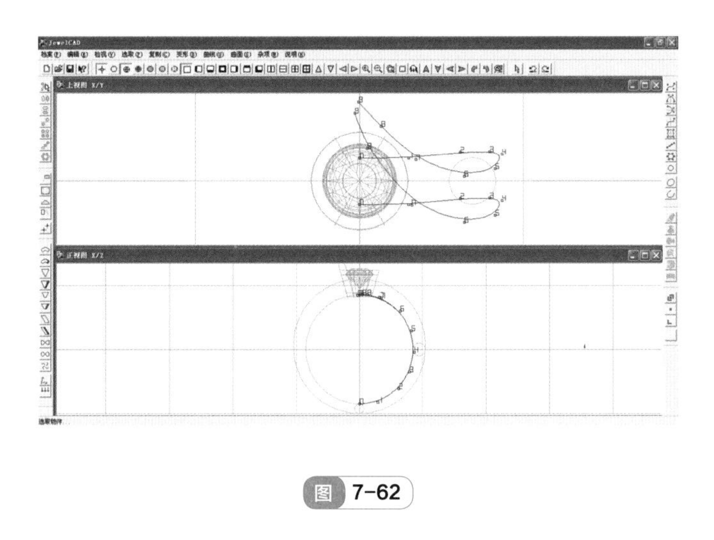

图 7-62

⑦ 把两条控制戒指厚度的曲线绘制好之后，选择中其中一条曲线，然后在正视图中用【偏移曲线】功能，偏移一条间距为 1.5mm 的曲线，分别在上视图和右视图调整好曲线的外形，如图 7-63 所示。

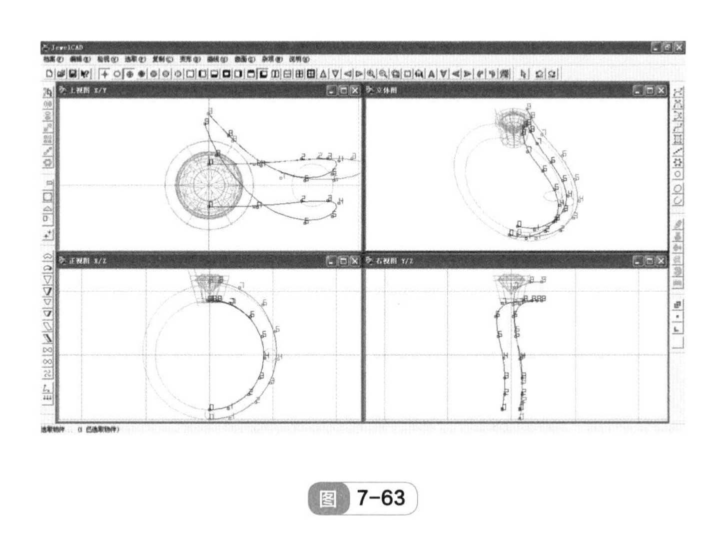

图 7-63

⑧ 在正视图中，用【任意曲线】绘制三个不同形状的切面，注意控制点的数目要一致，控制点的位置要对应，如图 7-64 所示。

⑨ 用【导轨曲面】的“三导轨”、“多切面”，切面量度为制作戒圈，如图 7-65 所示。

⑩ 导轨出戒圈后，观察是否有需要调整的部分，并通过调整控制点改变其形状，如图 7-66 所示。

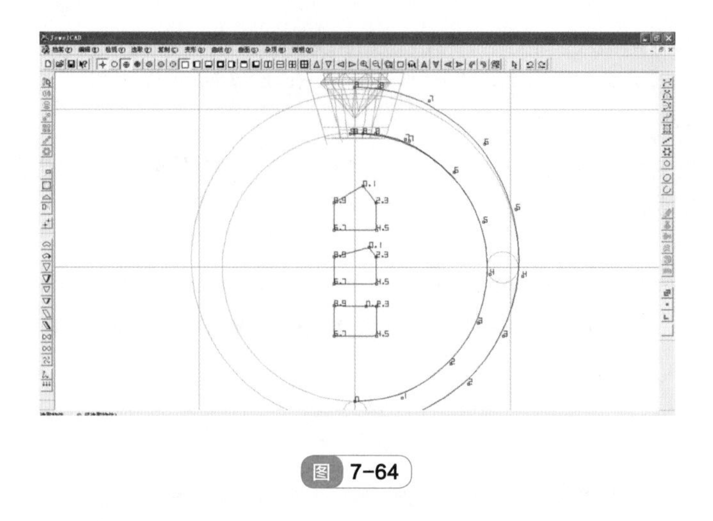

图 7-64

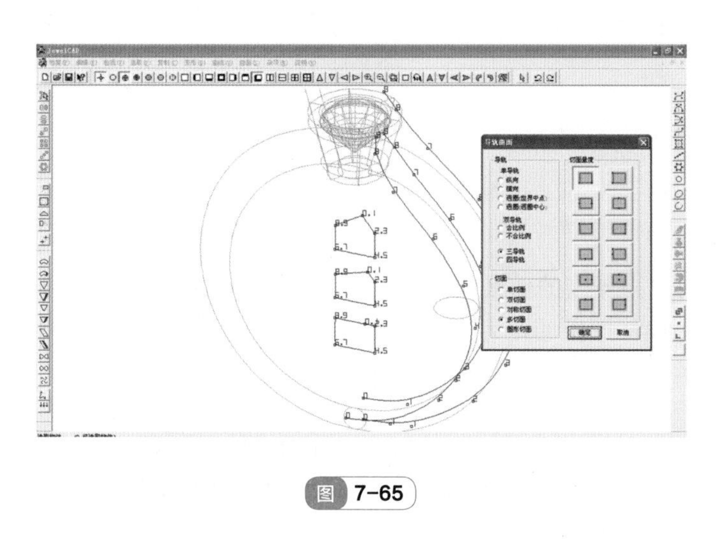

图 7-65

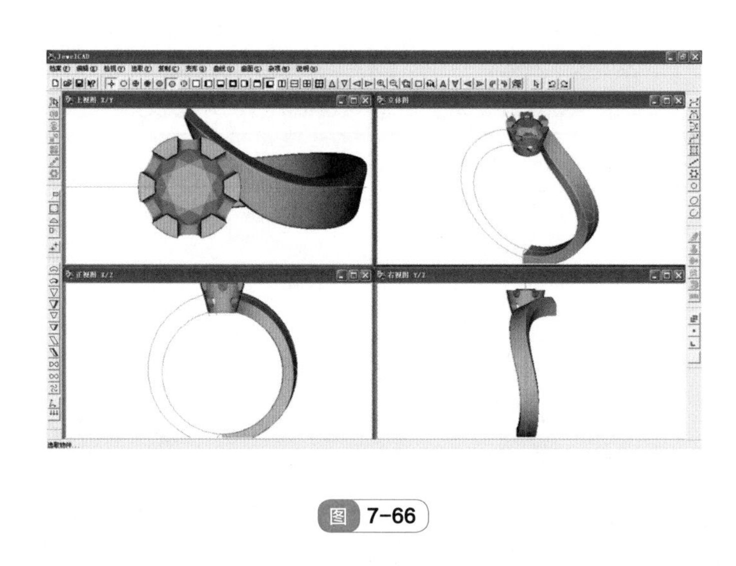

图 7-66

⑪ 在上视图中，沿着戒指的边缘线，用【任意曲线】绘制两条曲线。选中两条曲线分

别向两条曲线之间的方向，执行【偏移曲线】命令，各偏移一条距离为 0.6mm 的曲线，如图 7-67 所示。

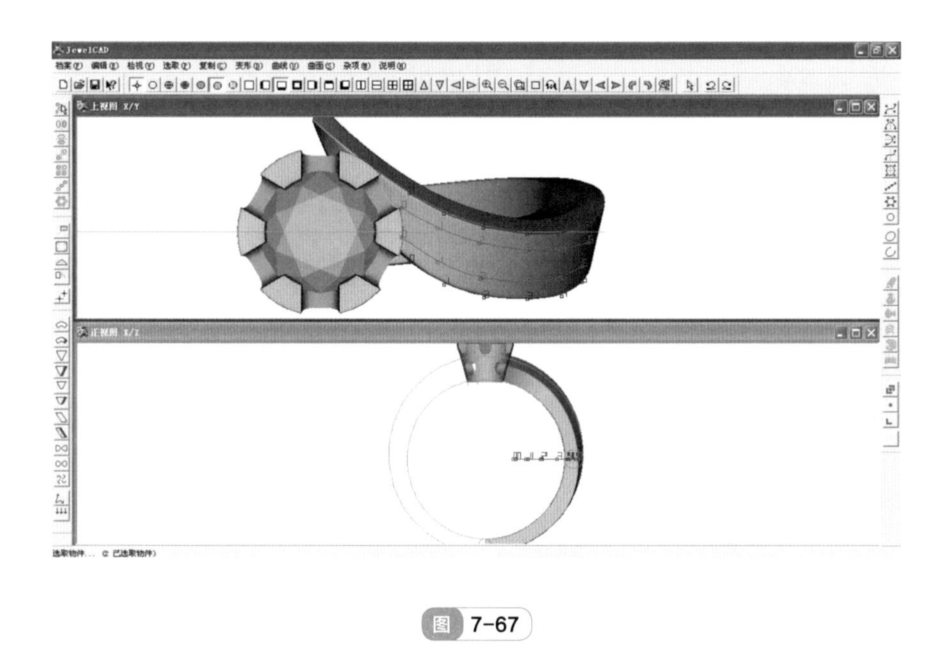

图 7-67

⑫ 在正视图中，用【投影】命令将上一步做出来的两条曲线投影到戒指的表面上，并用【线面连接曲面】命令将投影到戒指表面的两条曲线连接成一个曲面，如图 7-68 所示。

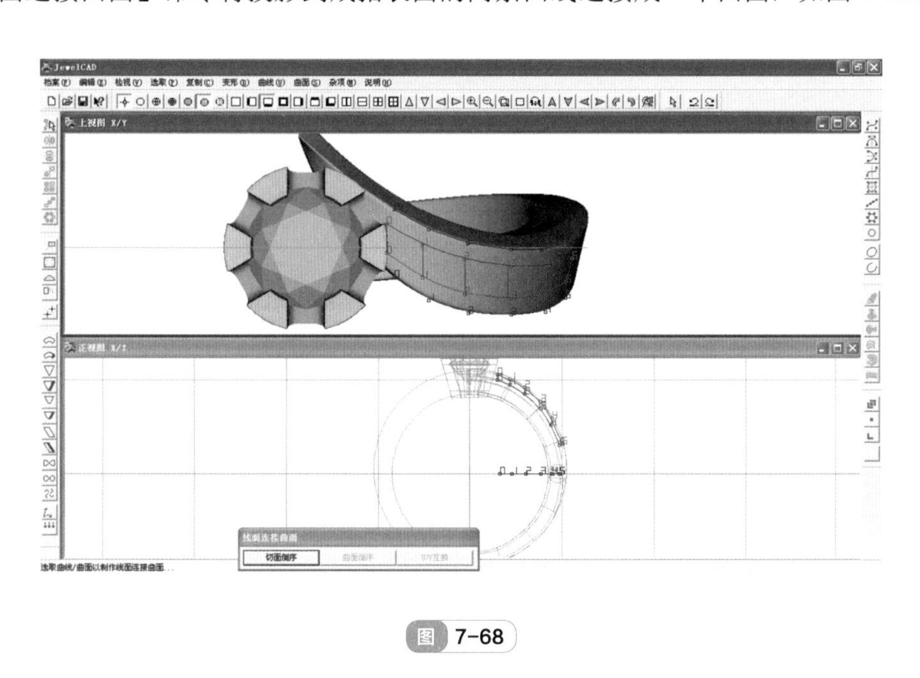

图 7-68

⑬ 在上视图中，通过【杂项】“宝石”，取出一个“梯形宝石”。用【直线复制】功能，直线复制出 10 个梯形宝石，间距设为 1mm。并在正视图中将所有梯形宝石选中，往下移动，把宝石的顶部移动到跟横轴重合，如图 7-69 所示。

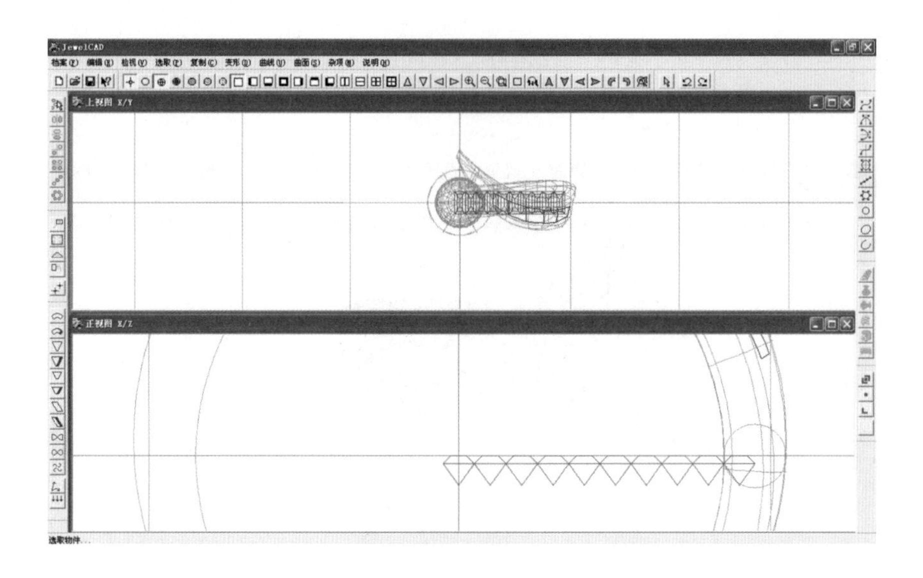

图 7-69

⑭ 在右视图中，根据宝石的大小，绘制一个切面，切面下半部分尽量往下做低一点。在正视图中，把切面用【直线延伸曲面】命令往右导轨出一个 10mm 长的实体曲面，并将实体曲面使用【移动】移到宽度跟宝石重叠的位置。接着用【增加曲面控制点】中的“U 方向增加”命令，增加 8 ～ 10 倍控制点数目，如图 7-70 所示。

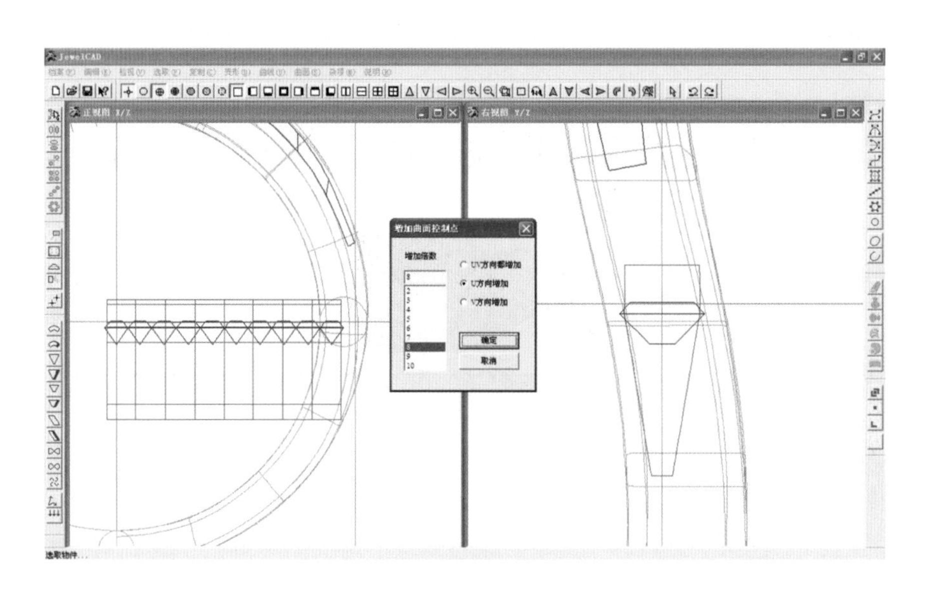

图 7-70

⑮ 在正视图中，用【上下左右对称线】绘制一个 0.6mm×0.6mm 的正方形切面，并使每间隔两个宝石就放一个 0.6mm×0.6mm 的正方形切面。 在右视图中，用【直线延伸曲面】命令往右导轨出一个比宝石宽度大于等于 0.2mm 的实体曲面，并移动到中间位置，如图 7-71 所示。

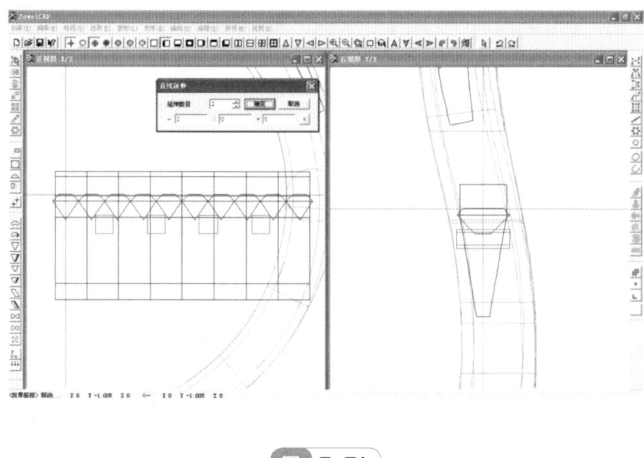

图 7-71

⑯ 在上视图中，用【映射】命令把宝石和宝石下面的实体曲面一起映射到第 ⑫ 步做出来的曲面上，如图 7-72 所示。

⑰ 将第 ⑭ 步做出来的实体，执行【相减】命令，减去戒指，如图 7-73 所示。

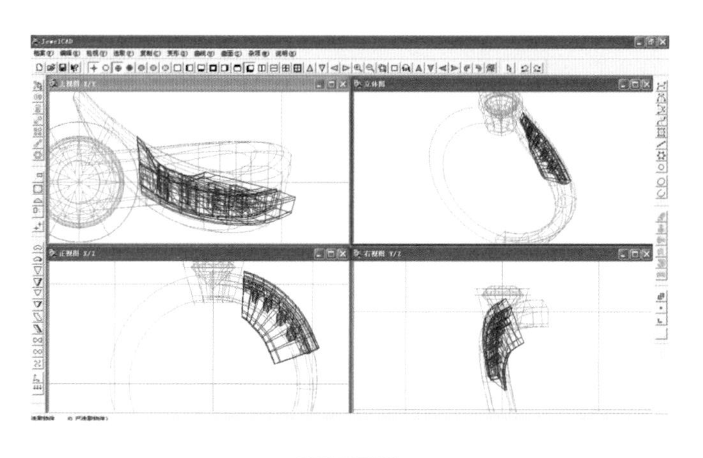

图 7-72

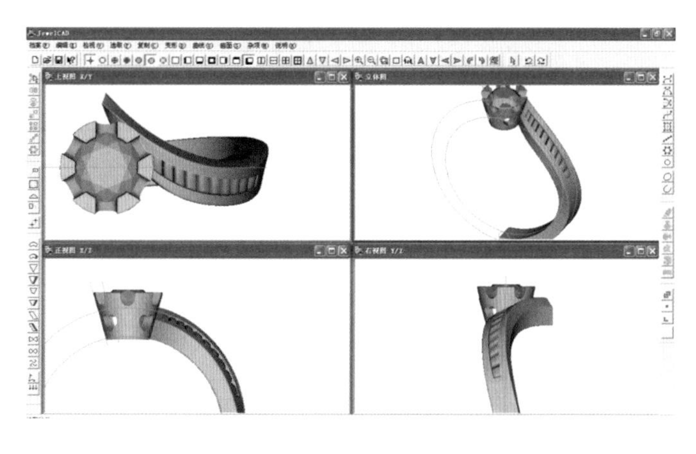

图 7-73

⑱ 在上视图中，用【旋转 180 复制】命令度复制出另外一半戒指部分。切换到正视图，由于镶口的底部超出了手寸里面的位置，所以，先把镶口的控制点通过【展示 CV】展示出来，然后把底部的控制点全部选上，用【曲面 / 线投影】功能，投影到 17mm 手寸圆形曲线的上方。最终效果如图 7-74 所示。

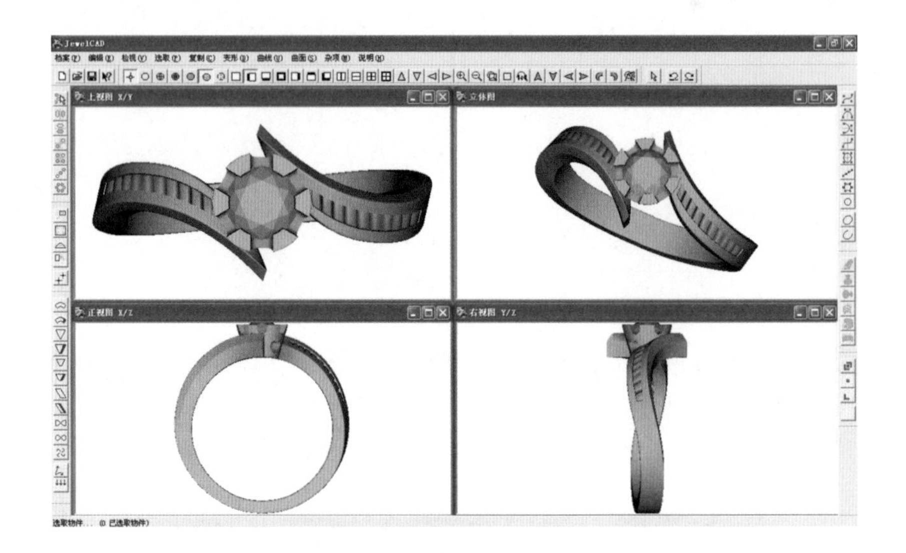

图 7-74

7.6 反带戒指的制作

戒指效果图

① 在上视图中，制作一个 8.3mm×5.2mm 的水滴形宝石及其宝石托、爪，如图 7-75 所示。

② 在正视图中，绘制一个 17mm 手寸的圆形曲线。在外圈部位绘制一个大概的外形曲线，如图 7-76 所示。

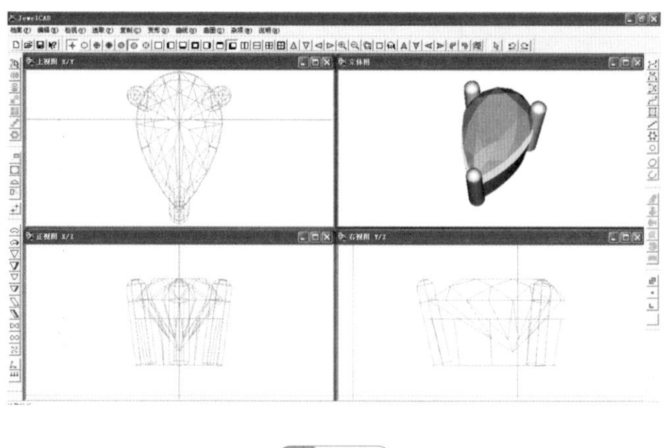

图 7-75

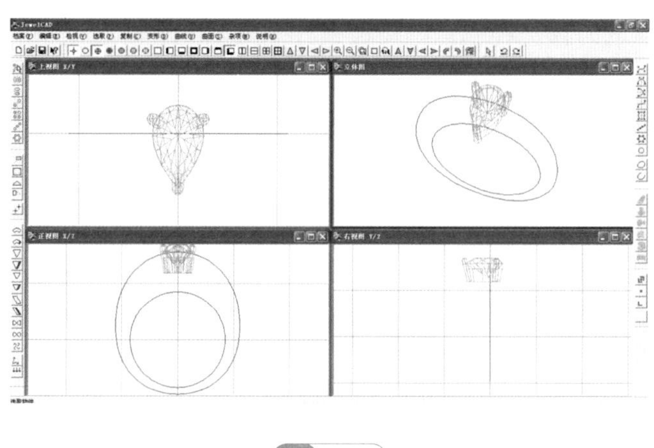

图 7-76

③ 在上视图中，绘制出所需的外形曲线，如图 7-77 所示。

提示：画线的时候，注意控制点的对应位置。

④ 在正视图中，调整第 ③ 步所画的三条曲线，调整的外形如图 7-78 所示。

提示：控制点的操控最好垂直上下拉动去调整，这样可以避免上视图的外形被破坏。

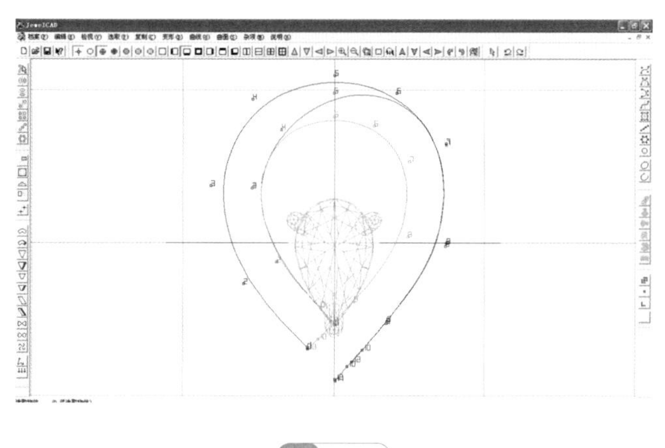

图 7-77

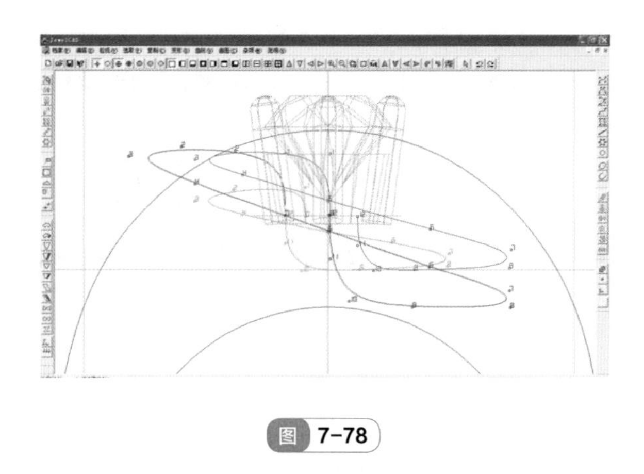

图 7-78

⑤ 在右视图中，调整第 ③ 步所画的三条曲线，调整的外形如图 7-79 所示。

提示：调控制点的时候，控制点的操控最好垂直上下拉动去调整，这样可以避免上视图的外形被破坏。

⑥ 在正视图中，根据所画的外形曲线，采用三导轨进行导轨。切面采用一个“方形”切面。【导轨曲面】选择“三导轨”、“单切面”，切面量度为▭，如图 7-80 所示。

提示：图中的蓝色线和红色线，主要控制形成后实体曲面的宽度，尽量保持其宽度一致；绿色线控制形成后实体曲面的上下厚度，注意反带位处 CV 的走向，点与点之间的对应性。

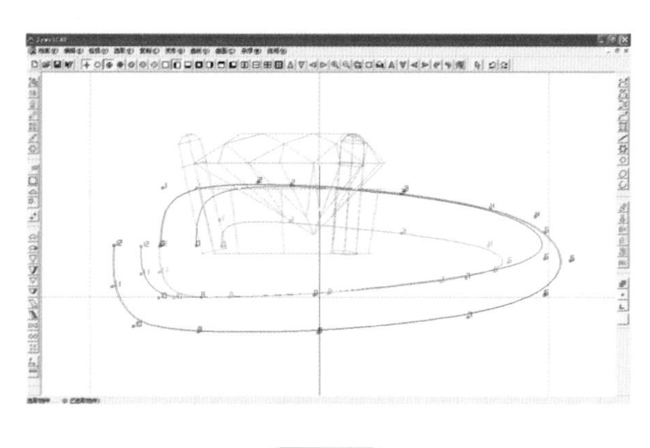

图 7-79

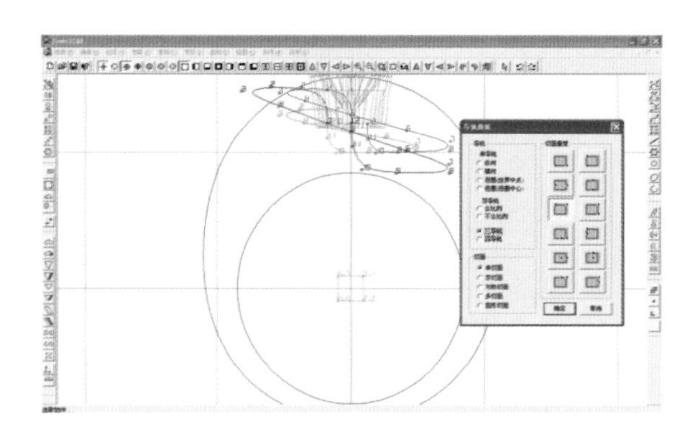

图 7-80

⑦ 导轨成形后，观察外形，如果有需要，可以通过调整控制点来调整整个外形，如图 7-81 所示。

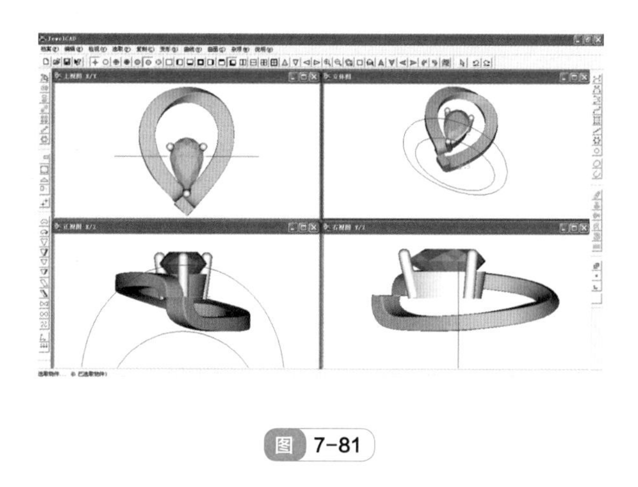

图 7-81

⑧ 将刚刚导轨曲面实体进行铲石槽、镶宝石、种钉等操作，达到如图 7-82、7-83 所示的效果。

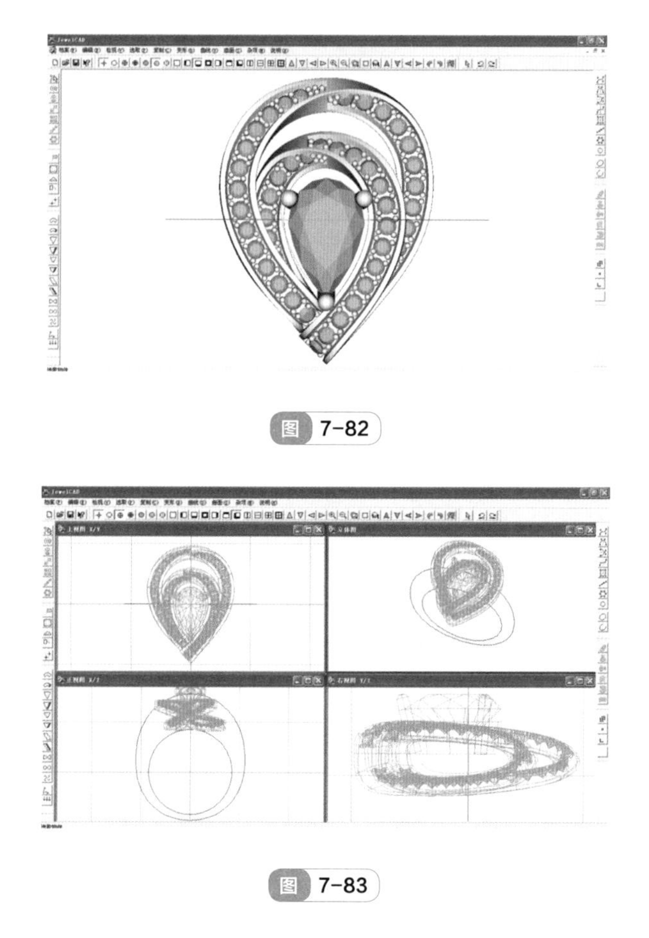

图 7-82

图 7-83

⑨ 在正视图中，绘制戒指左边部分的形态，并在右视图中，调整其中一条线的形态，

如图 7-84 所示。

⑩ 在正视图中，根据所画的外形曲线，采用三导轨进行导轨。切面采用一个“方形”切面。三导轨选择的选项参考图如图 7-85 所示。

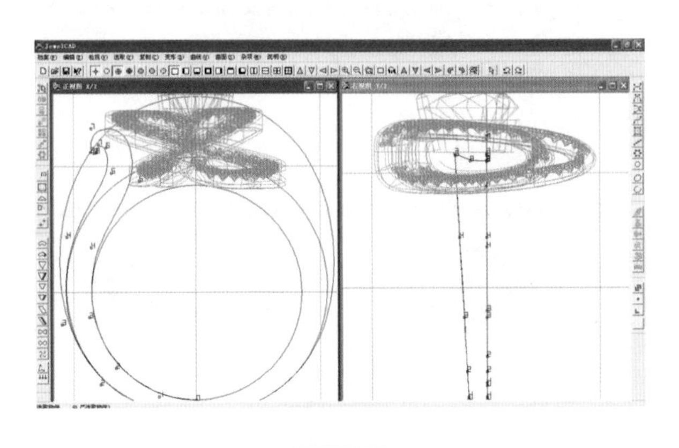

图 7-84

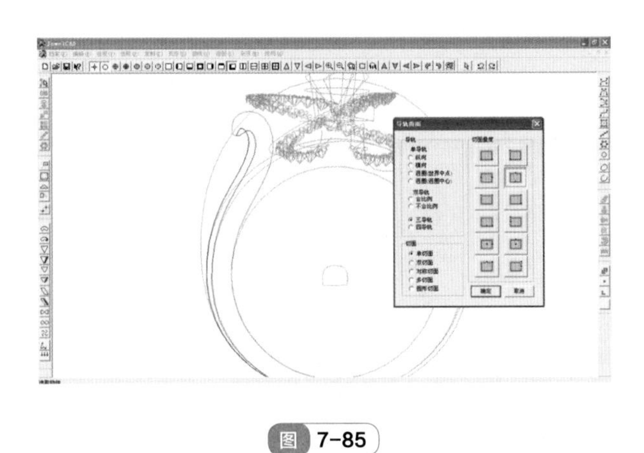

图 7-85

⑪ 三导轨导出曲面效果如图 7-86 所示，观察外形，如果有需要，可以通过调整控制点来调整整个外形。

⑫ 在正视图中，使用【任意曲线】，画戒指右边部分的曲线，如图 7-87 所示。

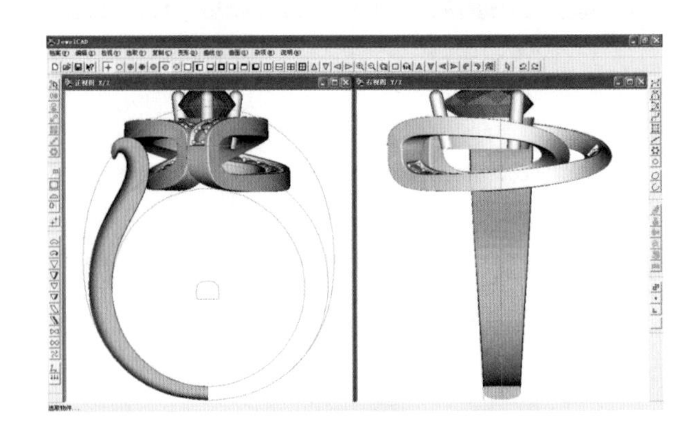

图 7-86

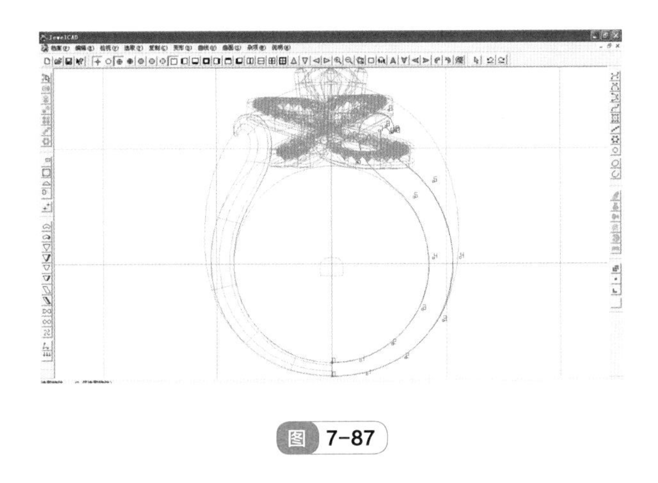

图 7-87

⑬ 在正视图中，画戒指右边部分的三条曲线，并在右视图中，调整其中一条线的形态，如图 7-88 所示。

⑭ 在正视图中，根据所绘制的外形曲线，采用三导轨进行导轨。切面采用“方形”切面。三导轨选择的选项参考图如图 7-89 所示。

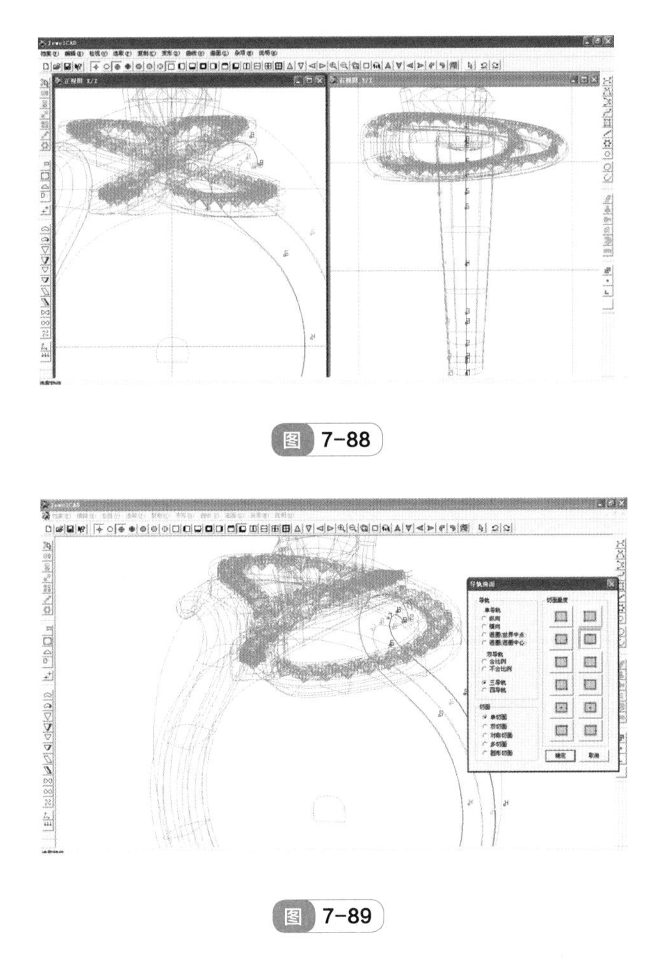

图 7-88

图 7-89

⑮ 导轨成形后，观察外形，如果有需要，可以通过调整控制点来调整整个外形，最终

达到如图 7-90 所示的效果。

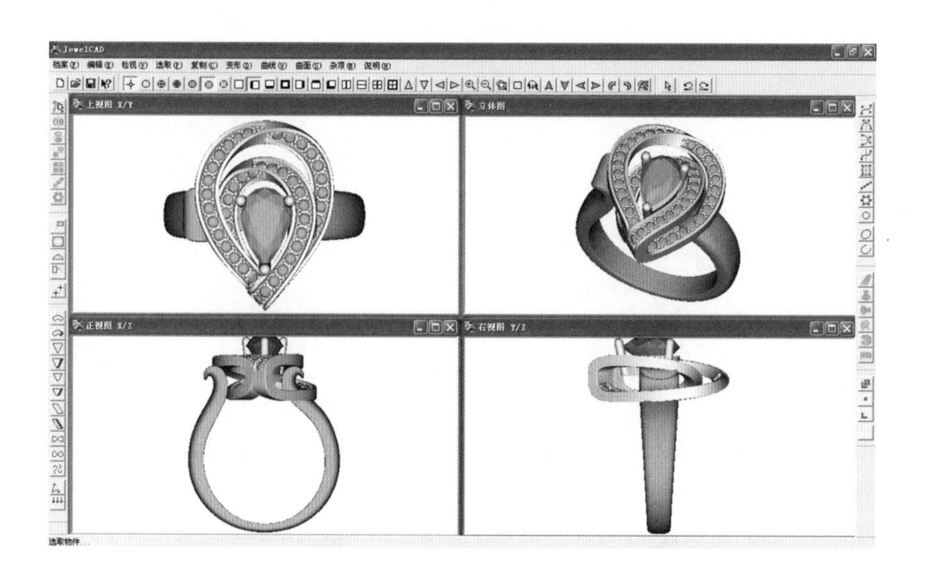

图 7-90

7.7　微镶戒指的制作

戒指立体图

① 首先绘制戒圈主体部分。在正视图中，使用【圆形】分别绘制两个直径 17mm 和 22mm 的曲线与一个弧面切面。然后，再分别绘制 3 个圆形辅助曲线，直径分别为 1.5mm（底部厚度）、2.5mm（中部宽度）、3.5mm（顶部厚度），根据图中的位置放好。根据圆形辅助线，调整 22mm 圆形曲线的位置与外形。如图 7-91 所示。

② 用【导轨曲面】中的“双导轨”、“不合比例”，分别选择直径 17mm 和 22mm 的圆形曲线作为导轨，弧面作为切面，导轨成一个实体曲面，如图 7-92 所示。

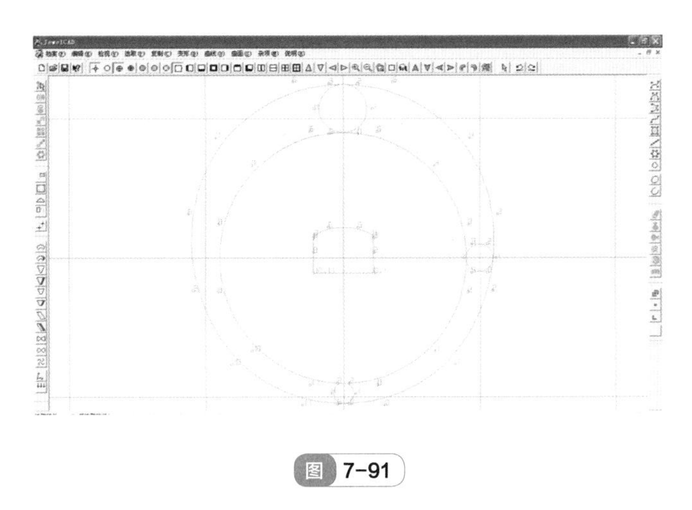

图 7-91

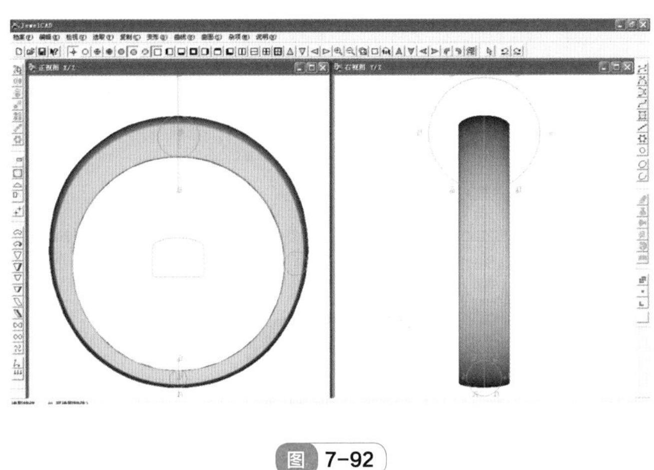

图 7-92

③ 在右视图中，使用【圆形】分别绘制两个圆形辅助曲线，直径为 9.5mm（放在上方）和 3mm（放在下方）。通过【缩放】和【梯形化】命令调整戒指的形状，如图 7-93 所示。

④ 在右视图中，戒指的上半部区域沿着戒指左右两边的轮廓绘制一条辅助曲线，然后用【偏移曲线】偏移一条距离为 0.6mm 的曲线，再选择【左右复制】，如图 7-94 所示。

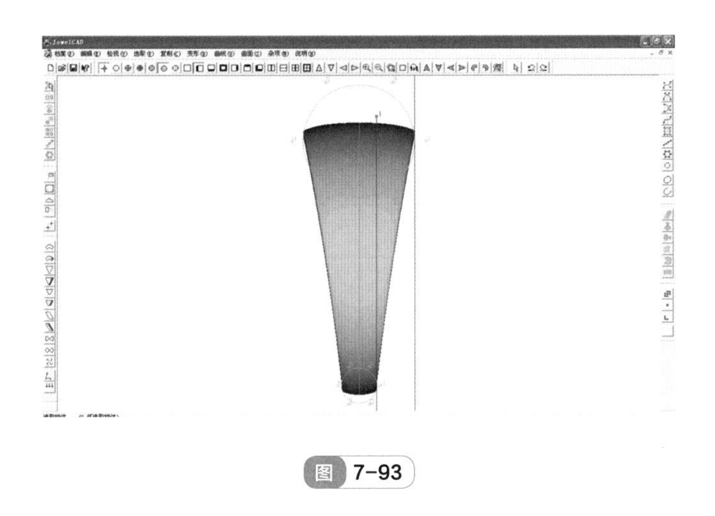

图 7-93

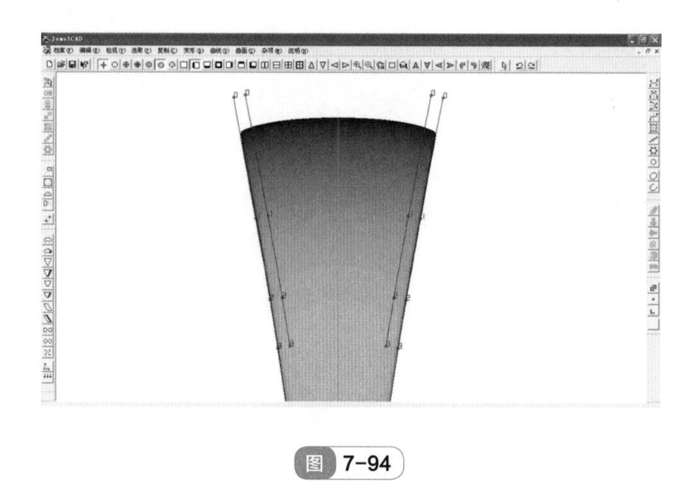

图 7-94

⑤ 在右视图中，根据两条偏移出来的曲线的位置，使用【左右对称曲线】绘制图 7-95 中的横切面对称曲线（封口曲线）。

⑥ 在正视图中选中戒指，执行【曲面】菜单中的【偏移曲面】、【向内偏移】命令，偏移一个整体比原来小 0.5mm 实体曲面出来，如图 7-96 所示 .

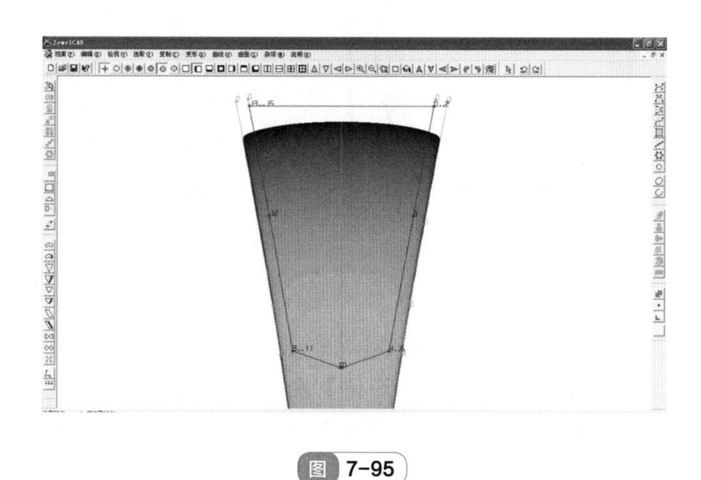

图 7-95

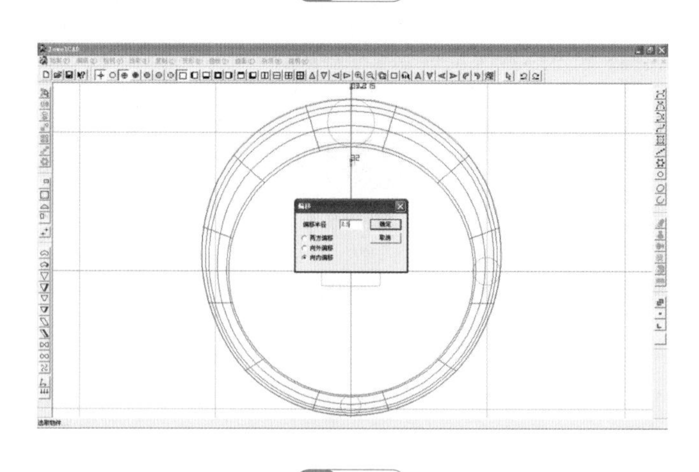

图 7-96

⑦ 为了方便观察，将第 ⑥ 步偏移出来的戒指转换为绿色的材质，如图 7-97 所示。并将其曲线的颜色改为绿色，如图 7-98 所示。

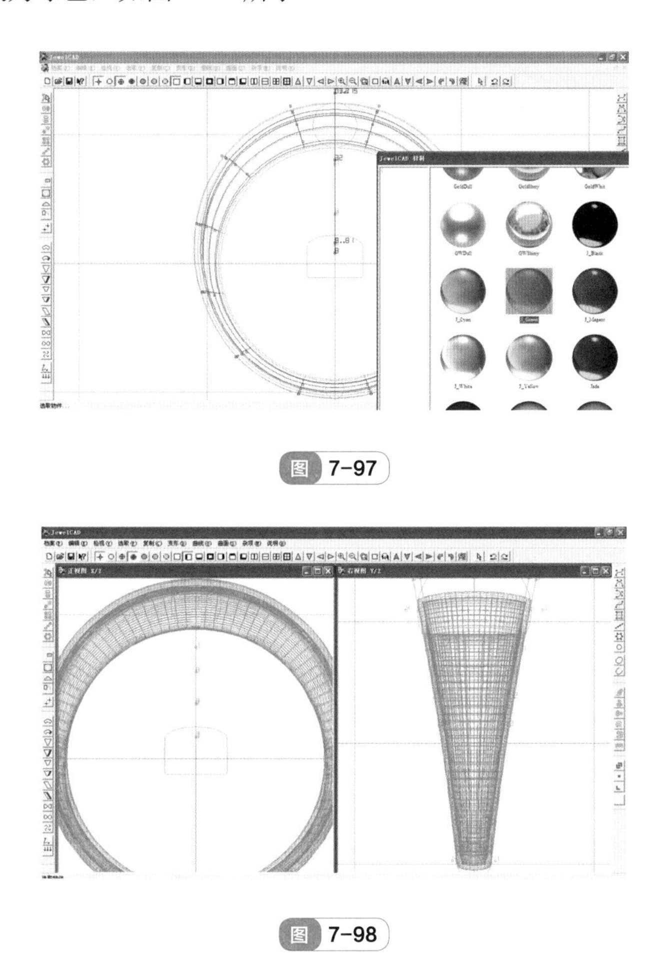

图 7-97

图 7-98

⑧ 在正视图中，对第 ⑤ 步绘制出来的横切面曲线，执行【直线延伸曲面】命令，变成一个实体曲面，并把它覆盖戒指黄色部分，如图 7-99 所示。

⑨ 把上一步制作的实体曲面，执行【相减】命令，减去黄色戒指部分，如图 7-100 所示。

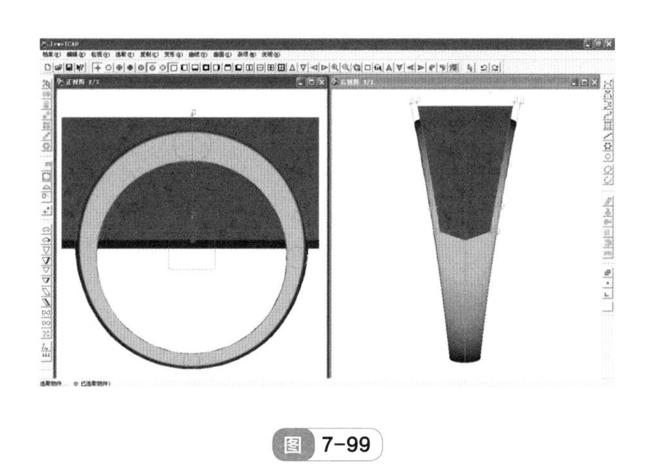

图 7-99

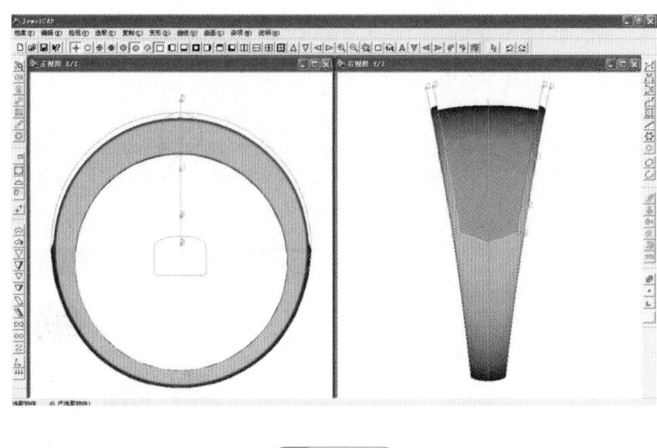

图 7-100

⑩ 在正视图黄色戒指部分，使用【圆形】在戒指顶部和中间各放一个 0.8mm 的辅助圆形曲线。在右视图中间侧边部位放一个 0.8mm 的辅助圆形曲线。如图 7-101 所示。

⑪ 选中绿色曲线的戒指，先使用【复制】原位复制一个戒指，然后更改曲线颜色为红色，接着把红色曲线的戒指根据图中的辅助圆形曲线，先后用【缩放】命令和调点工具调整位置、尺寸和形状，如图 7-102 所示。

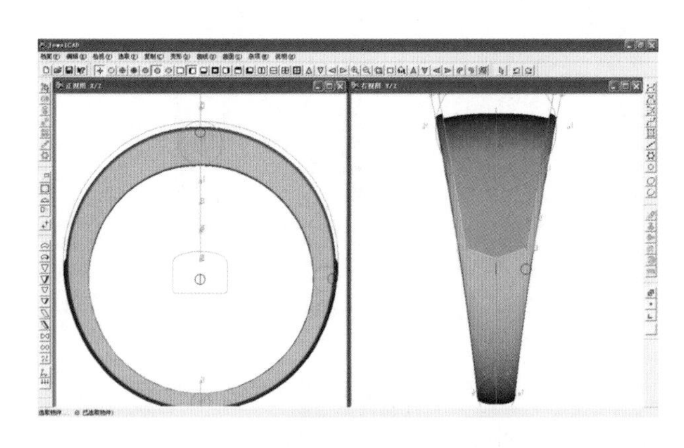

图 7-101

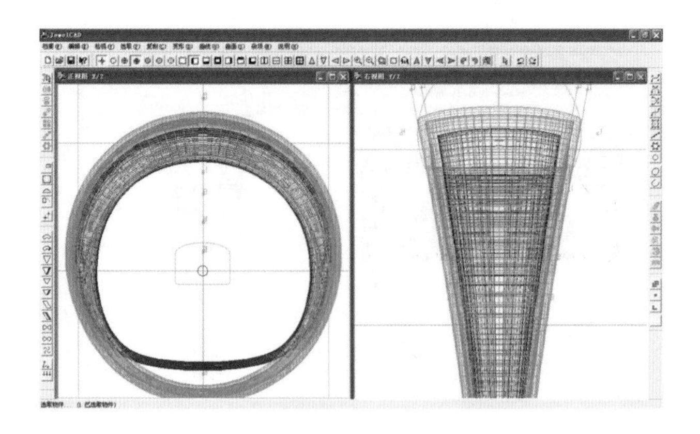

图 7-102

⑫ 对红色曲线的戒指执行【相减】，减去黄色与绿色戒指的联合体，观察相减后的效果，如图 7-103 所示。

⑬ 在上视图中，选择插入【辅助线】，分别与横轴和纵轴线重叠，如图 7-104 所示。

⑭ 接下来进行镶石部分。在上视图【杂项】菜单中取出一个直径 1mm 的圆形宝石，并在正视图中绘制打石孔用的实体曲面，如图 7-105 所示。

⑮ 在上视图中，使用【圆形】绘制一个直径 1.4mm 的圆形辅助线（用于测量石头距离，方便镶石），如图 7-106 所示。

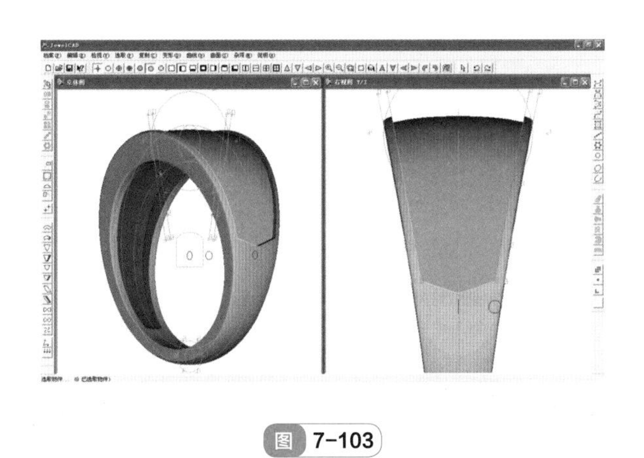

图 7-103

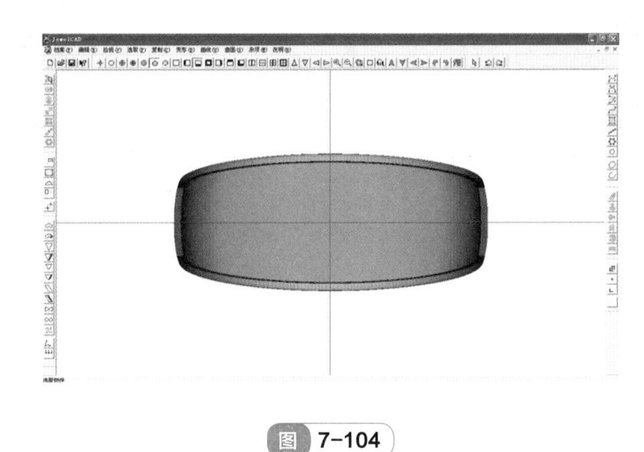

图 7-104

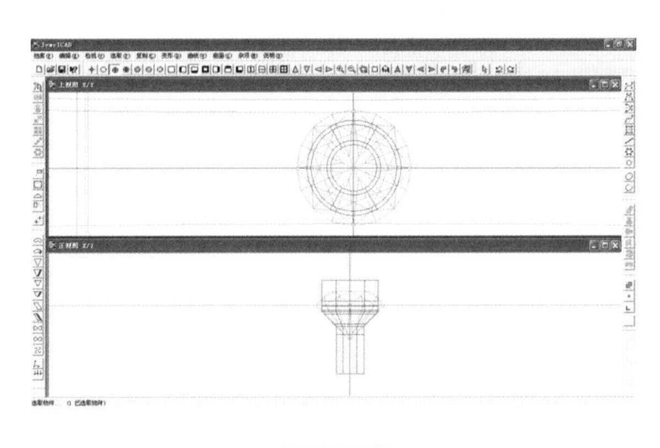

图 7-105

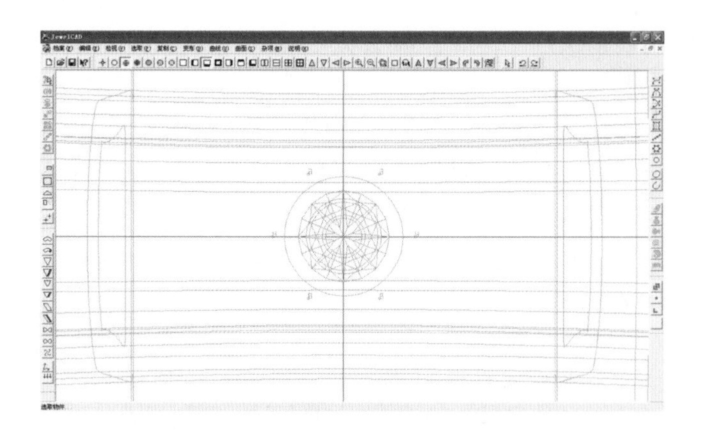

图 7-106

⑯ 用【剪贴】命令在彩色图中进行镶石，如图 7-107 所示。

⑰ 石头排好四分之一的戒指表面，进行错位排列，如图 7-108 所示。

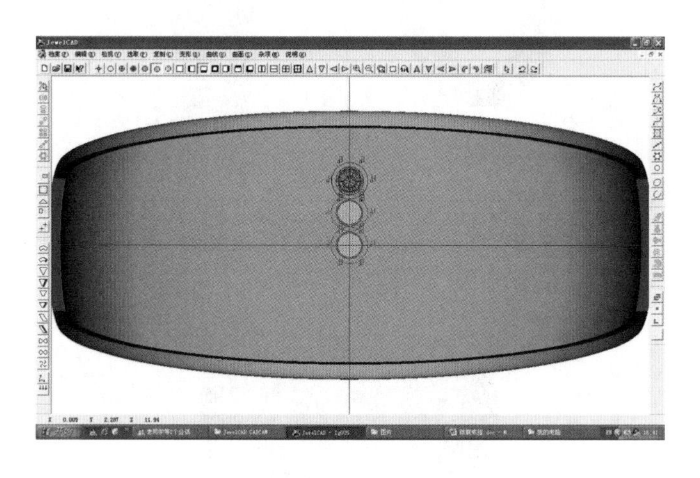

图 7-107

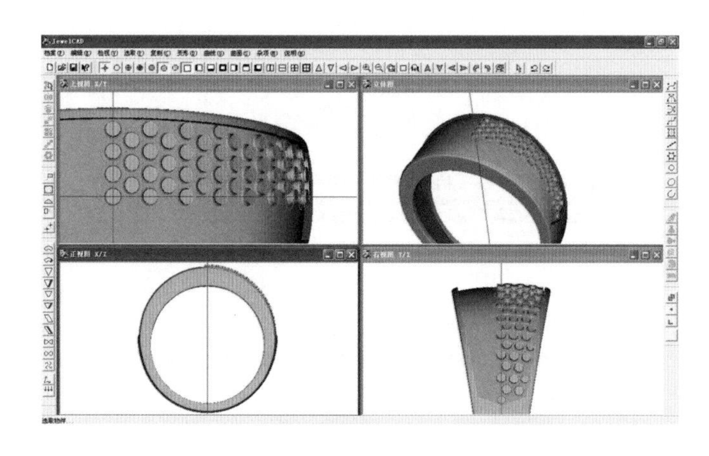

图 7-108

⑱ 制作微镶用的方钉。钉的尺寸为 0.35mm（宽）×0.65mm（长）×0.6mm（高）。在正

视图中，钉比水平轴线低 0.1mm。红色三角形实体曲面，接触钉的部分为 0.1 ～ 0.2mm，并对方钉执行【相减】命令，如图 7-109 所示。

⑲ 对方钉使用【剪贴】命令贴到石头与石头中间空隙的位置，如图 7-110 所示。

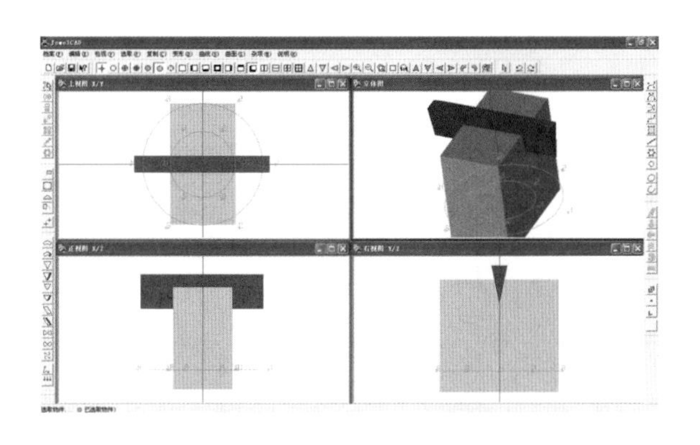

图 7-109

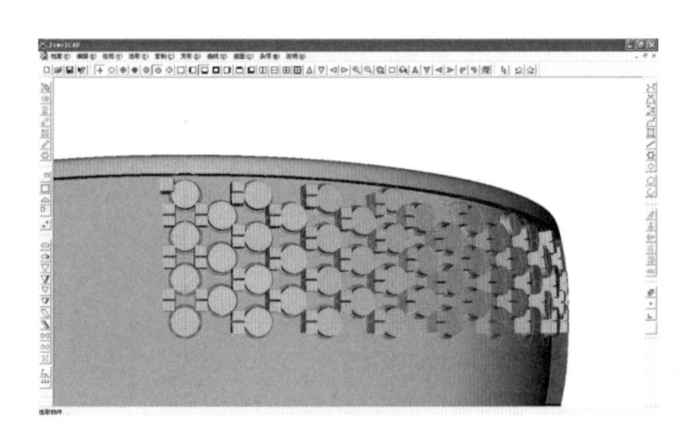

图 7-110

⑳ 继续制作微镶用的稍小尺寸方钉。钉的尺寸为 0.45mm（宽）×0.45mm（长）×0.6mm（高）。在正视图中，钉比水平轴线低 0.1mm。如图 7-111 所示。

㉑ 对小方钉使用【剪贴】命令，贴到大钉不能放下的空隙位置。

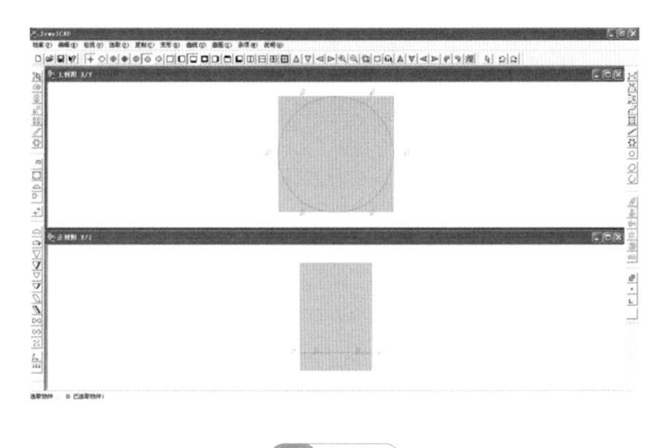

图 7-111

㉒ 根据方向和位置，将已经完成的石头和方钉，进行【上下左右复制】，中轴线上部分的石头和方钉则需要【上下复制】和【左右复制】。效果如图 7-112 所示。

㉓ 观察效果，更换材质，完成微镶戒指的制作，如图 7-113 所示。

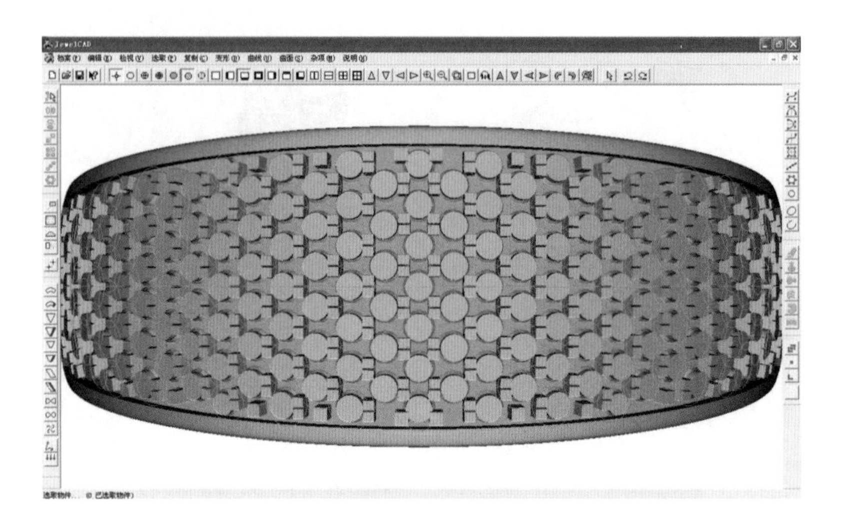

图 7-112

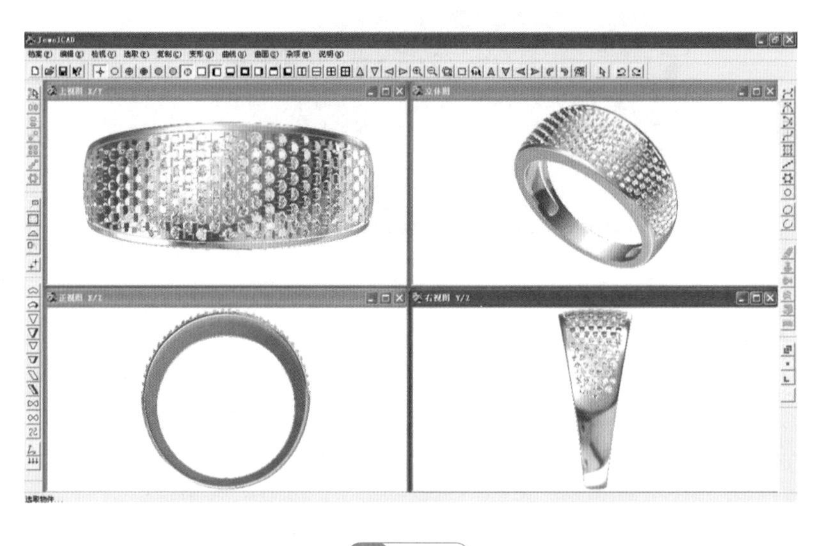

图 7-113

练习题

① 绘制出如图 7-114 中的图形，将该图形的“正右上立体图”以“.jpg”的格式储存，同时储存该图形的“jcd”文档。

参数：椭圆钻石尺寸为 4mm×5mm，戒指内直径 17mm，外直径 21mm，下壁厚度 1.7mm。

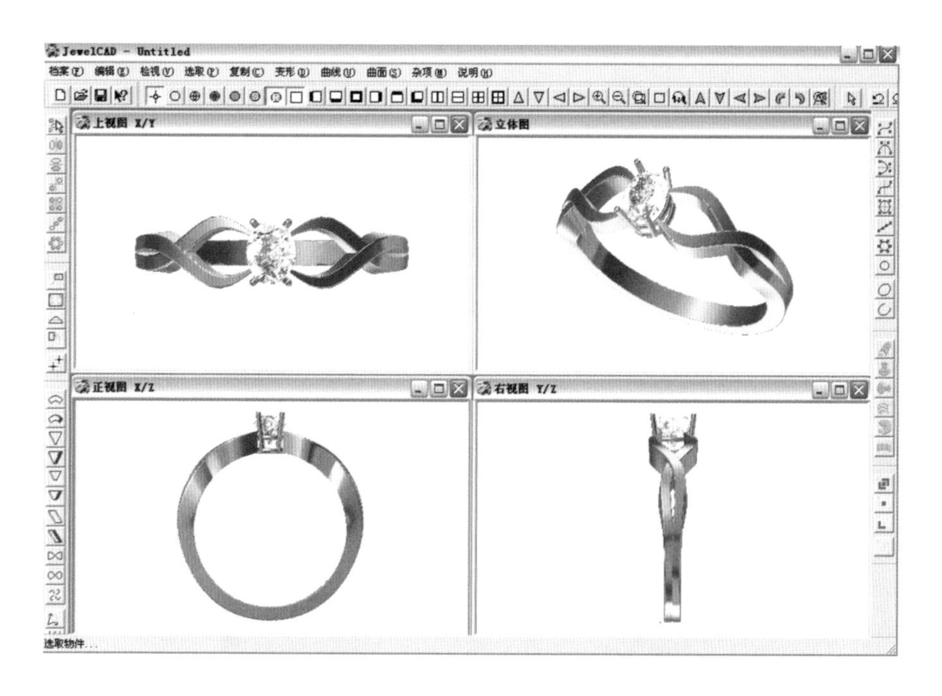

图 7-114　正右上立体图

② 绘制出如图 7-115 中的错臂戒指，将该图形的“正右上立体图”以“. jpg”的格式储存，同时储存该图形的“jcd”文档。

参数：戒指内直径 17mm，下壁厚度 1.2mm，下壁宽度 2.6mm。

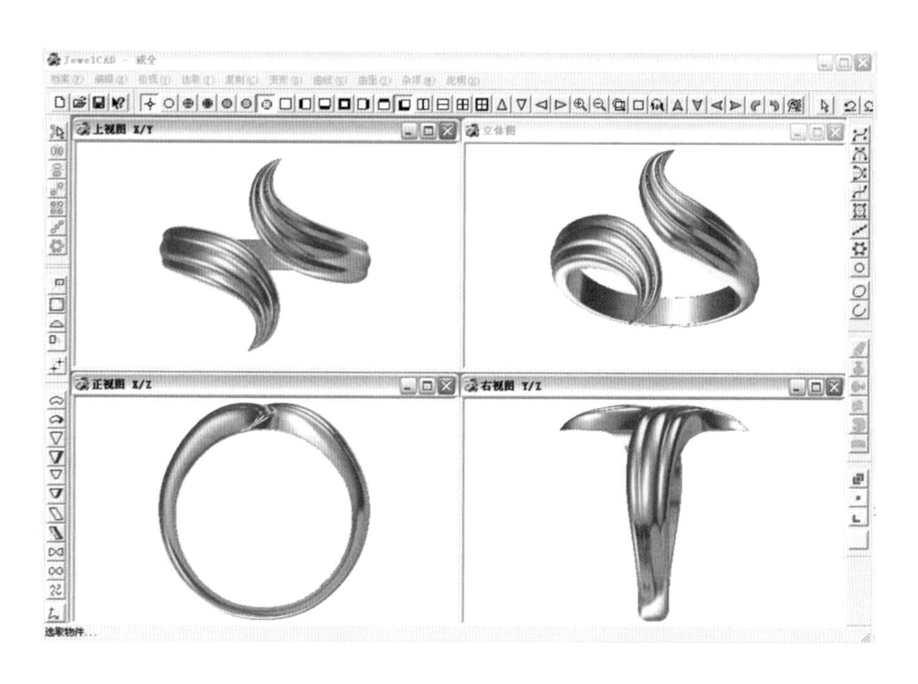

图 7-115　正右上立体图

③ 绘制出如图 7-116 中的包镶戒指，将该图形的“正右上立体图”以“. jpg”的格式储存，

同时储存该图形的“jcd”文档。

参数：戒指内直径 17mm，上壁总高度 4.8mm，下壁厚度 1.4mm，侧壁厚度 2mm。主石数量 1，直径 5.2mm；副石数量为 8，直径 2mm。

图 7-116 正右上立体图

第 8 章 项饰的制作

8.1 小熊吊坠的制作

① 在正视图中用曲线绘制小熊的躯体部分，绘制后选择【隐藏 CV】,作为导轨绘制的参考线（图 8-1）。

② 在正右视图中绘制头部，根据参考线使用【任意曲线】绘制四条曲线作为导轨，确定头部的宽度和厚度。选择【导轨曲面】命令，选择“四导轨”、“圆形切面”、切面量度为▭，单击“确定”后，按照图 8-2 所示依次选择“左边导轨”、“右边导轨”、“上边导轨”和“下边导轨”。效果如图 8-3 所示。

小熊吊坠立体图

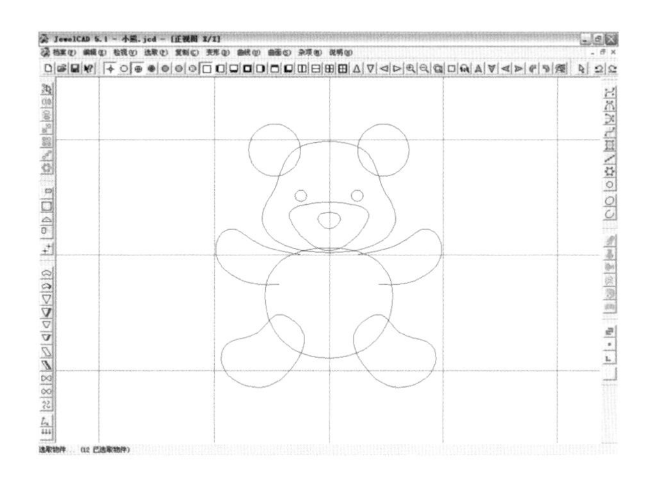

图 8-1

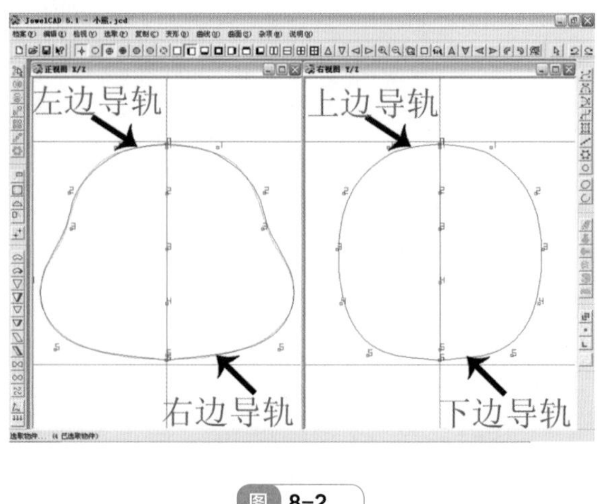

图 8-2

③ 将头部选择【隐藏】,绘制鼻子部分。根据参考线绘制三条曲线作为导轨,并使用【左右对称线】绘制曲线作为切面（图 8-4）。

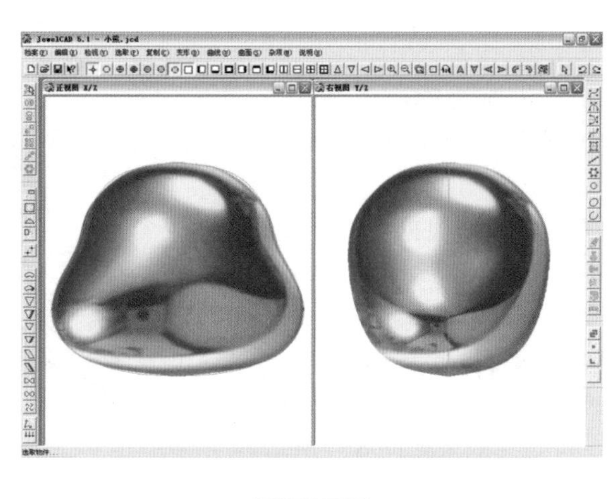

图 8-3

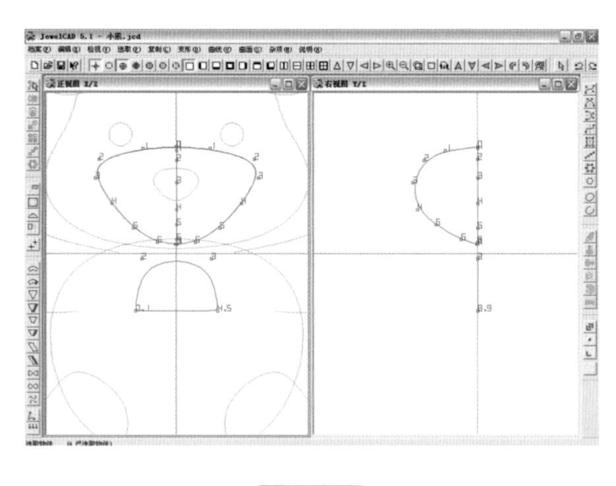

图 8-4

④ 选择【导轨曲面】，选择“三导轨”、“单切面”、切面量度为，单击“确定”后，依次选择“左边导轨”、“右边导轨”和“上边导轨”和切面，生成如图 8-5 所示的效果。

⑤ 将鼻子部分选择【隐藏】，绘制鼻尖和眼睛部分。首先绘制半圆弧作为切面，分别执行【导轨曲面】命令，选择“单导轨”、“迴圈（迴圈中心）”、“单切面”，切面量度为，依次选择导轨和切面，生成如图 8-6 所示的效果。

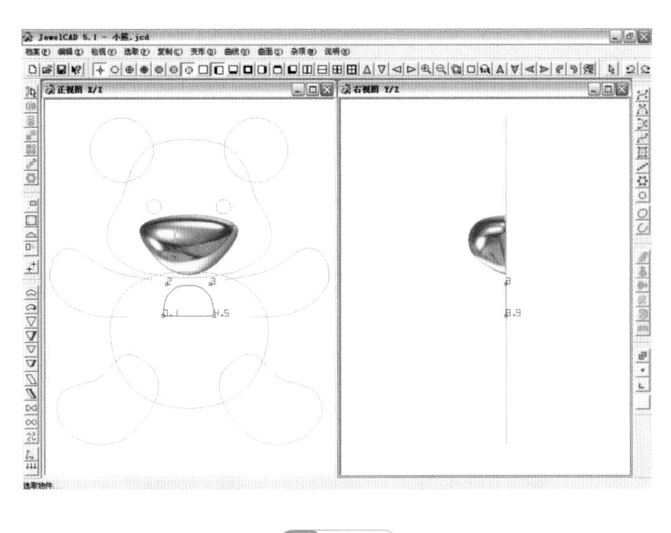

图 8-5

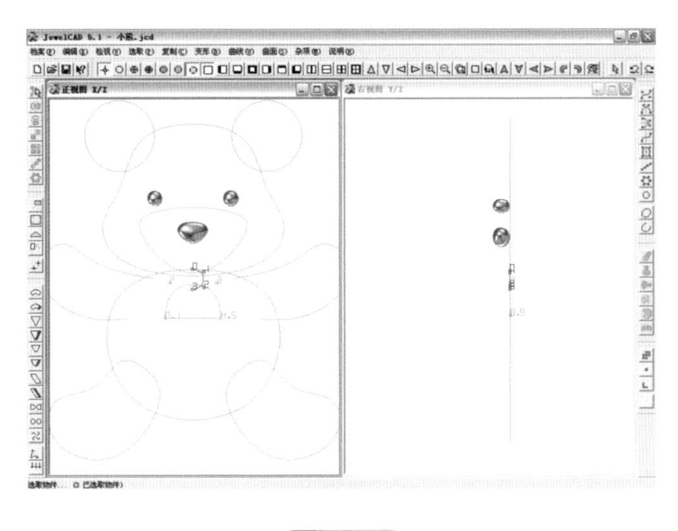

图 8-6

⑥ 执行【不隐藏】命令，在右视图中选中鼻子部分（图 8-7）。

⑦ 将选中的鼻子执行【投影】命令，选择“向左”、“加在曲线 / 面上”、“保持曲面切面不变”，将鼻子投影到头部表面。使用【投影】将鼻尖部分投影到鼻子上，将眼睛投影到头部表面（图 8-8）。

⑧ 绘制耳朵部分。在正视图中绘制切面曲线，并执行【导轨曲面】命令，选择“单导轨”、“迴圈（迴圈中心）”、“单切面”，切面量度为，按照图 8-9 的提示，依次选择导轨和切面。

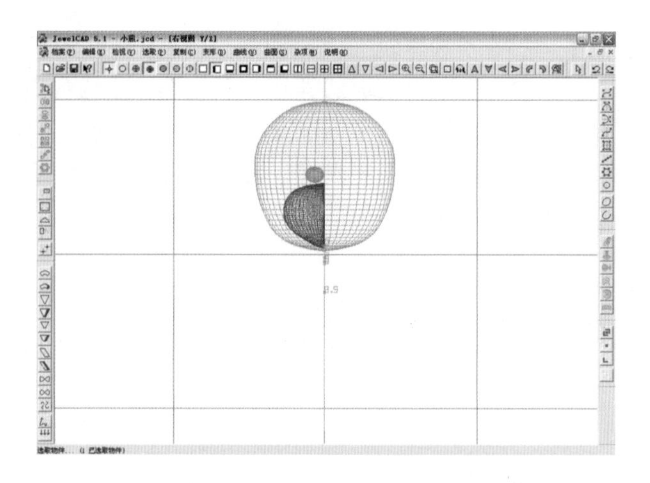

图 8-7

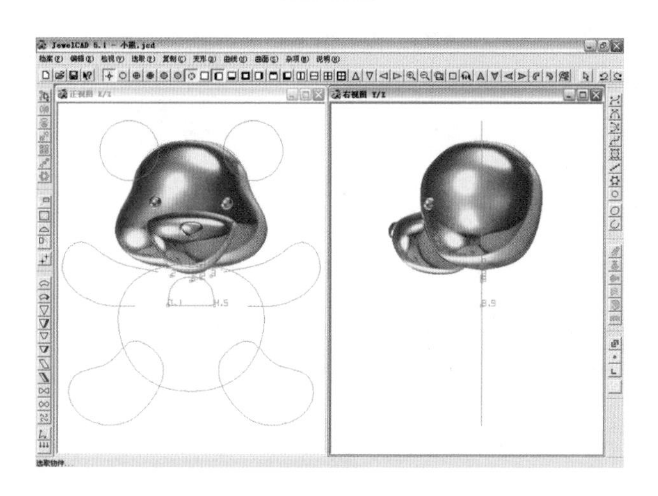

图 8-8

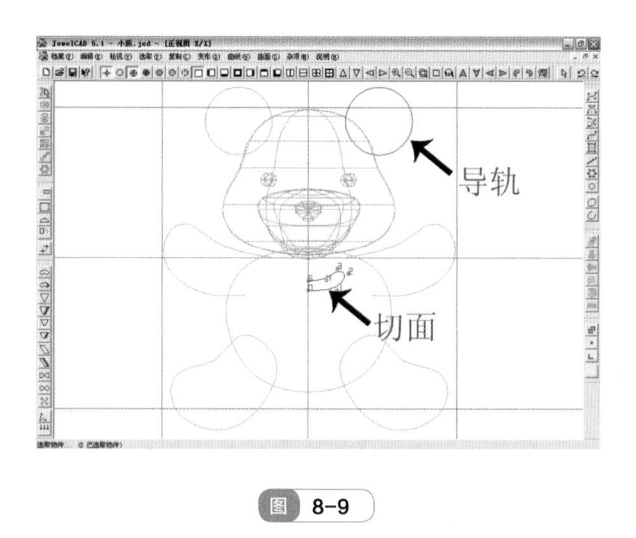

图 8-9

⑨ 生成曲面后，对耳朵执行【左右复制】（图 8-10）。

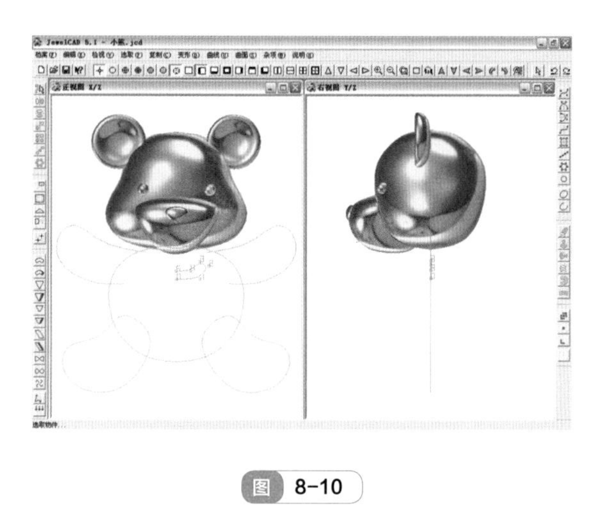

图 8-10

⑩ 在正右视图中绘制躯体部分，根据参考线使用【任意曲线】绘制四条曲线作为导轨，选择【导轨曲面】命令，选择“四导轨”、“圆形切面”、切面量度为，单击“确定”后，依次选择“左边导轨”、“右边导轨”、“上边导轨”和“下边导轨”（图 8-11），生成如图 8-12 所示的效果。

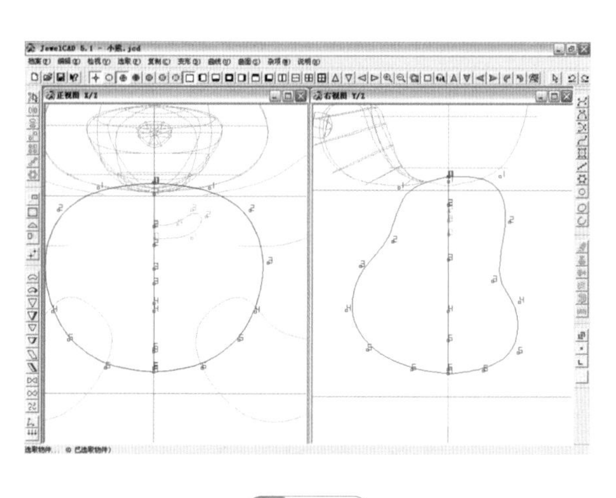

图 8-11

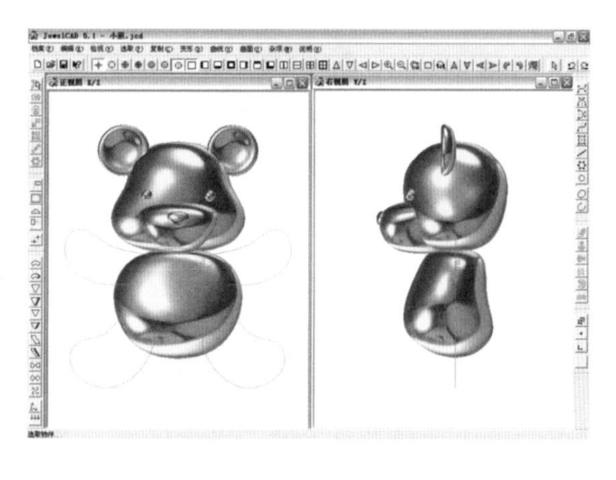

图 8-12

⑪ 绘制手部。根据参考线使用【任意曲线】绘制两条曲线，如图 8-13 所示。

⑫ 执行【导轨曲面】命令，选择“双导轨”、“合比例”、“圆形切面”，切面量度为 。生成曲面后，在上视图中对其执行【旋转】和【左右复制】（图 8-14）。

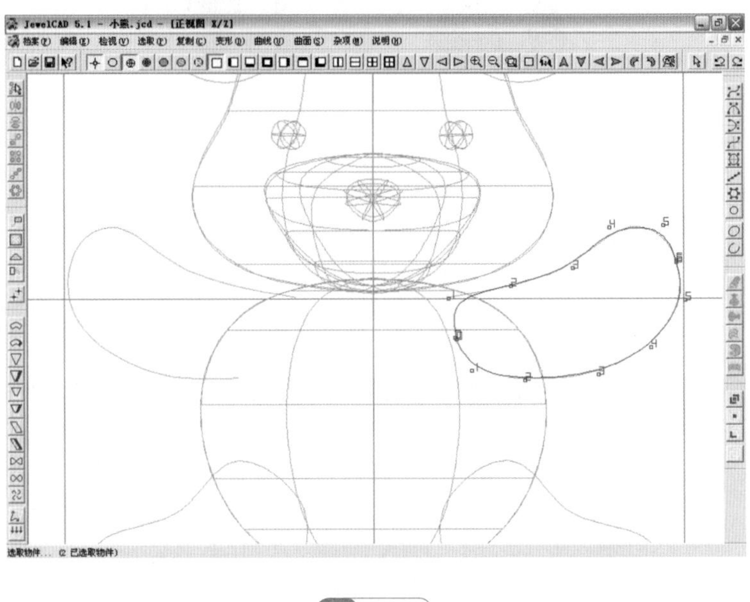

图 8-13

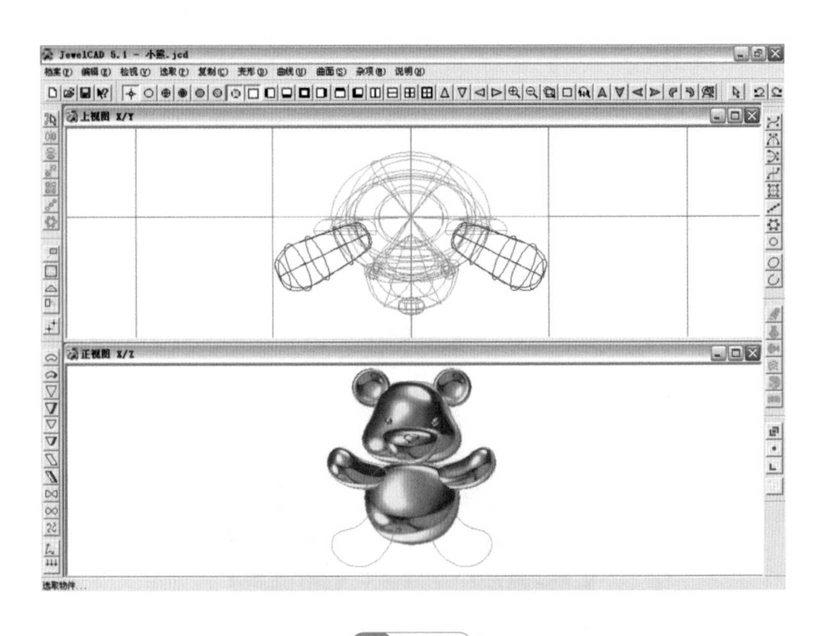

图 8-14

⑬ 绘制脚部。根据参考线使用【任意曲线】绘制两条曲线，如图 8-15 所示。

⑭ 执行【导轨曲面】命令，选择“双导轨”、“合比例”、“圆形切面”，切面量度为 。生成曲面后，对其执行【旋转】和【左右复制】（图 8-16）。

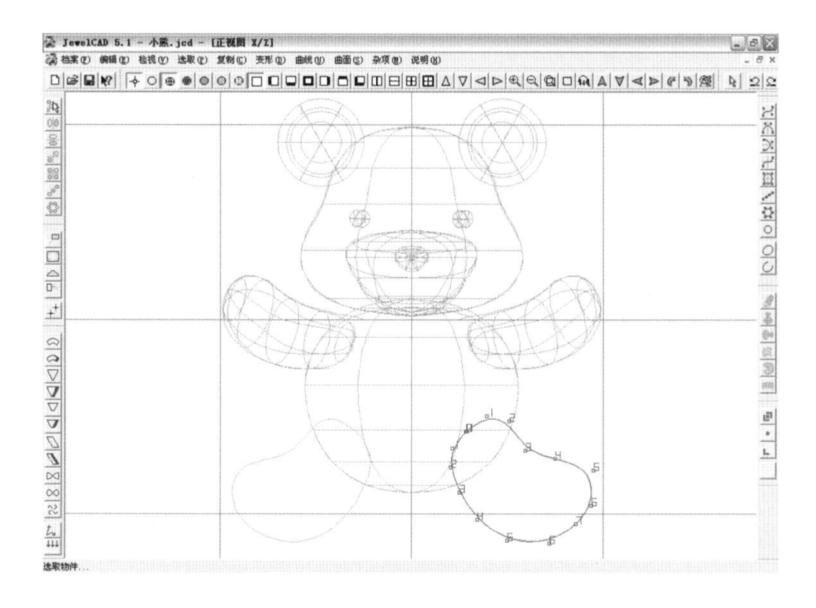

图 8-15

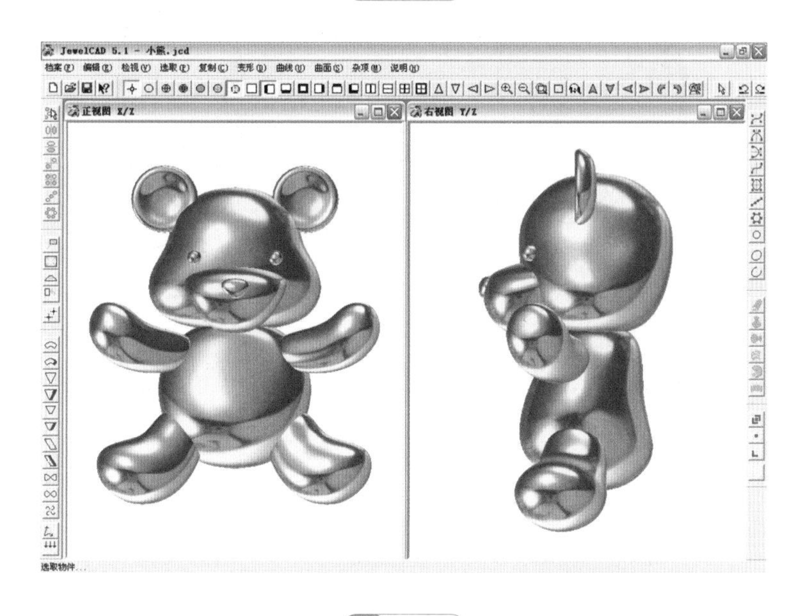

图 8-16

⑮ 在正视图中，通过【管状曲面】绘制嘴部，并在右视图中对其执行【投影】命令，将其投影到鼻子表面（图 8-17）。

⑯ 绘制蝴蝶结部分。使用【圆形曲线】和【上下对称线】绘制曲线作为导轨，注意要【封口曲线】，并绘制半圆弧线作为切面（图 8-18）。

⑰ 分别执行【导轨曲面】命令，选择“单导轨”、“迴圈（迴圈中心）”、“单切面”，切面量度为，将上一步骤中绘制的曲线制成实体，并将右边的结形执行【左右复制】命令，在右视图中使用【投影】将蝴蝶结投影到小熊前胸。

⑱ 最后，使用【圆形】分别在正视图和右视图中绘制圆形，执行【管状曲面】命令将其制成圆环，并调整至如图 8-19 的效果。

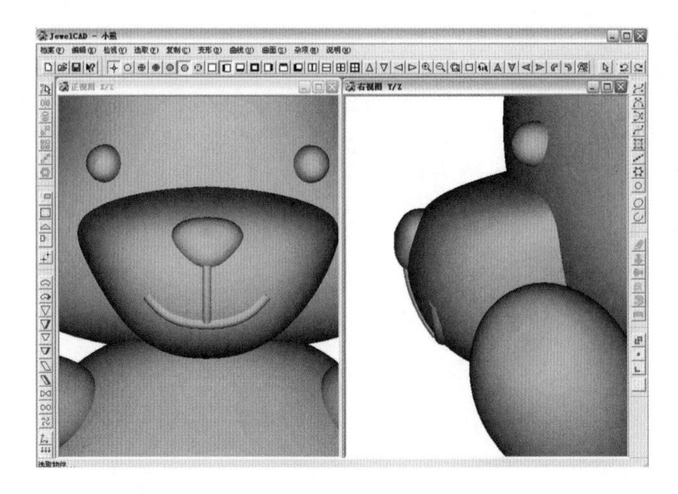

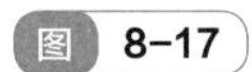
图 8-17

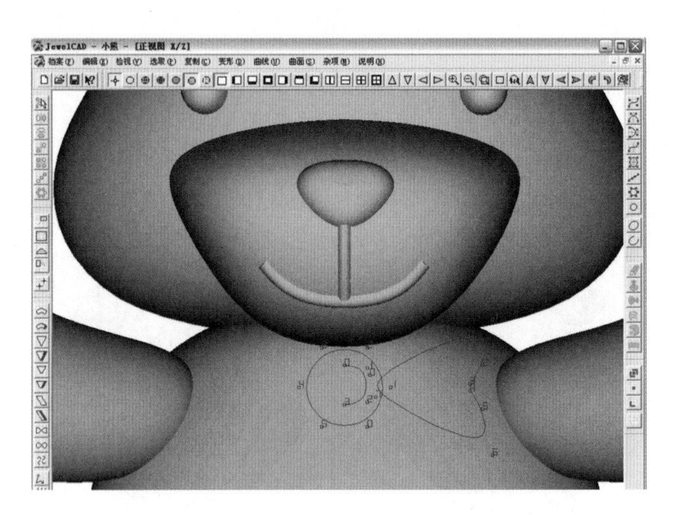

图 8-18

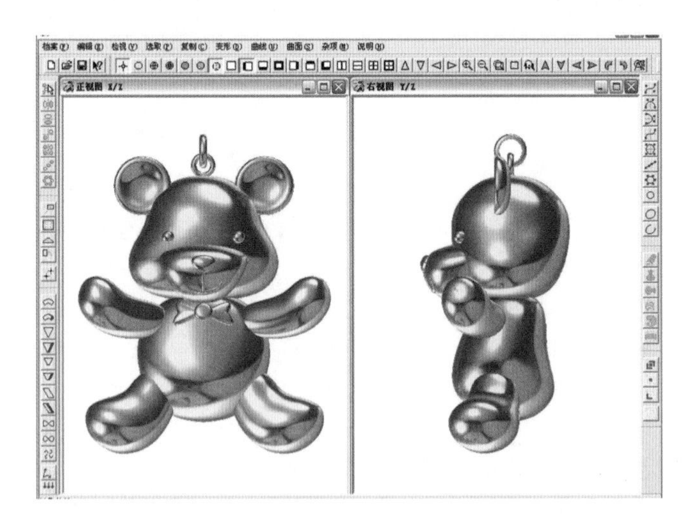

图 8-19

8.2 扭带吊坠的制作

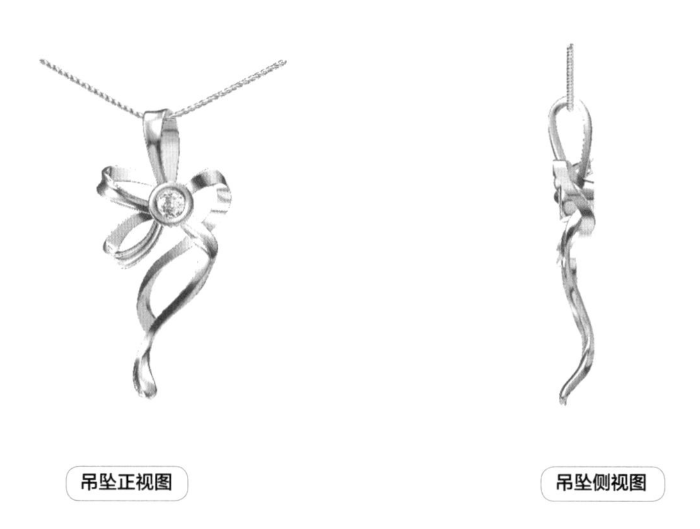

吊坠正视图　　吊坠侧视图

① 绘制主石和石碗。主石直径 4.5mm，制作包镶镶口。在正视图中分别绘制 X=6mm、X=-6mm、Z=8mm 和 Z=-16mm 四条辅助线，根据辅助线选取【任意曲线】绘制吊坠轮廓线条（图 8-20）。

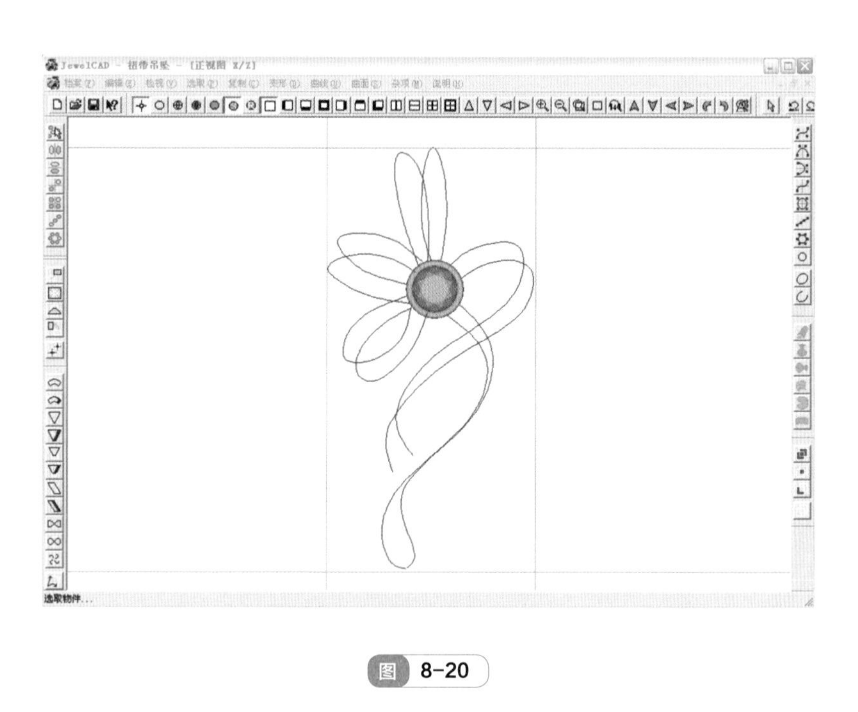

图 8-20

② 通过【展示 CV】命令，在正右视图中分别调整曲线造型。（图 8-21 ～图 8-23）。
注意：可将网格距离调整为“1”，以便精确制图。

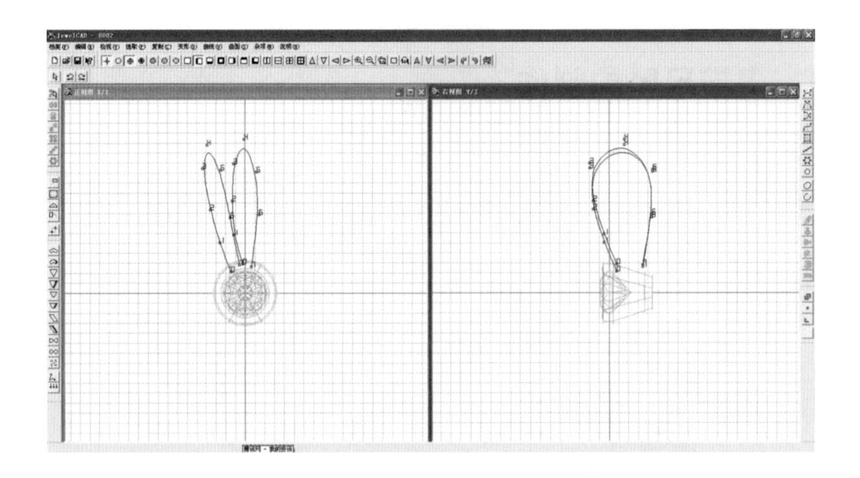

图 8-21

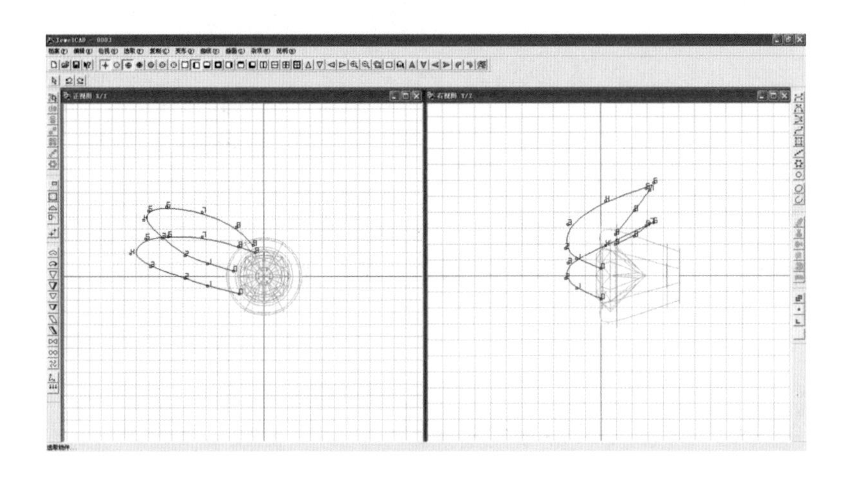

图 8-22

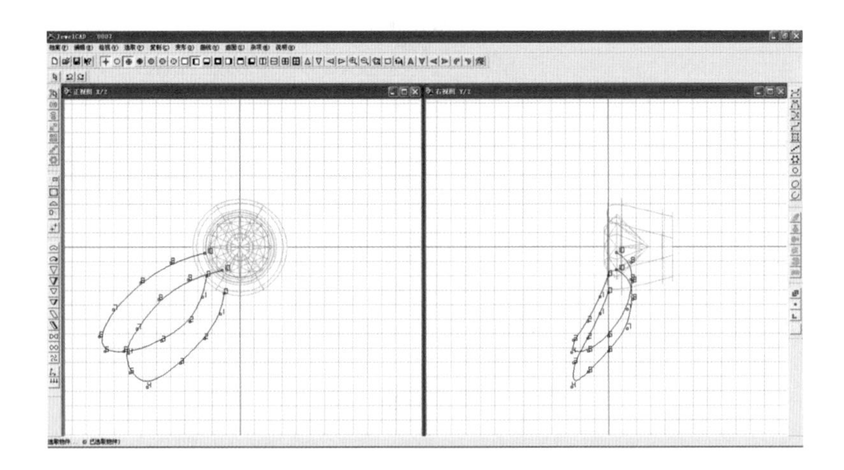

图 8-23

③ 选取【左右对称线】绘制如图 8-24 所示的三个切面。

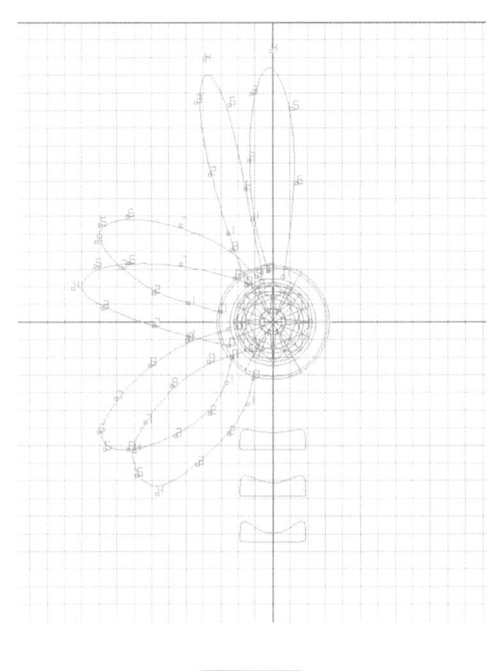

图 8-24

④ 执行【导轨曲面】命令，选择“双导轨”、“不合比例”、“单切面”，切面量度为▢，将曲线制成实体，并进行调整（图 8-25）。

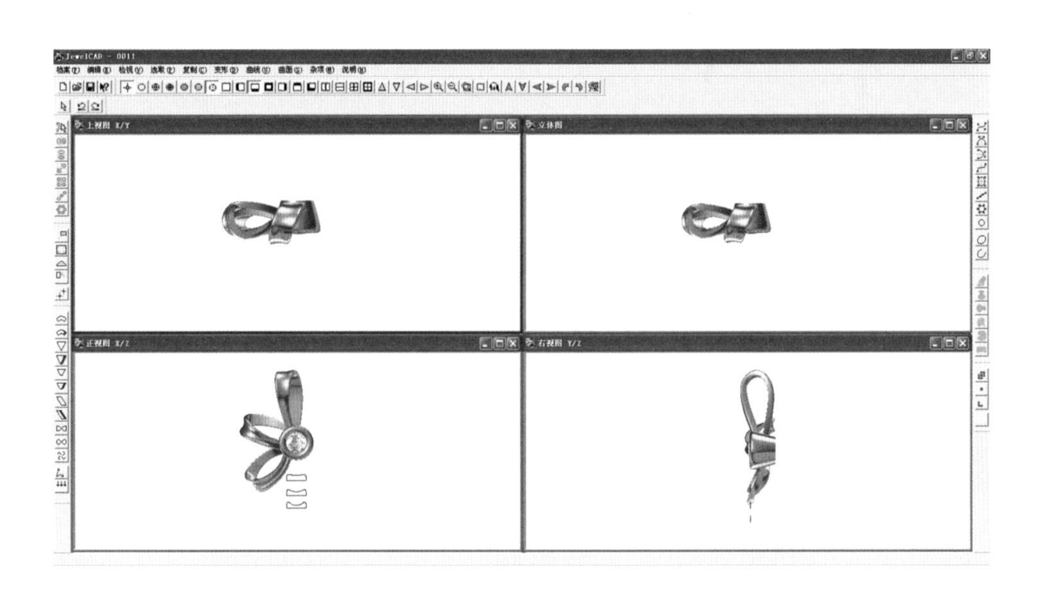

图 8-25

⑤ 绘制五条 CV 点数相同的曲线，并在四个视图中调整曲线造型，达到如图 8-26 所示的效果。

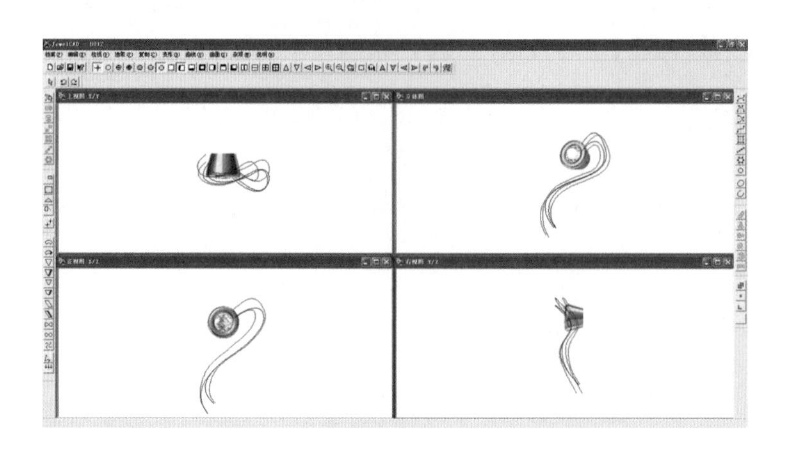

图 8-26

⑥ 将调整好的曲线执行【线面连接曲面】命令（图 8-27）。

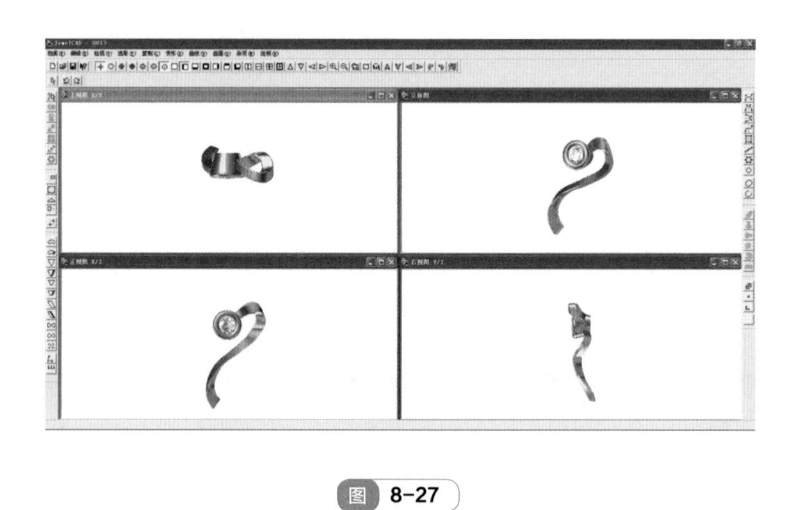

图 8-27

⑦ 调整曲线造型，达到如图 8-28 所示的效果。

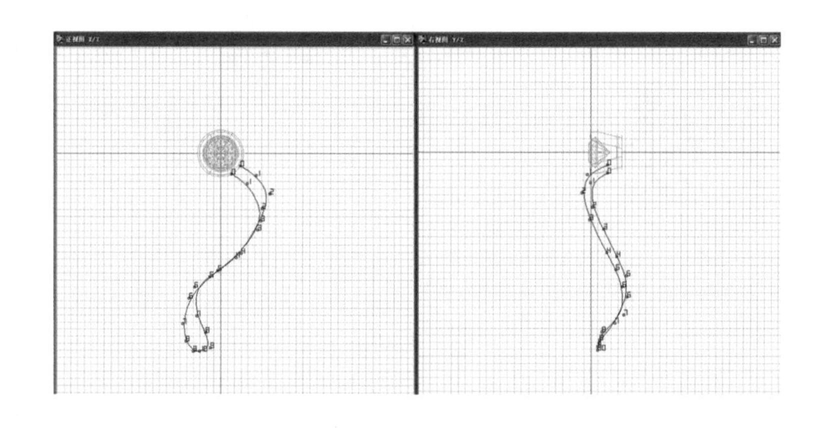

图 8-28

⑧ 选取【左右对称线】绘制切面，执行【导轨曲面】命令，选择“双导轨”、“不合比例”、“单切面”，切面量度为▢，将曲线制成实体，并进行调整（图 8-29）。

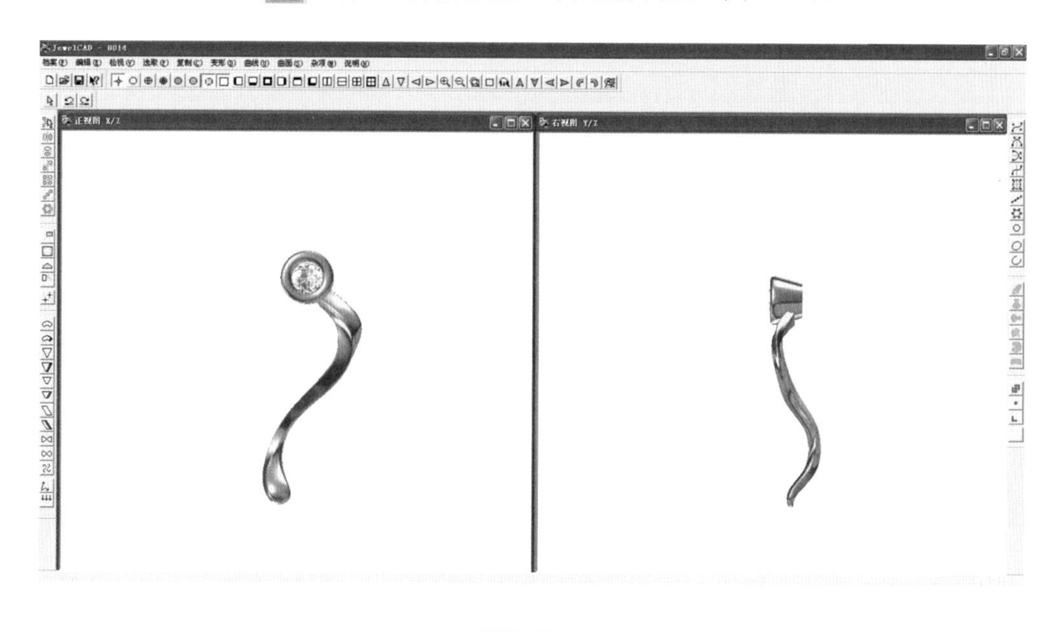

图 8-29

⑨ 执行【编辑】中的【材料】命令，将材质改为“白金”（图 8-30），完成吊坠的制作。

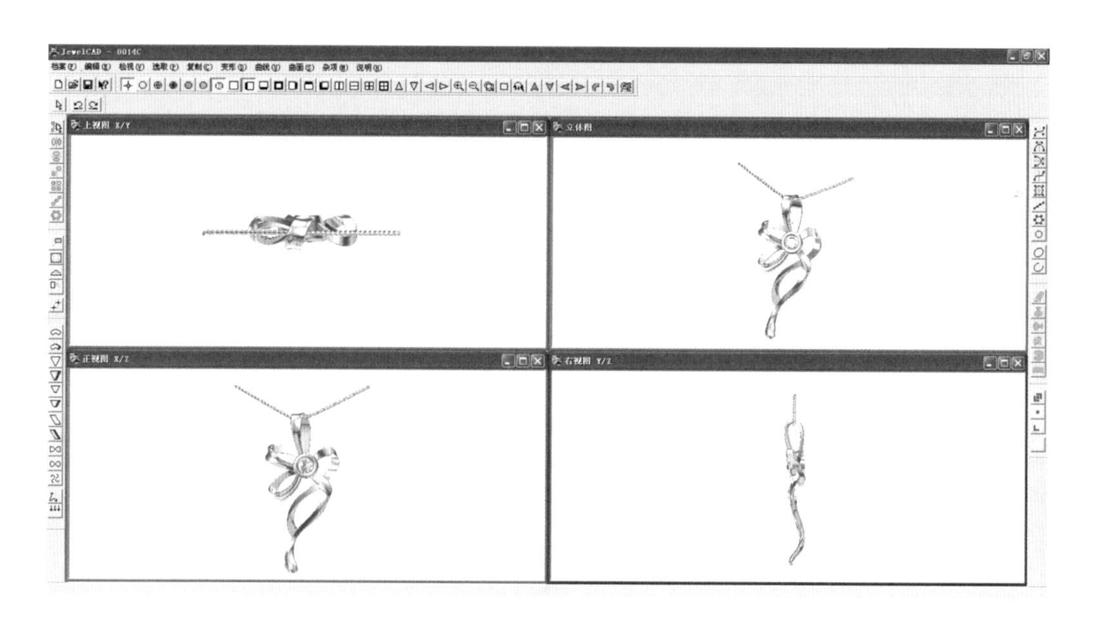

图 8-30

8.3 反带吊坠的制作

反带吊坠效果图

① 绘制宝石和镶口。在上视图中，绘制一个直径 5.4mm 的圆形宝石。在正视图中，根据宝石的位置绘制一个宽度约 1.2mm 的切面。然后执行【纵向环行对称曲面】命令做成一个宝石托，如图 8-31 所示。

② 在正视图中，绘制一个直径 1mm 的宝石爪半个横切面，然后执行【纵向环行对称曲面】命令做成一个宝石镶爪，如图 8-32 所示。

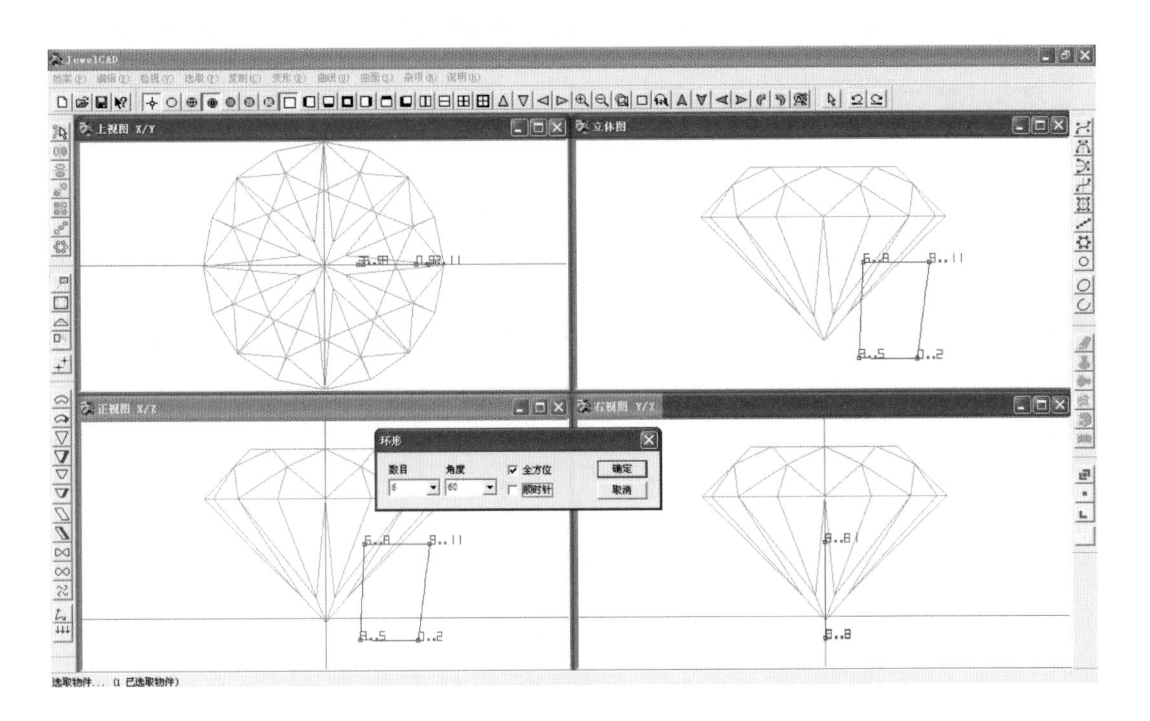

图 8-31

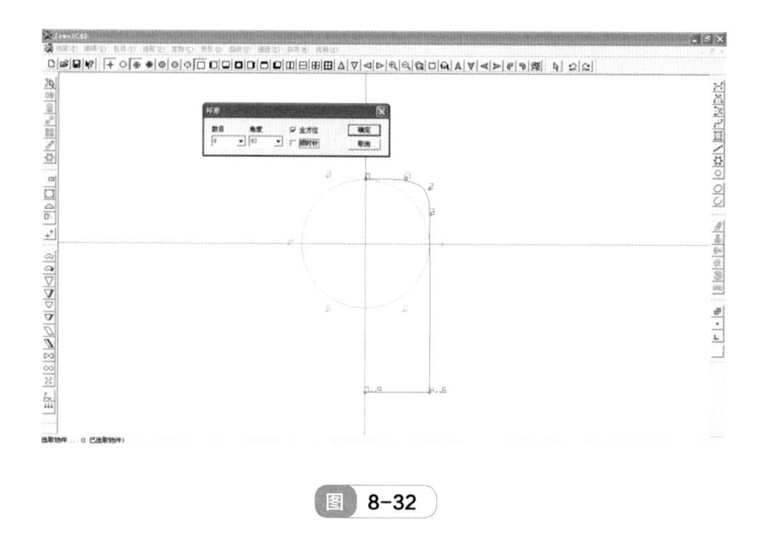

图 8-32

③ 把完成的宝石镶爪放到与宝石呈 45° 的位置，宝石镶进爪 0.1 ～ 0.15mm（即“吃石位”）的深度。再复制 3 个宝石爪。效果如图 8-33 所示。

④ 绘制吊坠主体部分。 在上视图中，根据图 8-34 所示，绘制 5 条外形曲线。

提示：先绘制上方三条曲线，然后把两边的曲线向下复制。

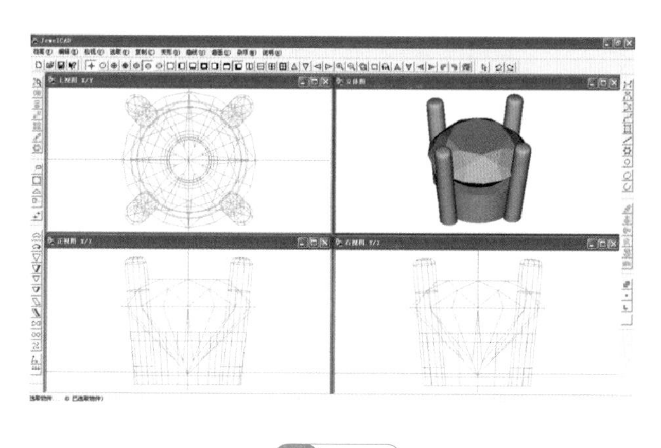

图 8-33

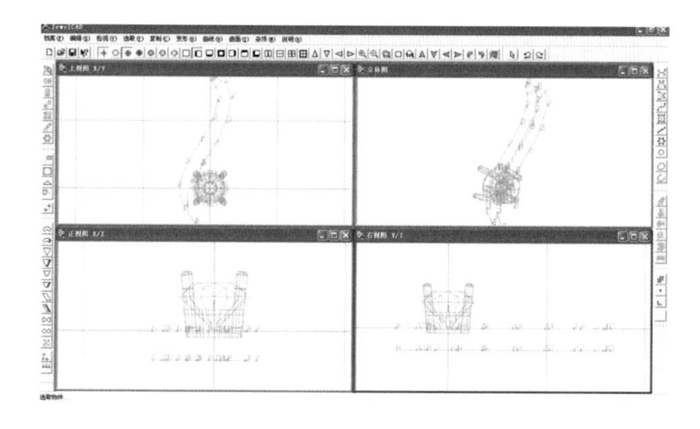

图 8-34

⑤ 在右视图中，绘制两条外形曲线，如图 8-35 所示（红色线）。

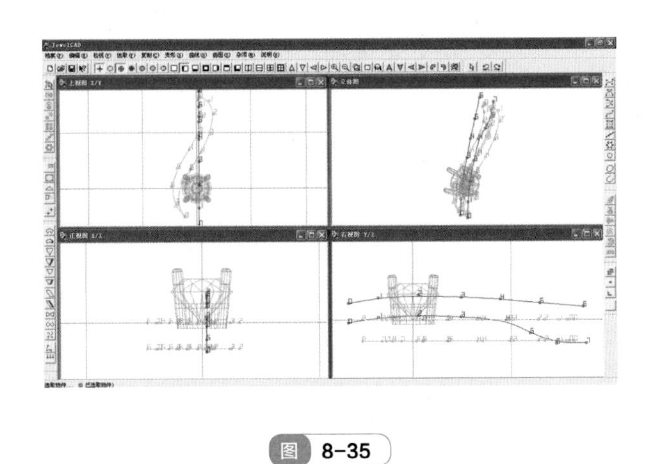

图 8-35

⑥ 在右视图中，把上、下方两组蓝色曲线分别投影到两条红色曲线上，如图 8-36 所示。

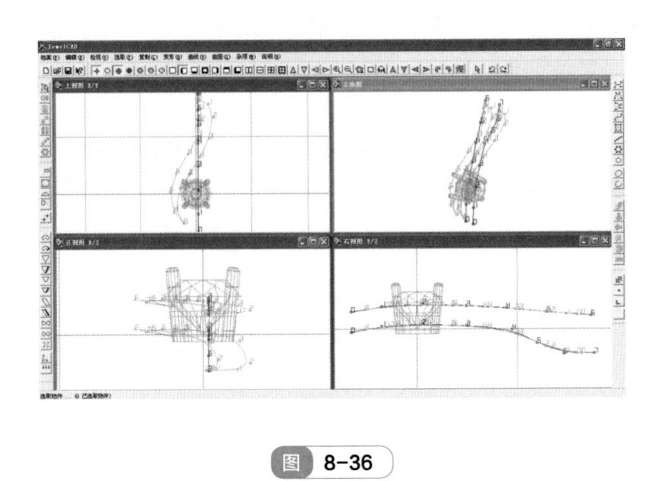

图 8-36

⑦ 在上视图中，选择中间位置的那条曲线，在右视图调整它的外形，达到如图 8-37 所示的效果。

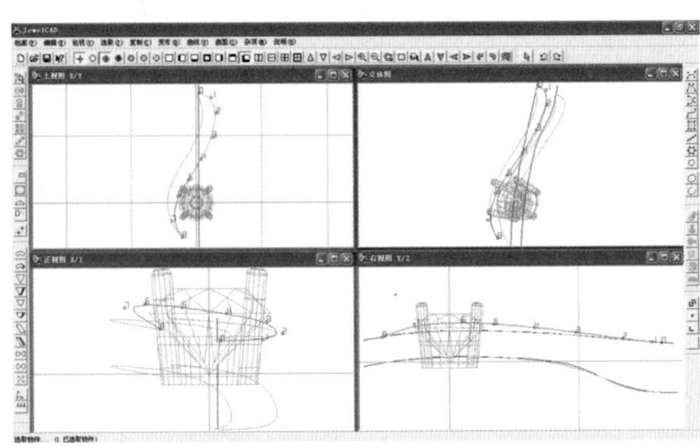

图 8-37

⑧ 在立体图中，通过【线面连接曲面】命令把图中 5 条曲线连接成一个实体曲面，如图 8-38 所示。

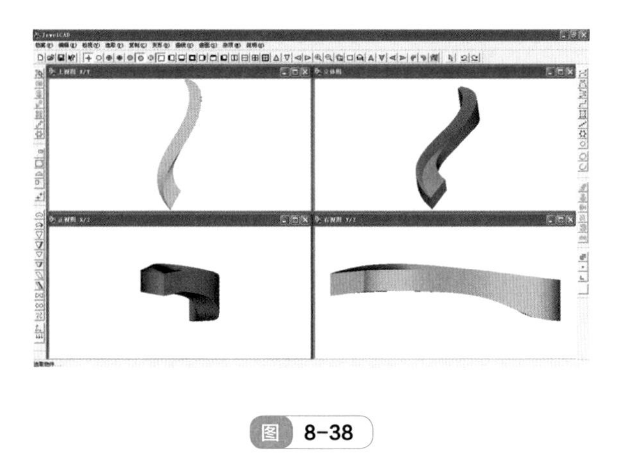

图 8-38

⑨ 在上视图中，根据图 8-39 所示，绘制 6 条外形曲线。（提示：先画上方四条曲线，然后把两边的曲线向下复制。）

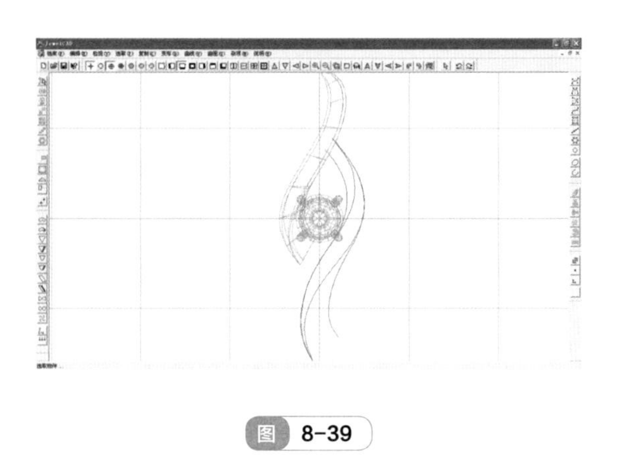

图 8-39

⑩ 在右视图中，绘制两条外形曲线，如图 8-40 所示（红色线）。

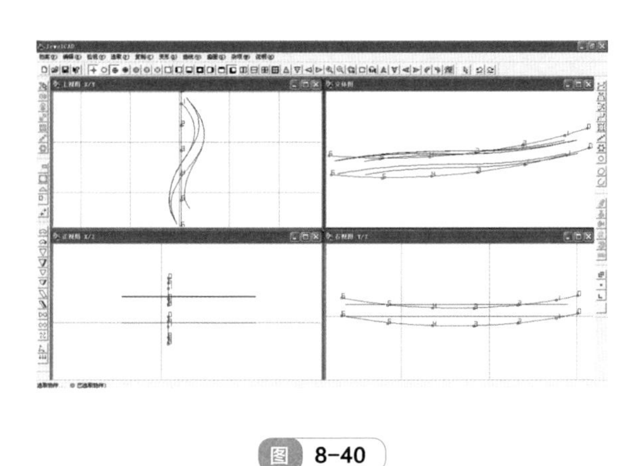

图 8-40

⑪ 在右视图中，把上下方两组蓝色曲线分别投影到两条红色曲线上，如图 8-41 所示。

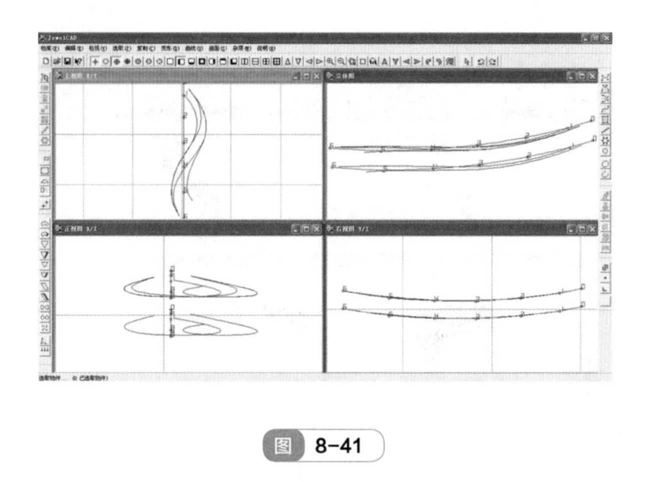

图 8-41

⑫ 在上视图中，选择中间位置的两条曲线，在右视图调整它的外形，如图 8-42 所示。

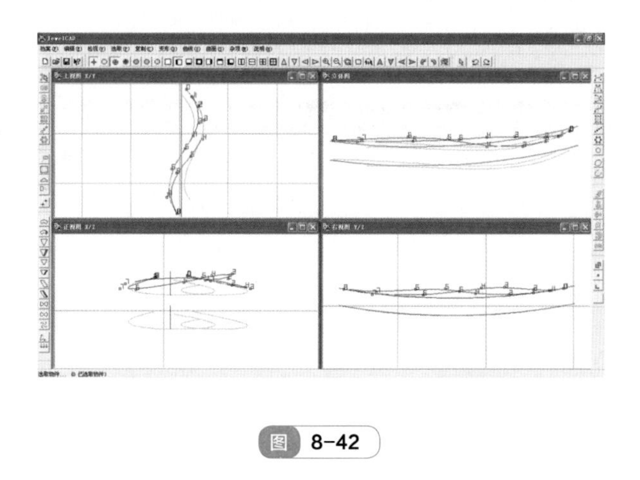

图 8-42

⑬ 在立体图中，通过【线面连接曲面】命令，把图中 6 条曲线连接成一个实体曲面，如图 8-43 所示。

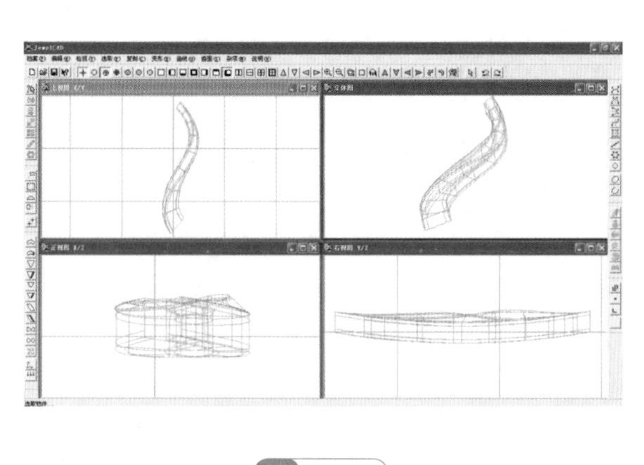

图 8-43

⑭ 初步完成吊坠主体的绘制，如图 8-44 所示。

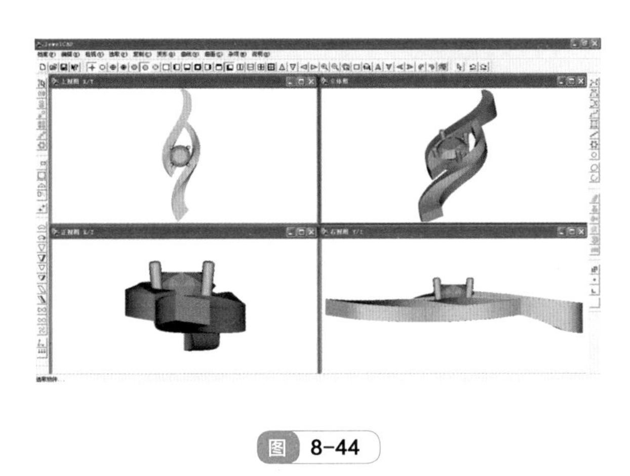

图 8-44

⑮ 在右视图中，绘制一个直径 1mm 的圆形曲线。用【变形】菜单中的【多重变形】命令调整“比例”，把直径 1mm 圆形曲线变成一个 3mm×2mm 的椭圆形曲线，如图 8-45 所示。

⑯ 在右视图中，把椭圆形曲线移动到图中吊坠顶部的位置。在上视图中，把椭圆形曲线通过【直线延伸曲面】变成一个实体曲面，并移动到如图 8-46 所示的位置。

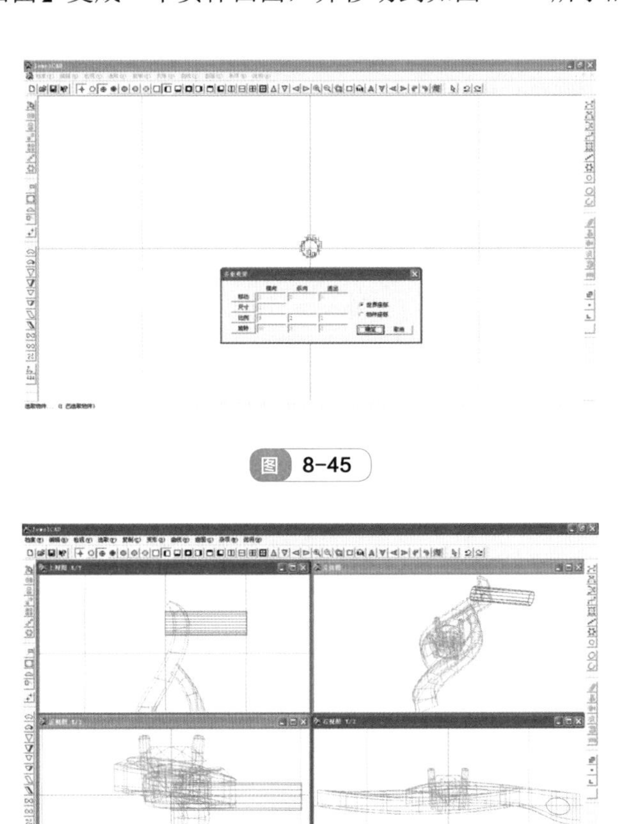

图 8-45

图 8-46

⑰ 对上一步生成的实体曲面执行【相减】命令，减去与它相交的实体曲面，完成最终的效果图，如图 8-47 所示。

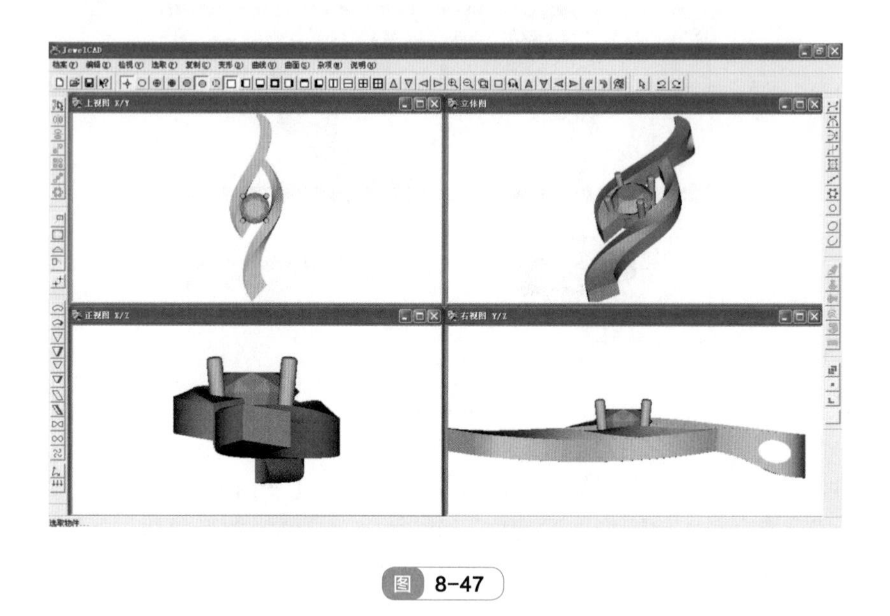

图 8-47

练习题

① 按照下列步骤图的提示，绘制出如图 8-48 中的吊坠。将该图形的“正右上立体图”以“.jpg”的格式储存，同时储存该图形的“jcd”文档。

参数：总高 14mm，总宽 11mm。

图 8-48

② 绘制如图 8-49 所示的假反带吊坠，将该图形的“正右上立体图”以“.jpg”的格式储存，同时储存该图形的“jcd”文档。

参数：总高 23mm，总宽 9mm，宝石直径 5.6mm。

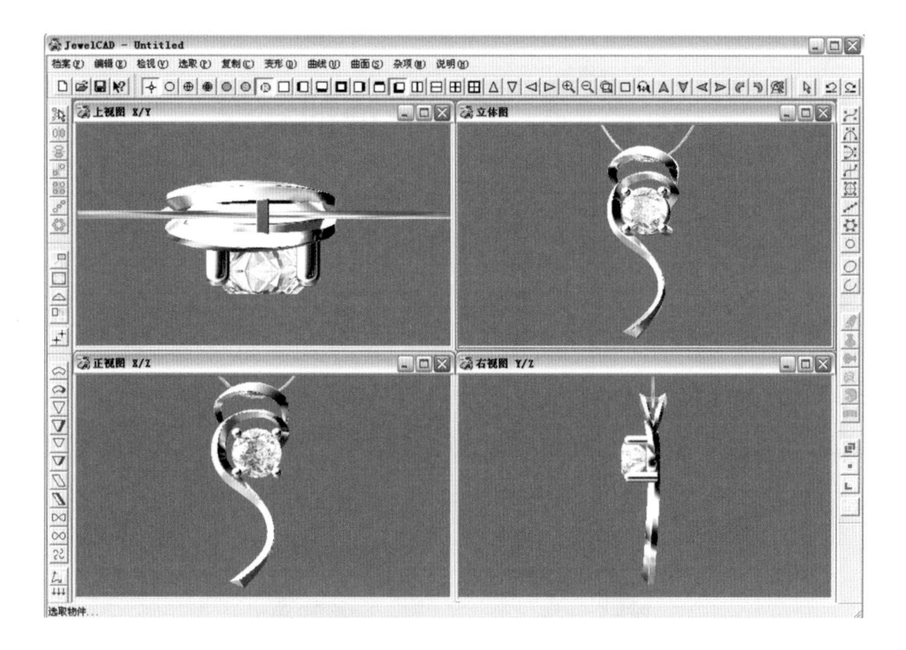

图 8-49

第 9 章 耳饰的制作

9.1 车花耳钉的制作

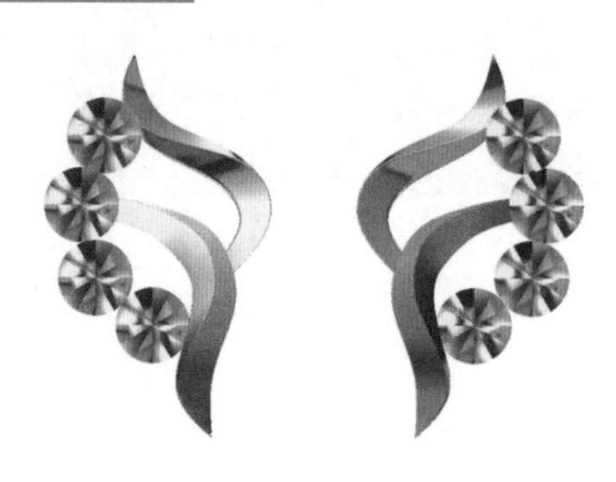

车花耳钉正视图

① 在上视图中做直径 8.2mm 的四个圆为辅助圆，确定四个车花位，用移动工具将四个辅助圆移到适当的位置。使用【任意曲线】绘制如图 9-1 所示五条曲线造型作为导轨。

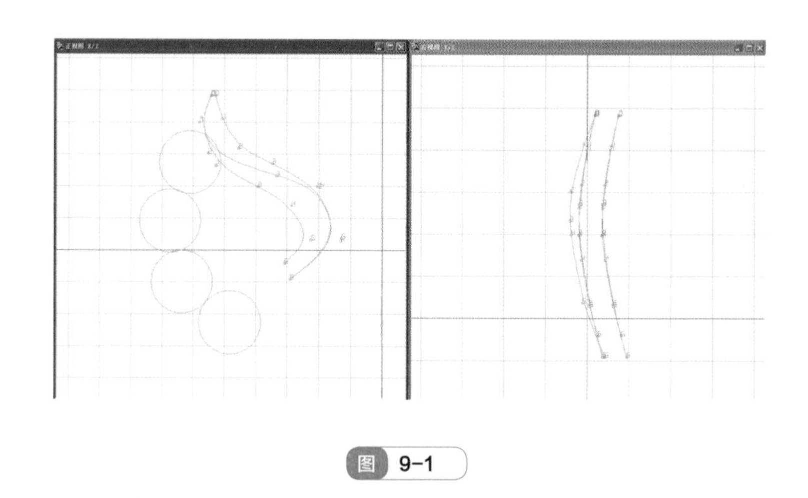

图 9-1

② 执行【线面连接曲面】命令，将各曲线连接成曲面。使用【任意曲线】绘制另外五条曲线造型导轨。效果如图 9-2 所示。

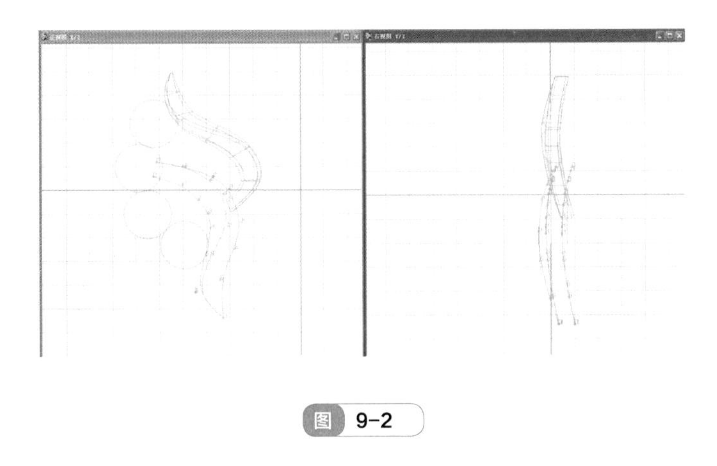

图 9-2

③ 执行【线面连接曲面】命令，将各曲线连接成曲面，如图 9-3 所示。

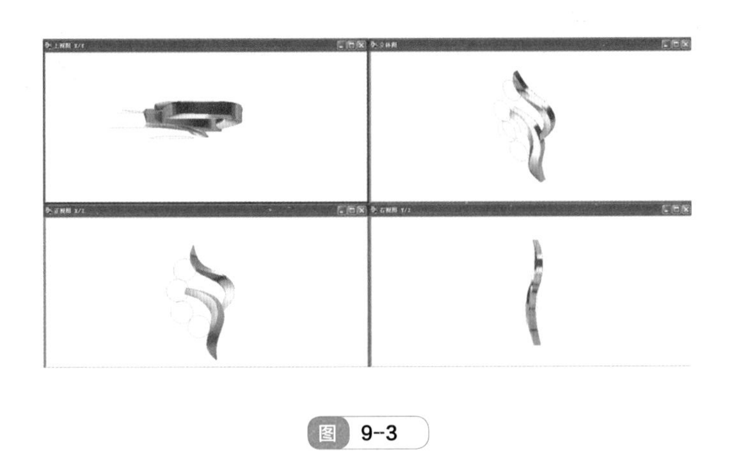

图 9-3

④ 将第 ②、③ 步做出的曲面进行控制点调整，达到整体美观。将第 ① 步的四个辅助圆执行【直线延伸曲面】命令，厚度为 3mm。用【曲线】工具作辅助线，将圆柱体平均分成六份。根据辅助线做相减物体的三导轨与切面（图中绿色三条为导轨，黑色三角形为切面）。效果如图 9-4 所示。

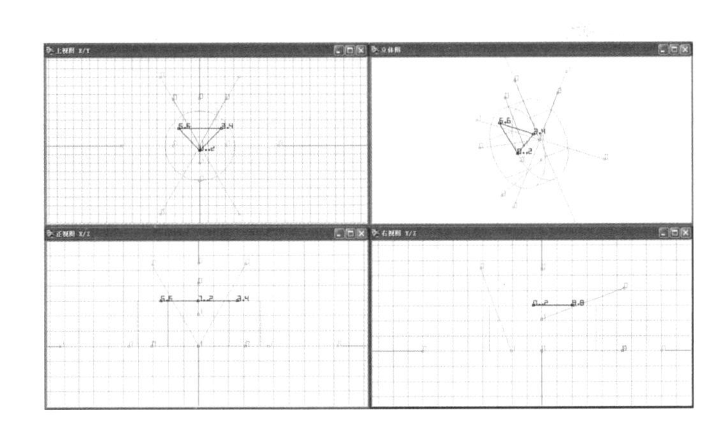

图 9-4

⑤ 执行【导轨曲面】命令，选择“三导轨”、“单切面”，切面量度为 ，将曲线导轨成曲面，如图 9-5 所示。

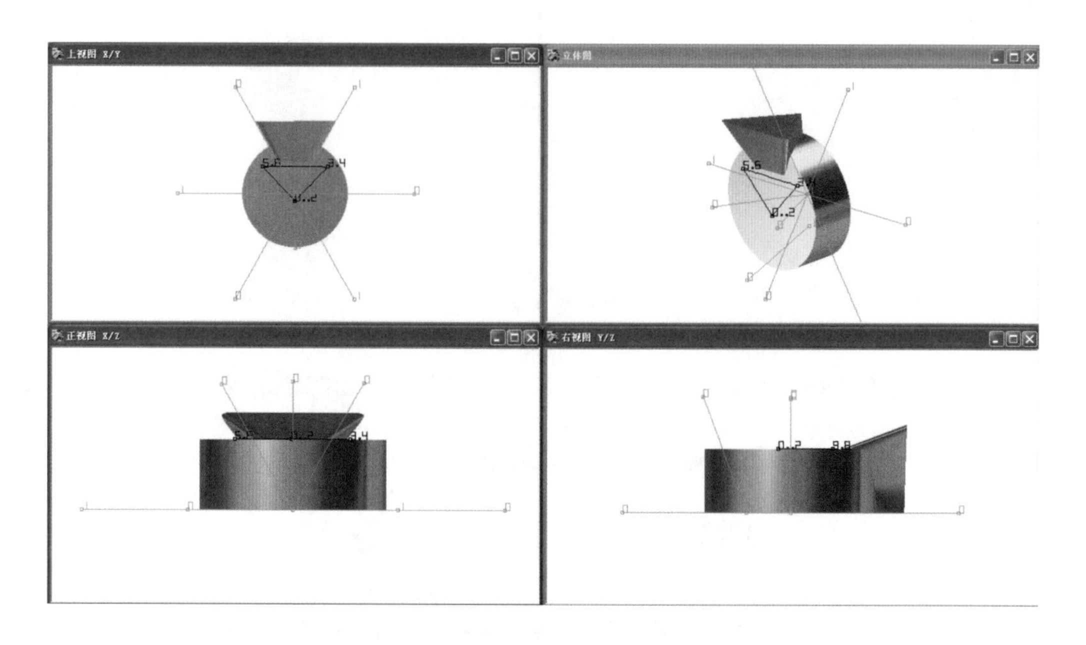

图 9-5

⑥ 将导轨出来的曲面执行【环形复制】命令，复制数量为 6 个。将 6 个曲面选中，使用【移动】移到相应的位置，执行【相减】命令，减去原先的圆柱形曲面，制作车花效果。通过【复制】等命令调整车花曲面的数量和位置，效果如图 9-6 所示。

⑦ 最后，通过【资料库】调出耳背和耳针，并执行【左右复制】命令，复制一对耳钉。完成最终的效果。

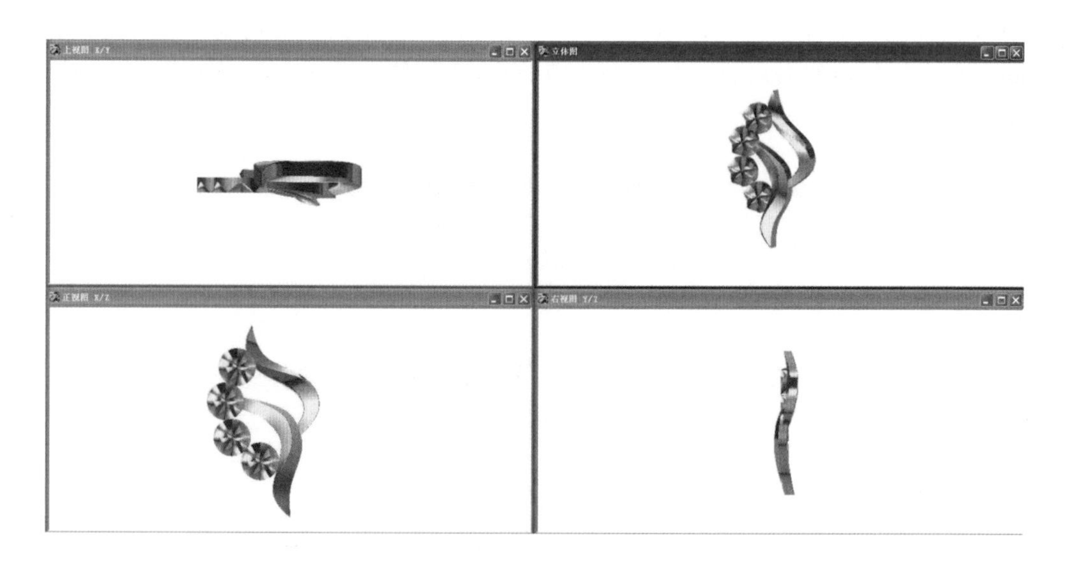

图 9-6

9.2 耳环的制作

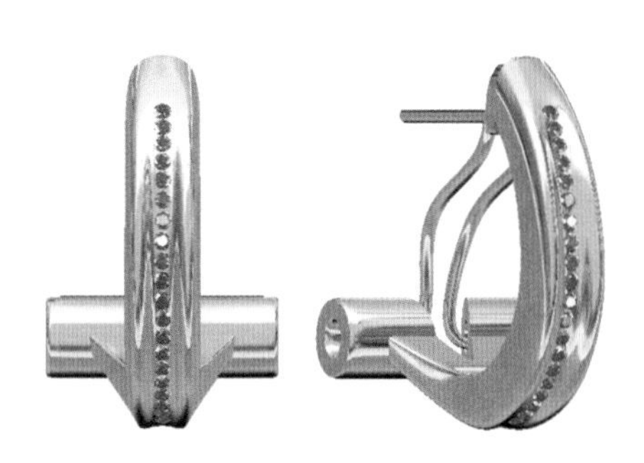

耳环正视图和立体图

① 首先制作耳环主体部分。在右视图中，绘制辅助线 Z=8mm、Z=-8mm 和 Y=-5mm、Y=-2.5mm、Y=8mm。使用【任意曲线】根据辅助线绘制两条曲线作为导轨，并分别使用【左右对称线】绘制曲线作为两个切面（图 9-7）。

② 单击【导轨曲面】命令，选择“双导轨”、“不合比例”、“对称切面”，切面量度为 ，单击“确定”。依次选择上边导轨和下边导轨，选择半圆形为切面 1，凹形为切面 2，生成曲面。

③ 在上视图中，绘制辅助线 X=1.2mm，通过【选取】菜单中的【选点】命令，选取靠尾部的 CV，用【尺寸】命令将其单向缩窄至辅助线位置（图 9-8）。

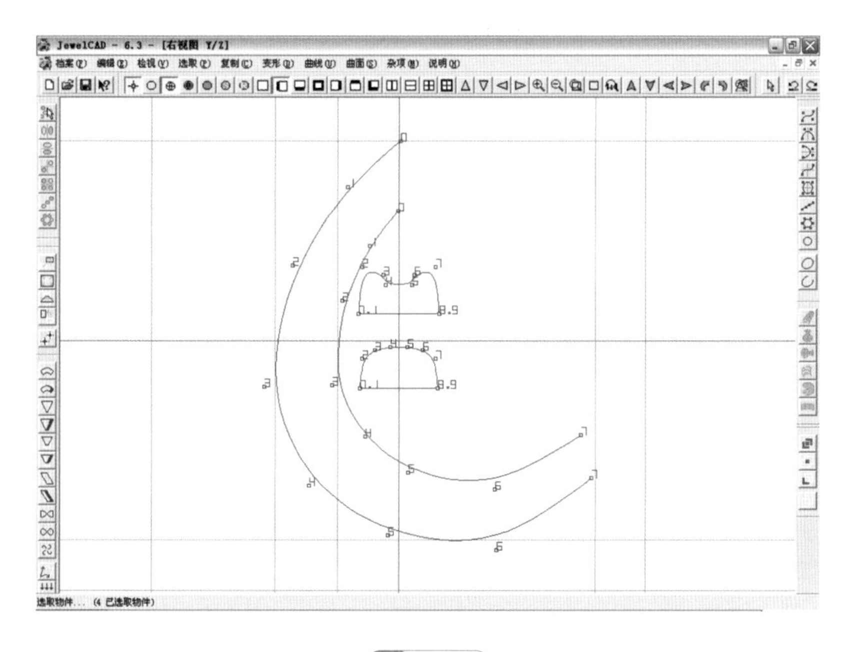

图 9-7

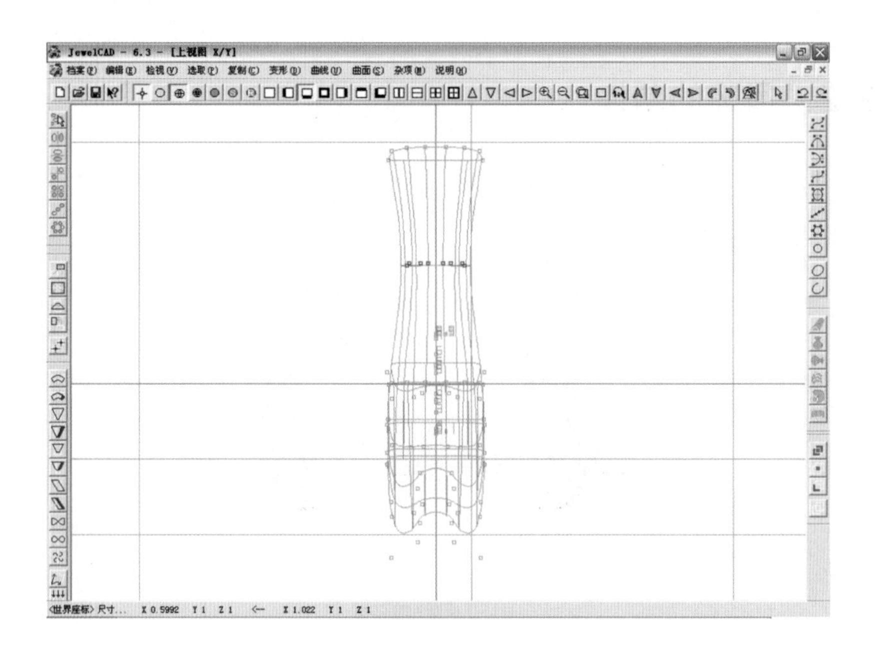

图 9-8

④ 绘制辅助线 X=3.4mm，将最尾部 CV 选中，执行【尺寸】命令将其单向放大至辅助线位置（图 9-9）。

⑤ 在右视图中，绘制辅助线 X=-4.2mm，Z=7.2mm。将耳环选中，通过【直线复制】命令原位复制一个。选中复制的耳环，执行【尺寸】命令，将其向内缩小与辅助线相切（图 9-10）。

提示：掏空后，耳环壁厚为 0.8mm。

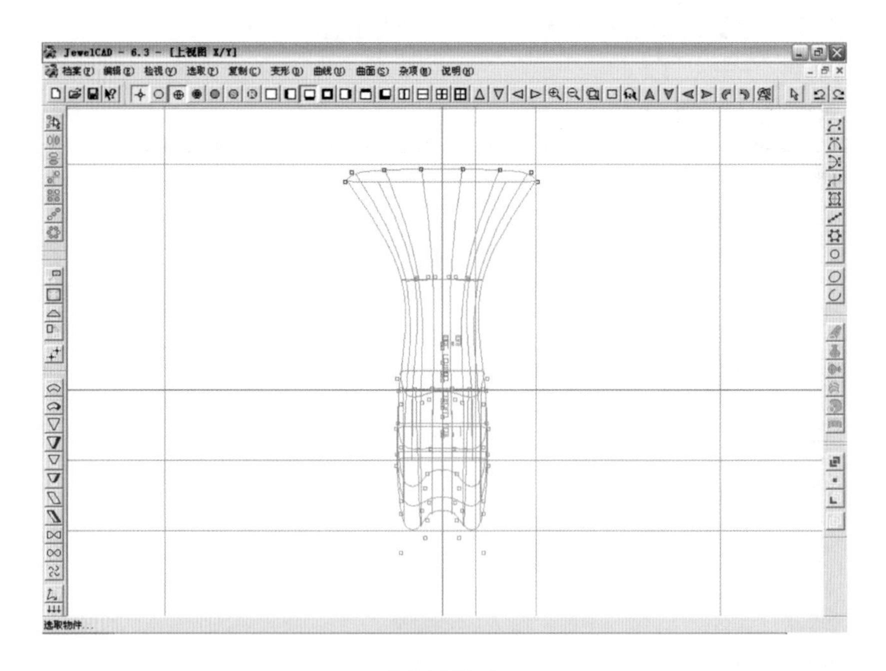

图 9-9

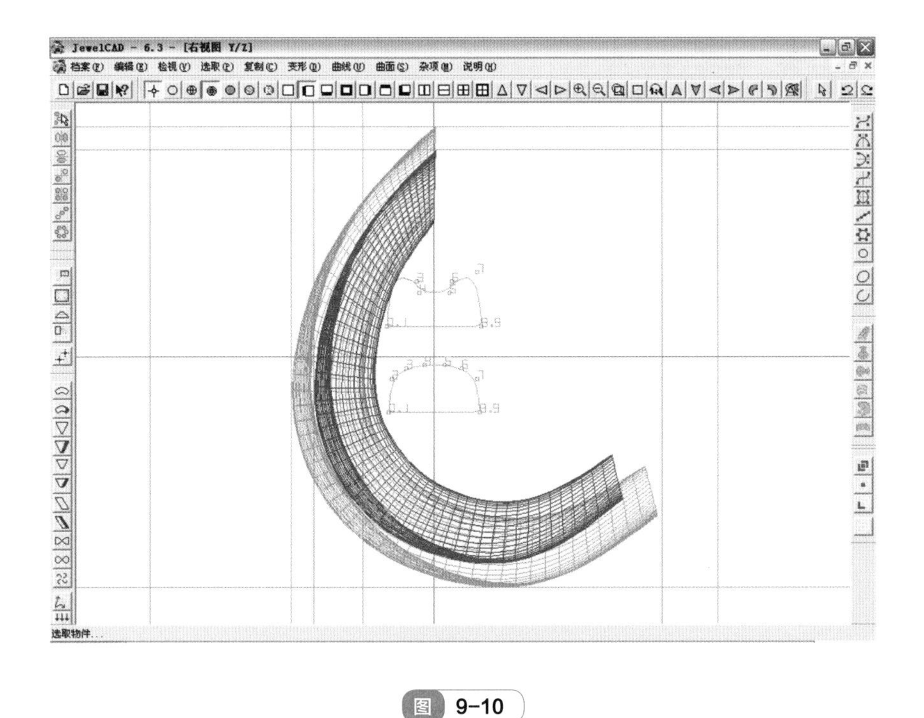

图 9-10

⑥ 绘制辅助线 Y=2.6mm，选中复制耳环尾部的 CV，用【尺寸】命令将其单向缩小至辅助线位置（图 9-11）。

⑦ 在正视图中，绘制辅助线 Y=0.8mm。选中复制耳环，将其用【尺寸】命令单向缩小至辅助线位置，效果如图 9-12 所示。

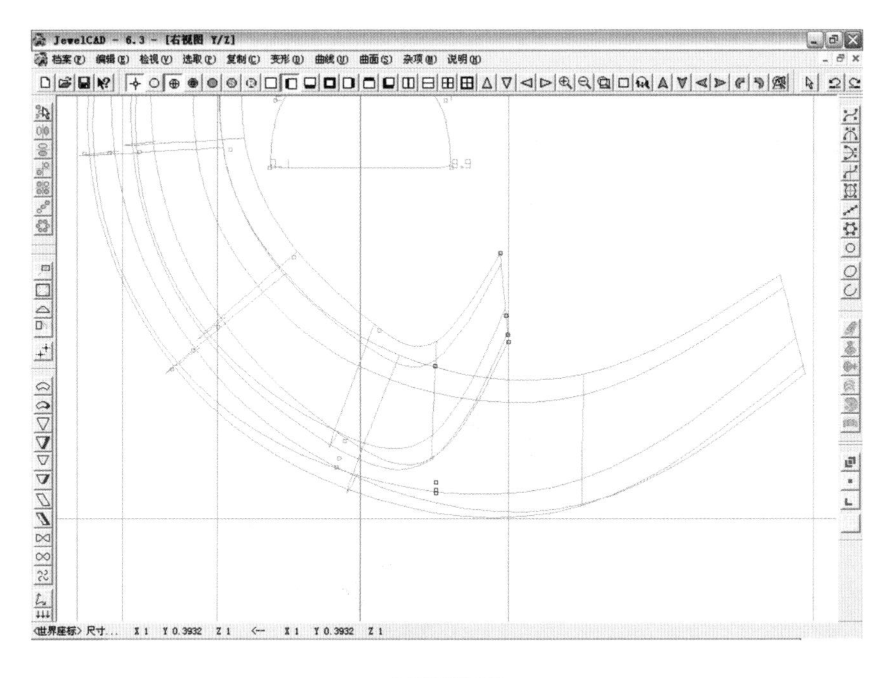

图 9-11

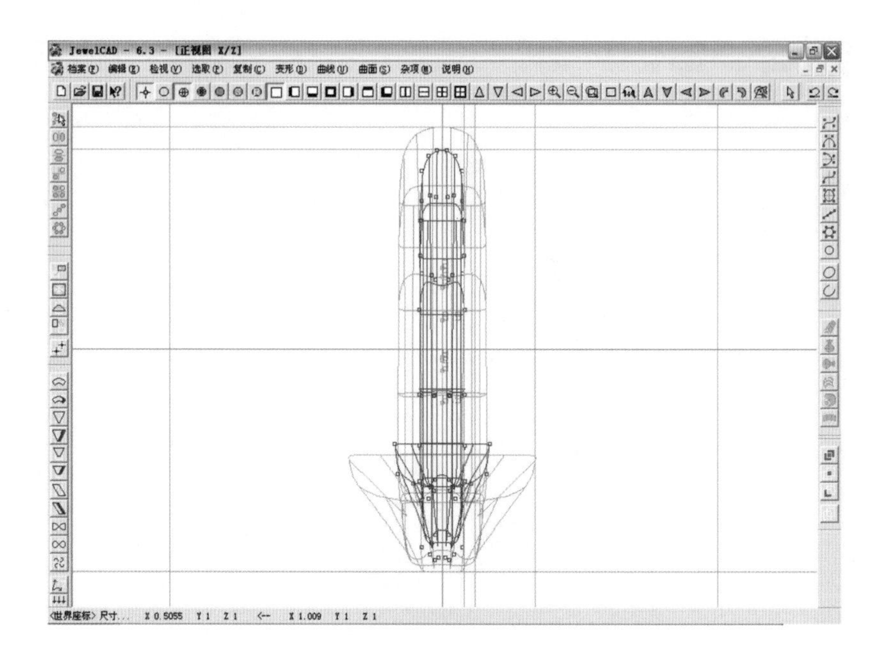

图 9-12

⑧ 将复制的耳环选中，执行布林体【相减】命令，减去原耳环，形成图如 9-13 所示的效果。

⑨ 绘制焊片。在背视图中，用【左右对称线】绘制半圆形的封口曲线。在侧视图中执行【直线延伸曲面】命令，将其延伸成图 9-14 的效果。

⑩ 绘制圆筒。在侧视图中，绘制两条圆形曲线，直径分别为 3.5mm 和 1.5mm。切换到正视图中，将两条圆形曲线移至 X=5mm 的位置，并执行【左右复制】命令。使用【线面连接曲面】命令逐个双击圆形曲线，将其制成圆筒（图 9-15）。

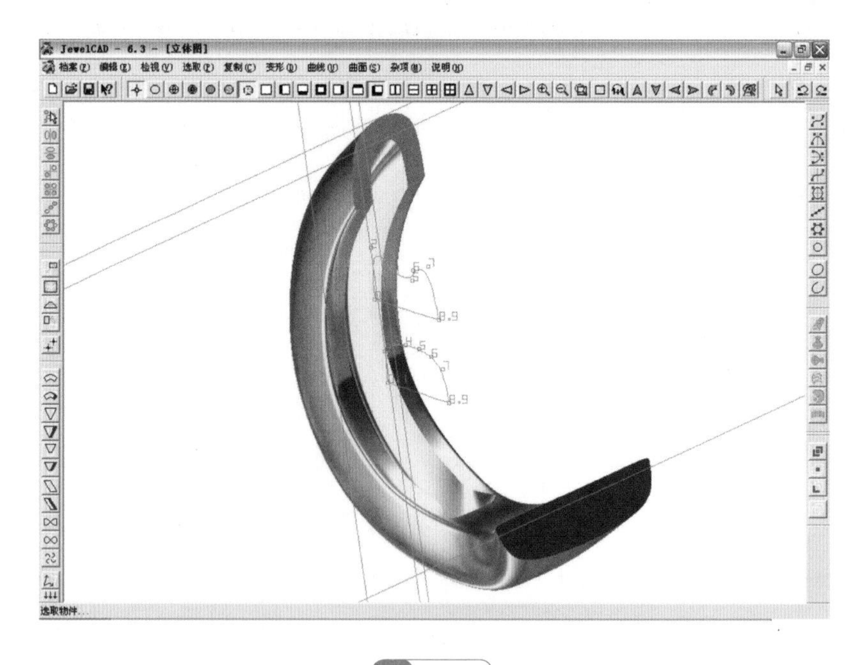

图 9-13

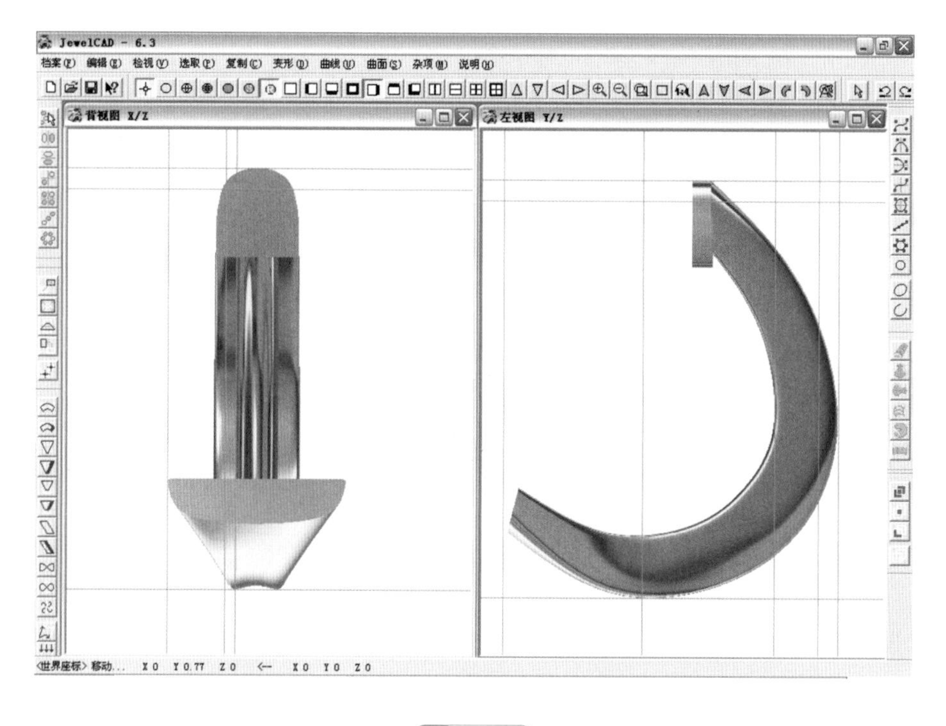

图 9-14

⑪ 使用【移动】命令将圆筒移至耳环尾部，将耳环主体、焊片和圆筒选中，执行布林体【联集】命令。在上视图中，使用【左右对称线】绘制耳环切位（三角形），执行【封口曲线】后，将曲线在正视图中执行【直线延伸曲面】命令，将其制成实体（图 9-16）。

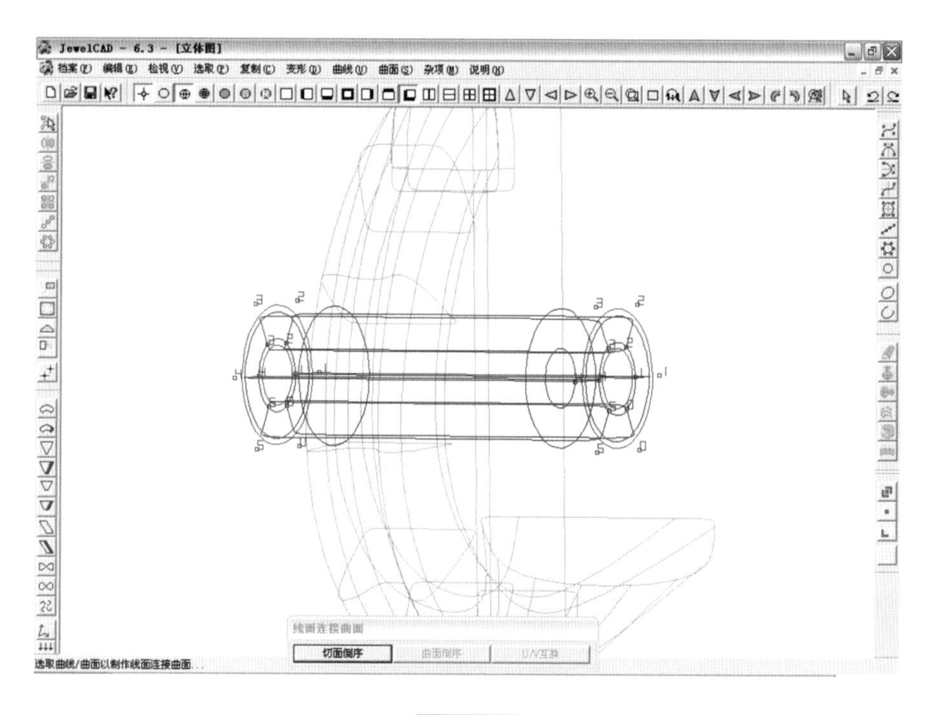

图 9-15

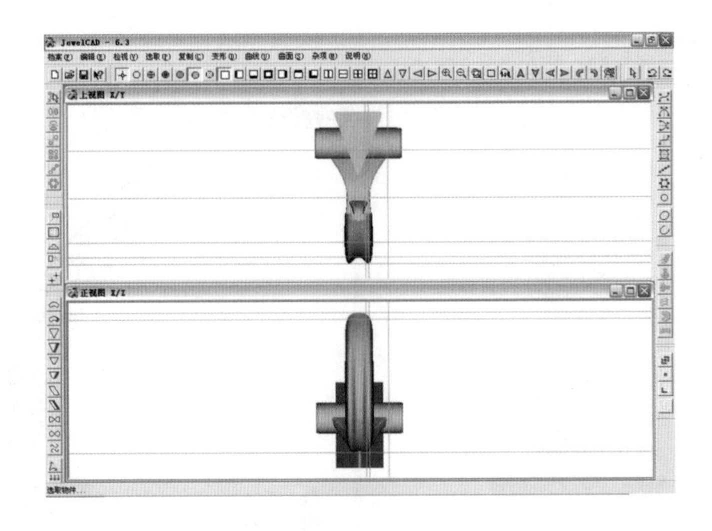

图 9-16

⑫ 绘制线拍。通过【左右对称线】在背视图和左视图进行线拍的曲线绘制（图 9-17）。

提示：在背视图中绘制，同时到左视图中调整曲线 CV 的位置，在“彩色图”模式下进行绘制，以便线拍穿入圆筒的洞中。

⑬ 将曲线选中，执行【管状曲面】命令，设定为“圆形切面”、“横向管状”直径为 0.6mm，单击“确定”后，生成线拍。

⑭ 制作耳针。绘制长度 12mm 的任意曲线，执行【管状曲面】命令，设定为“圆形切面”、“横向管状”、直径 0.6mm，单击“确定”后，生成耳针。

⑮ 调整好耳环主体、焊片、圆筒和耳针之间的位置。从【杂项】菜单里调出【宝石】，选择直径 0.8mm 的“圆形钻石”。使用【剪贴】命令将圆钻剪贴在耳环主体上，一共 20 颗宝石。

⑯ 选中宝石，执行【材料】命令，改成红宝石。同样，将金属更改材质。最终效果如图 9-18 所示。

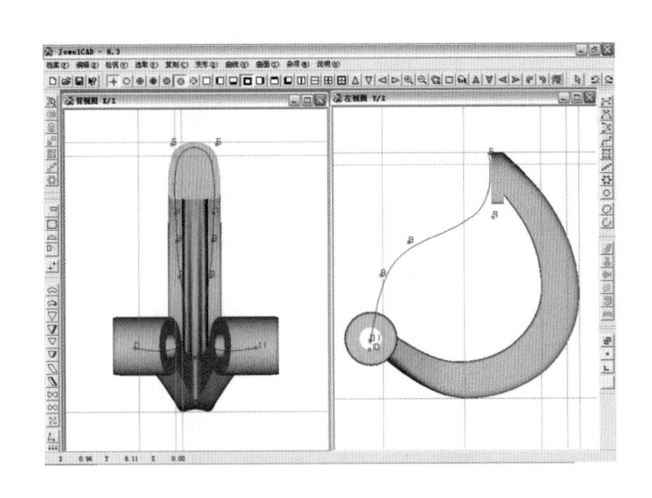

图 9-17

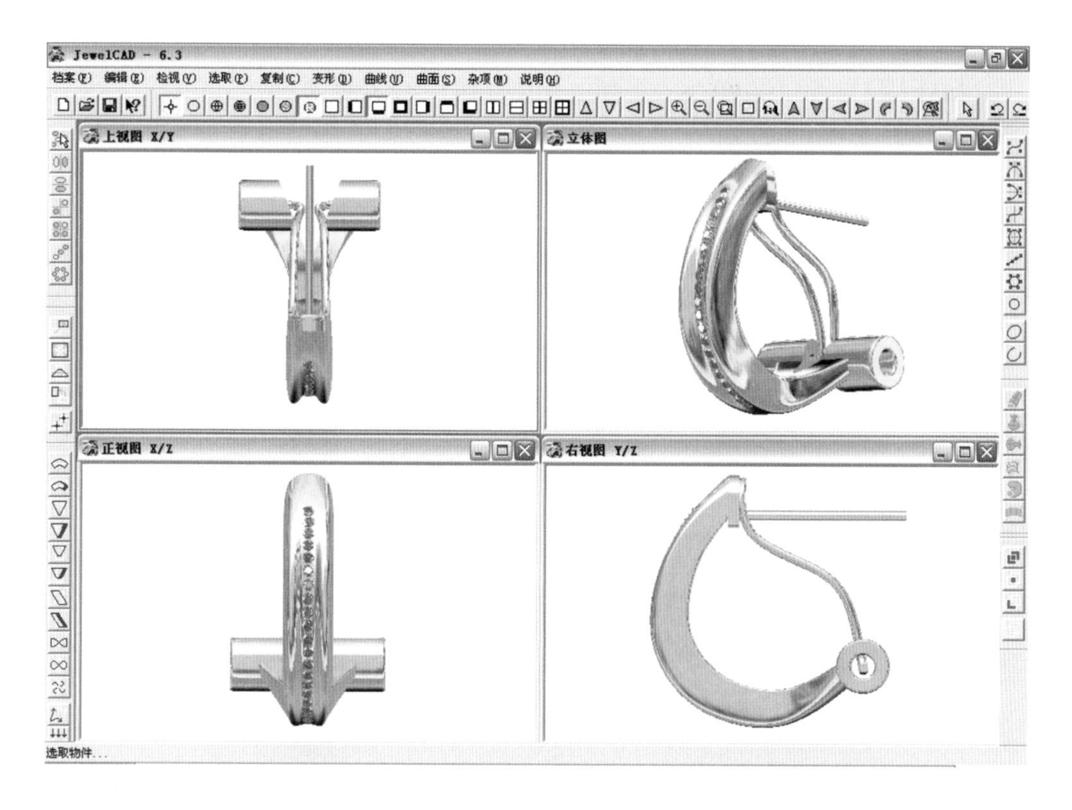

图 9-18

9.3 虎爪耳环的制作

耳环效果图

① 制作耳环主体部分。在上视图中，分别画出三组圆形：直径 1.8mm 和 5mm；直径 2.8mm 和 6.mm；直径 4.6mm 和 9mm。绘制一个 1.8mm×1.8mm 的切面。效果如图 9-19 所示。

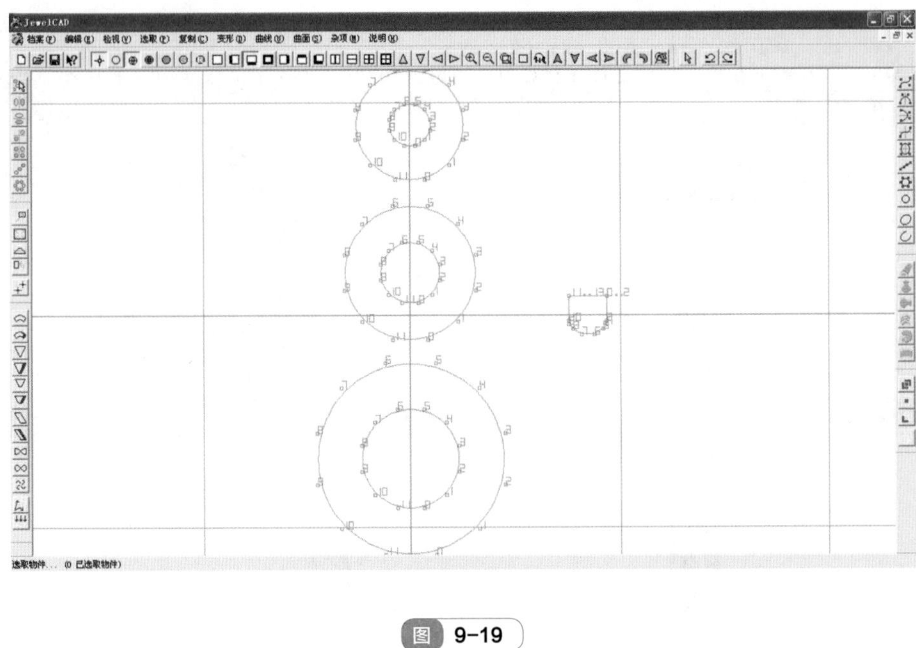

图 9-19

② 把三组圆形曲线分别执行【导轨曲面】命令，选择“双导轨”、“不合比例”、“单切面”进行导轨，导出实体曲面，效果如图 9-20 所示。

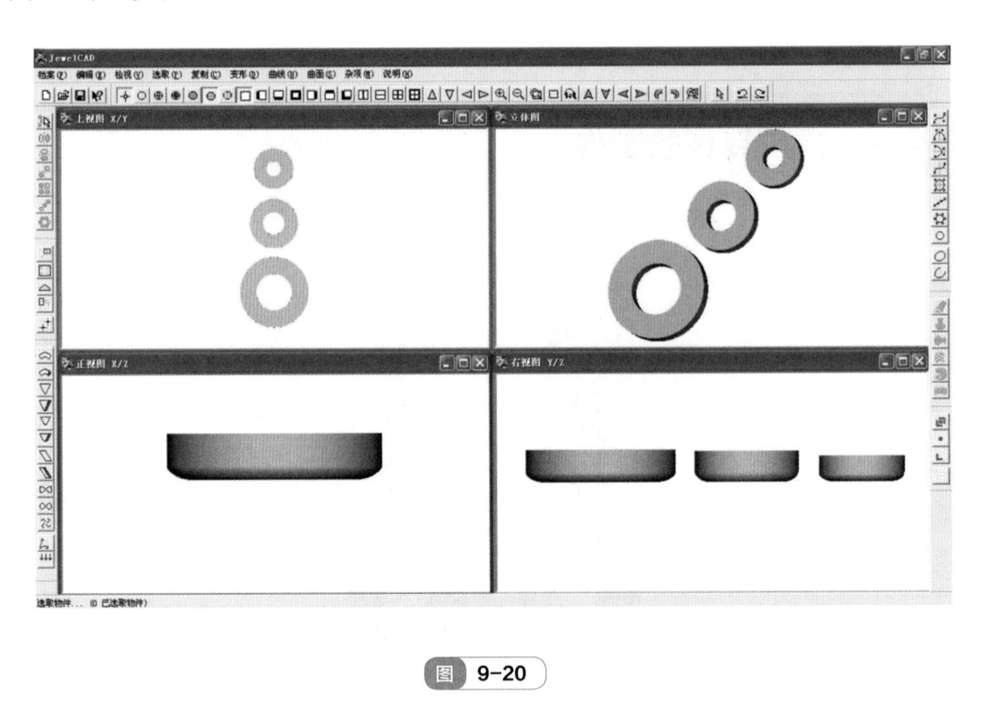

图 9-20

③ 在上视图中，分别放上圆形宝石，宝石直径大小分别为：1mm、1.3mm、1.6mm。每组实体曲面上先放一颗宝石，然后分别进行【环行复制】。复制数目分别为：8 颗、8 颗、11 颗。效果如图 9-21 所示。

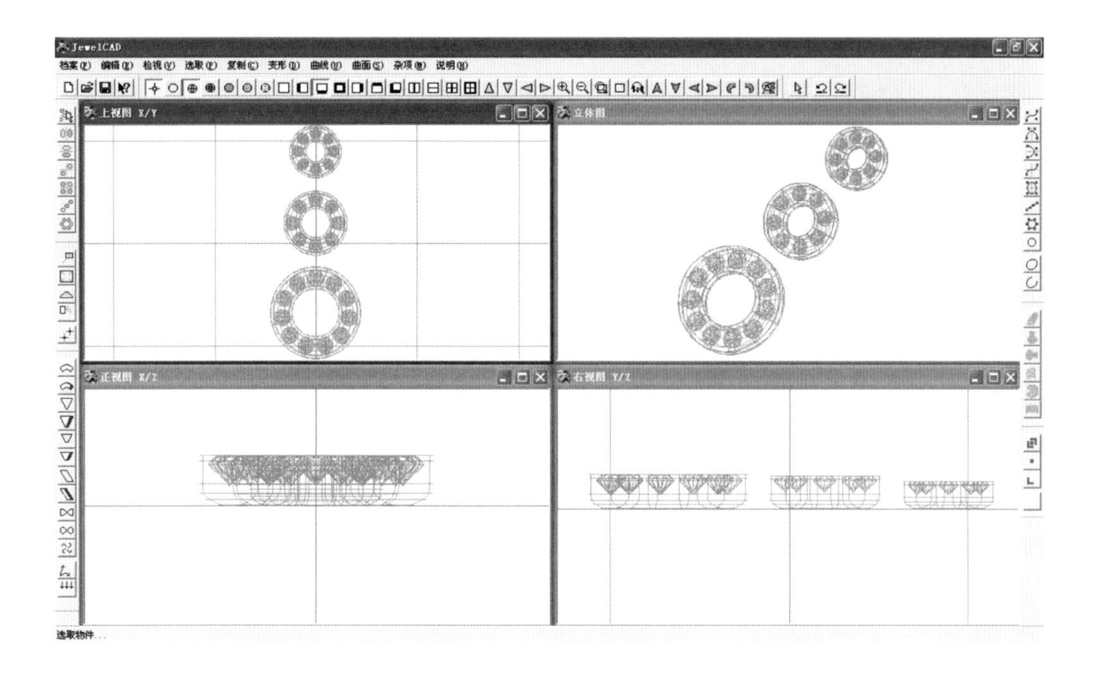

图 9-21

④ 分别绘制开“虎口”所需的三组实体，曲面大小根据石头的大小和石头间距而定，如图 9-22 所示。

⑤ 只需要做一组，然后可以通过【环行复制】把其它做出来。效果如图 9-23 所示。

⑥ 参照第 ⑤ 步，把剩余的两个圆形曲面都排放好需要开“虎口”所需的实体。效果如图 9-24 所示。

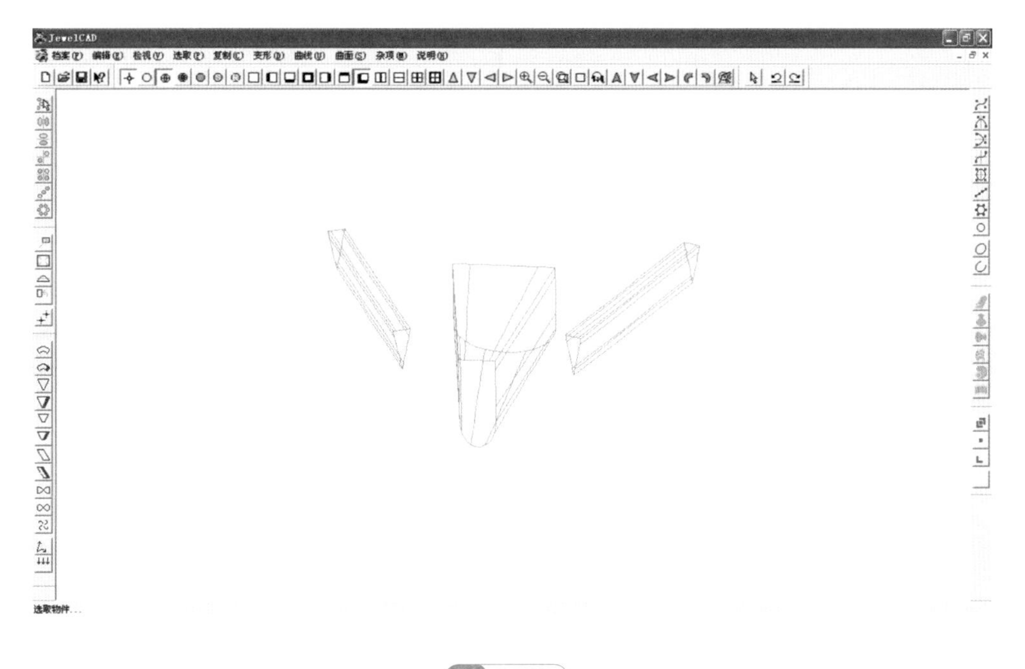

图 9-22

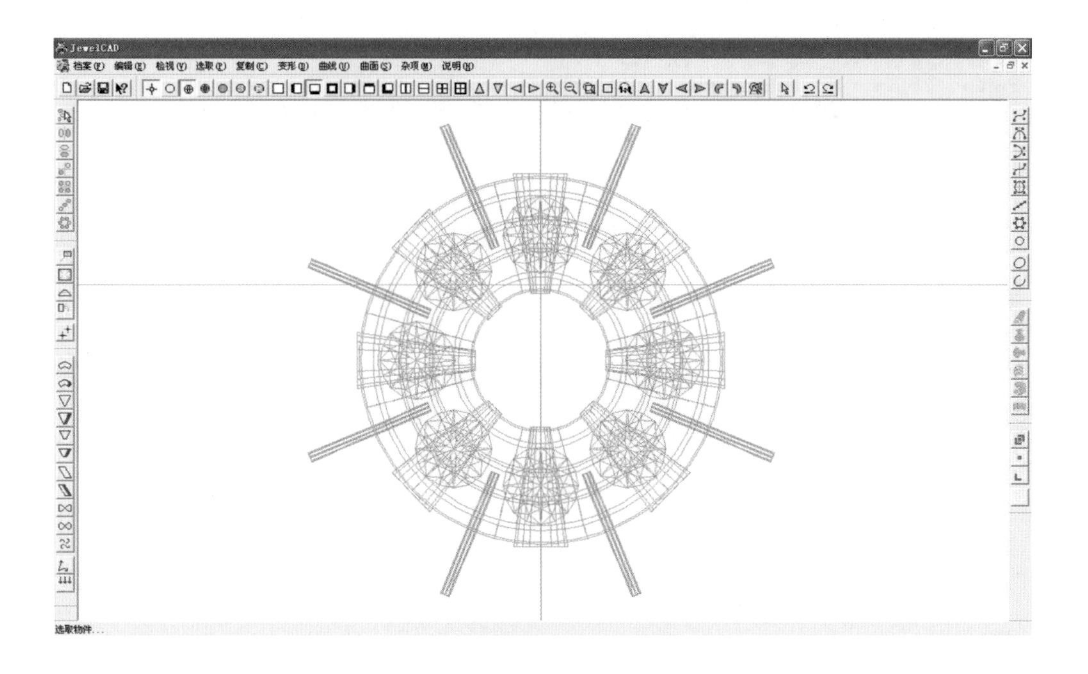

图 9-23

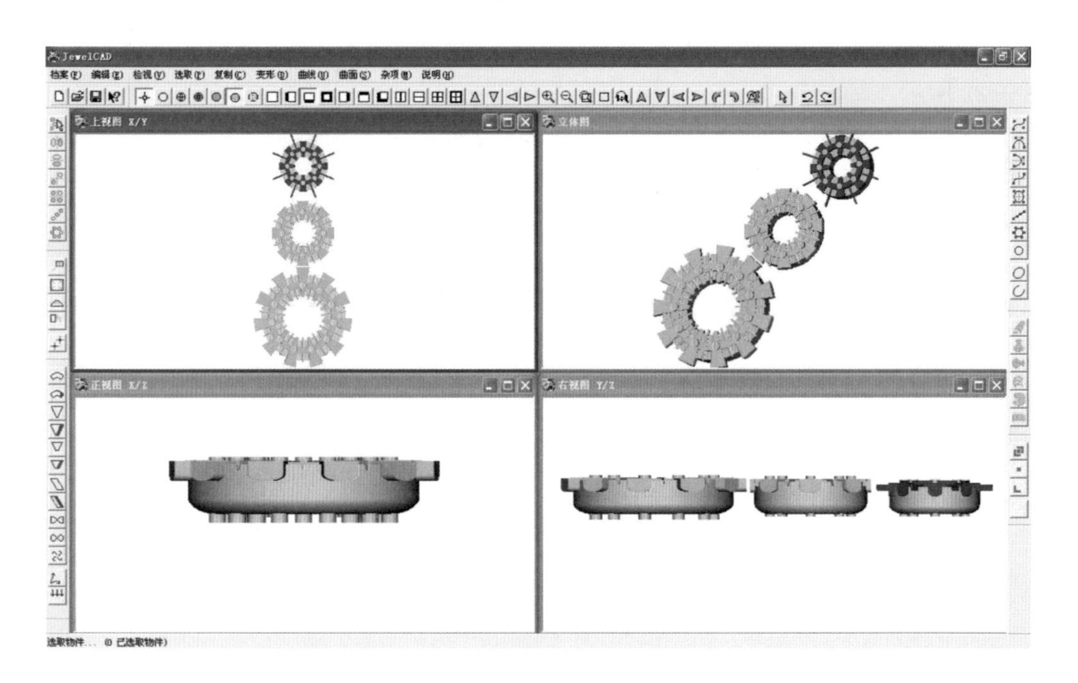

图 9-24

⑦ 使用【相减】将用来开“虎口”的实体与圆形实体曲面相减。相减后的效果如图 9-25 所示。

⑧ 参照第 ⑦ 步，使用同一方法，将用来开“虎口”的实体与剩余的两个圆形实体曲面相减。相减后的效果如图 9-26 所示。

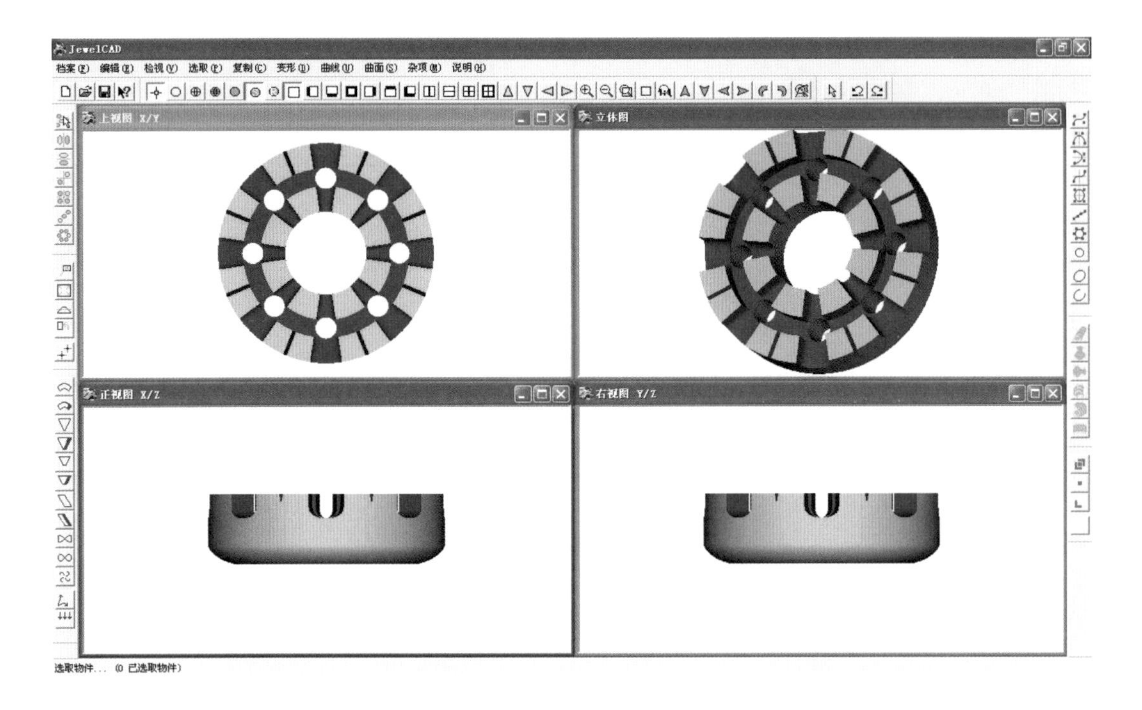

图 9-25

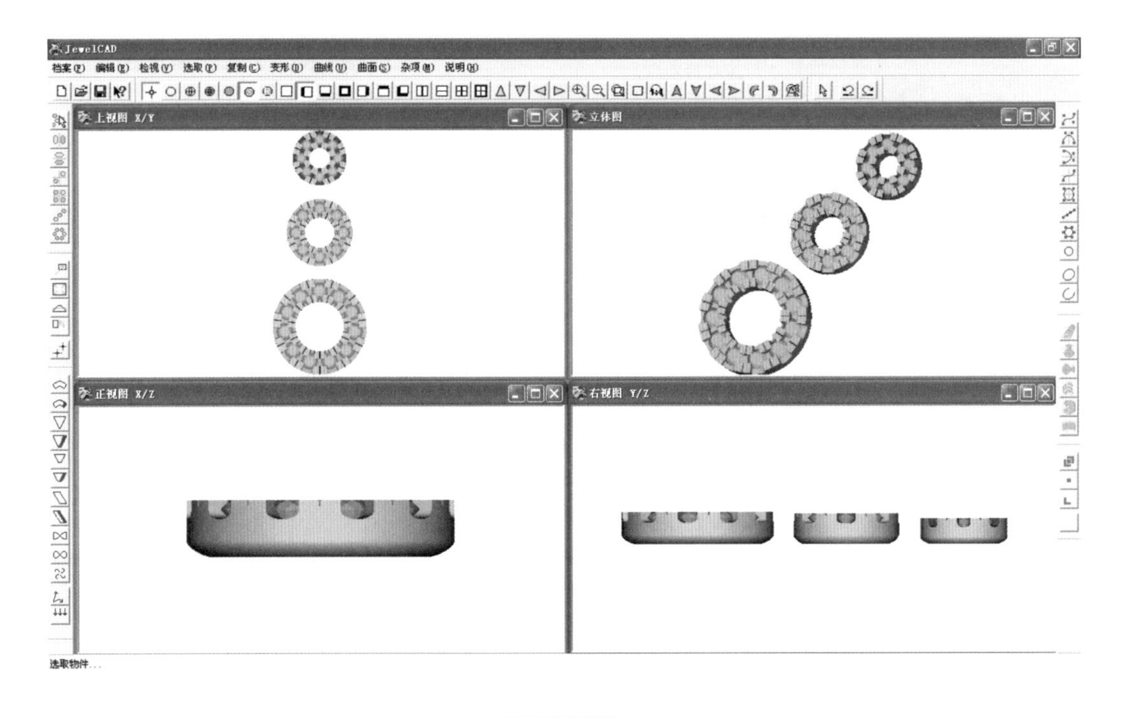

图 9-26

⑨ 在上视图中，绘制一个直径 1.8mm 的圆形曲线。执行【管状曲面】命令，选择“圆形切面”，直径 0.8mm，做出一个环行曲面。效果如图 9-27 所示。

⑩ 把环行曲面实体放到耳环两个圆形实体曲面之间，如图 9-28 所示。

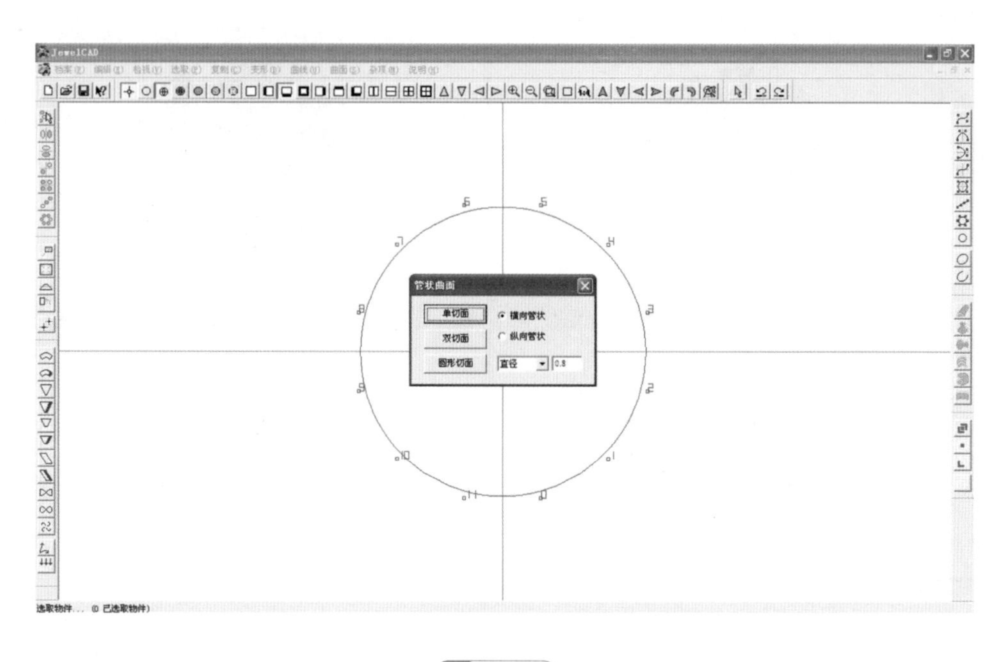

图 9-27

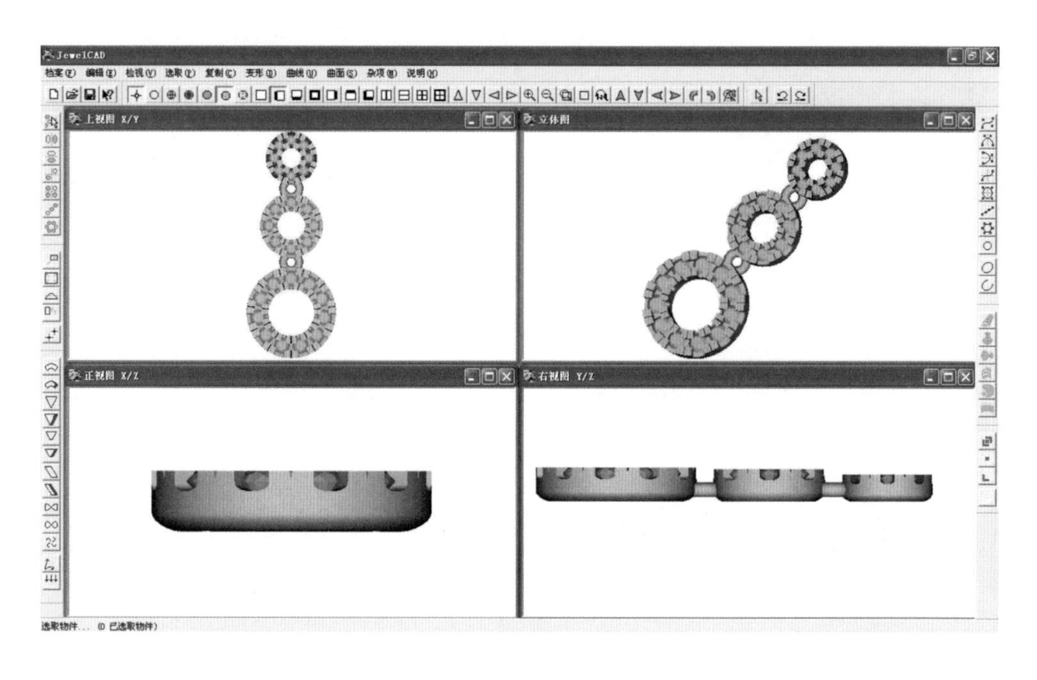

图 9-28

⑪ 制作耳针。在最上方的圆形实体曲面上做一根直径 0.8mm 圆柱体作为耳针。观察已完成的耳环背面，检查是否有其他问题。效果如图 9-29 所示。

⑫ 通过【左右复制】命令复制一个耳环，形成一对。完成如图 9-30 所示的最终效果。

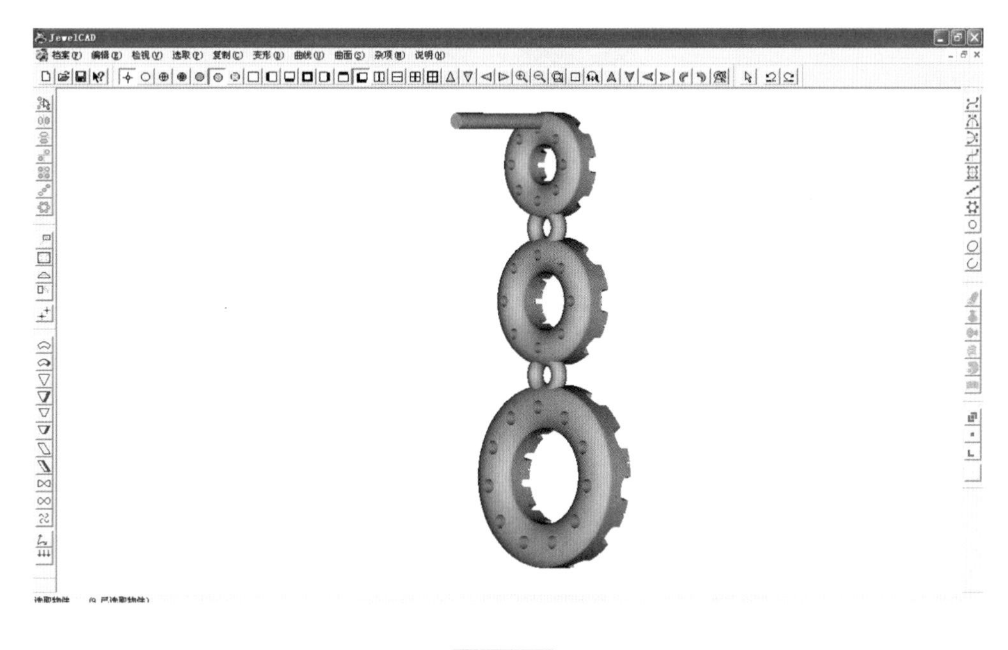

图 9-29

图 9-30

练习题

① 绘制出如图 9-31 所示的车花耳钉。将该图形的“正右上立体图”以“.jpg”的格式储存，同时储存该图形的“jcd”文档。

参数：耳环总高 12mm，总宽 7mm。

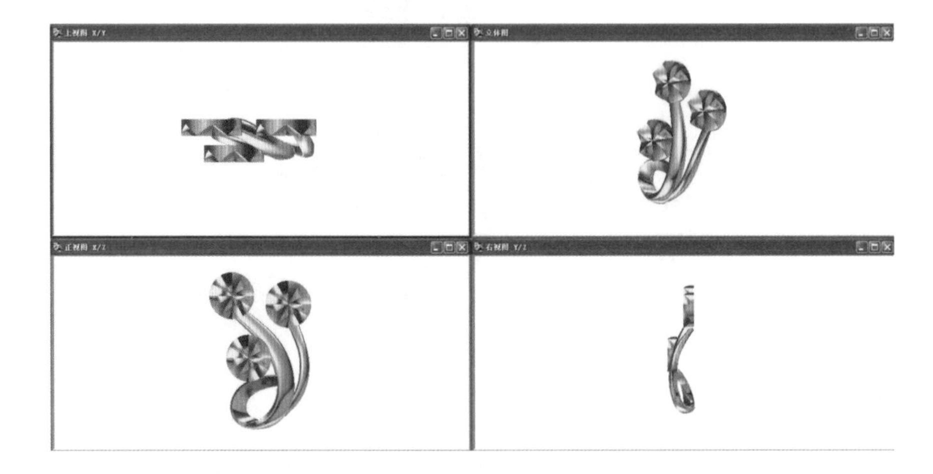

图 9-31

② 绘制出如图 9-32 中的卡镶耳环。将该图形的"正右上立体图"以".jpg"的格式储存，同时储存该图形的"jcd"文档。

参数：耳环总高 16mm，总宽 13mm，厚度 2.5mm，侧宽 4mm。圆形宝石直径 2mm，共 5 颗。

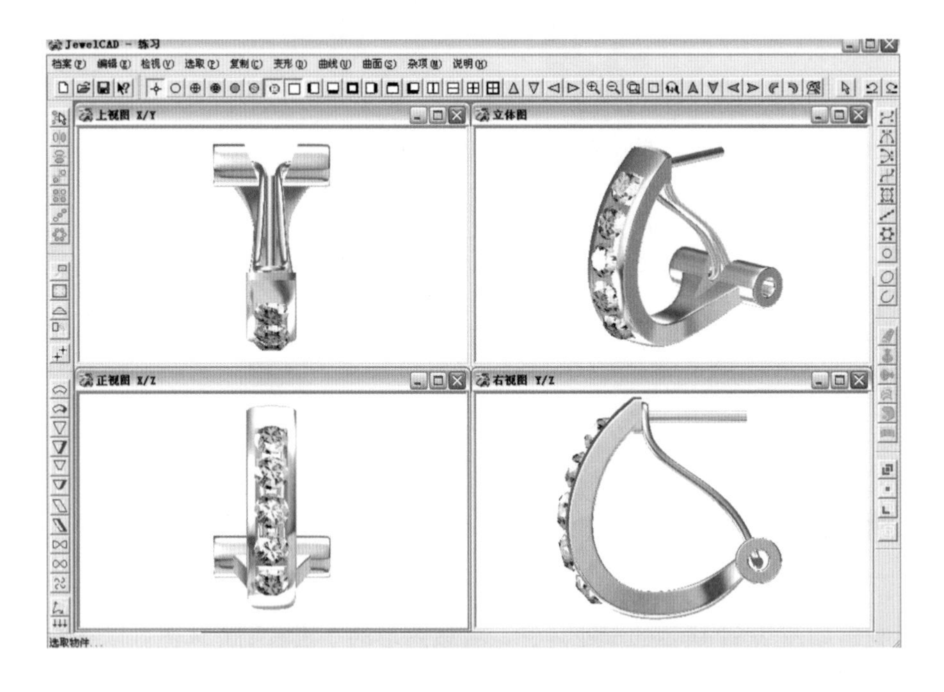

图 9-32

第四部分

Jewel CAD 相关参考资料

第  章　Jewel CAD 基本的操作技巧和实例

10.1　添加资料库里的素材

Jewel CAD 软件【档案】菜单中的【资料库】,里面有大量的可以参考和使用的首饰模型。用户也可以在资料库中加入自己设计的图形，以便日后的快捷使用。

首先，找到计算机系统安装 Jewel CAD 软件的文件夹，如图 10-1 所示。

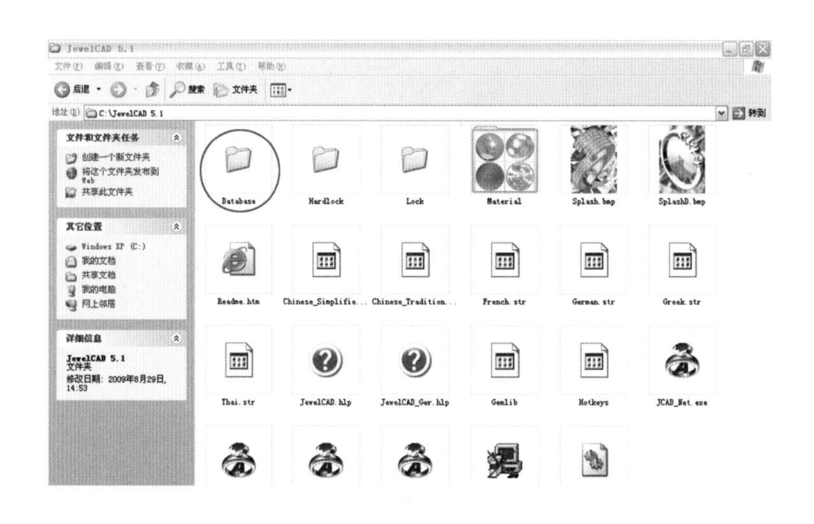

图 10-1

其次，找到名为“Database”的文件夹，双击打开后，选择“Designs”下面的“Bangles”,可以看到子文件如图 10-2 所示。可以观察到，这些首饰图标都是“.BMP”格式，旁边带有一个相同命名的“.JCD”文档。也就是说，要往资料库里面加入自己的图像，需要储存一个尺寸为 100 像素 ×100 像素的“.BMP”格式的文件，并储存一个命名相同的“.JCD”文档。

注意：命名时不能使用中文，应使用英文或者数字，以免出现乱码。

下面以实例说明添加素材的具体方法。

① 在 Jewel CAD 软件中调出需要增加的素材，打开【杂项】菜单中的【存光影图】命令，出现如图 10-3 所示的对话框。单击“档案名称”，将路径设在“Database”的文件夹下，可以选择里面的子文件夹，也可以自己创建新的文件夹。在图 10-4 中，选择在“Parts”文件夹下创建文件名为“001”的，保存类型为“.bmp”格式的文件，单击“保存”。

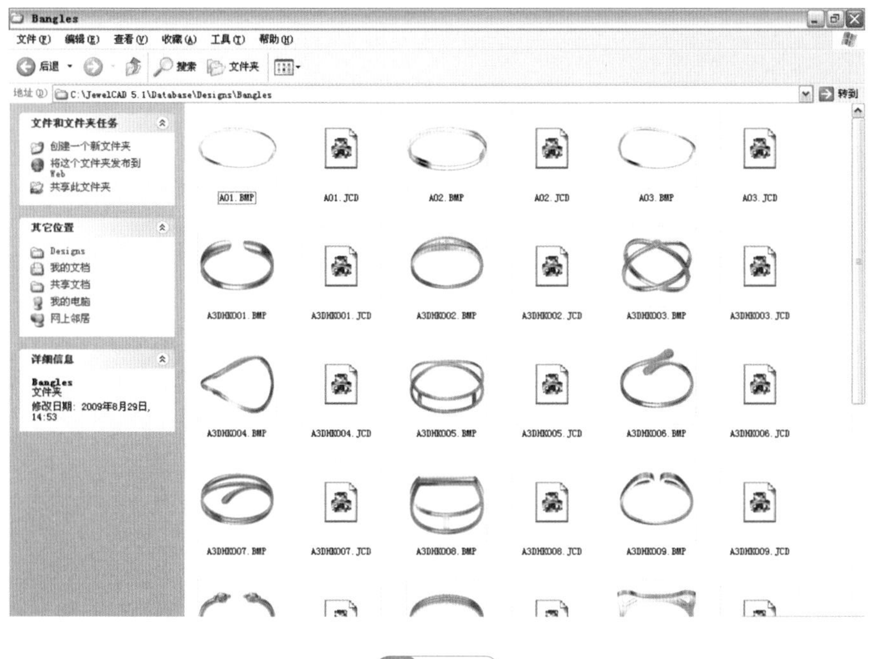

图 10-2

图 10-3

② 选择“解析度”为100×100,“背景颜色”为白色,其它数值为默认值,单击“确定”,在“Parts”文件夹下创建成功一个命名为“001”的零部件。

③ 接着执行【档案】菜单中的【另存新档】命令，在弹出的对话框中将零部件存在刚才所制的“.bmp”图像的同一文件夹中，并将文件名同样命名为“001”，单击“保存”(图10-5)。

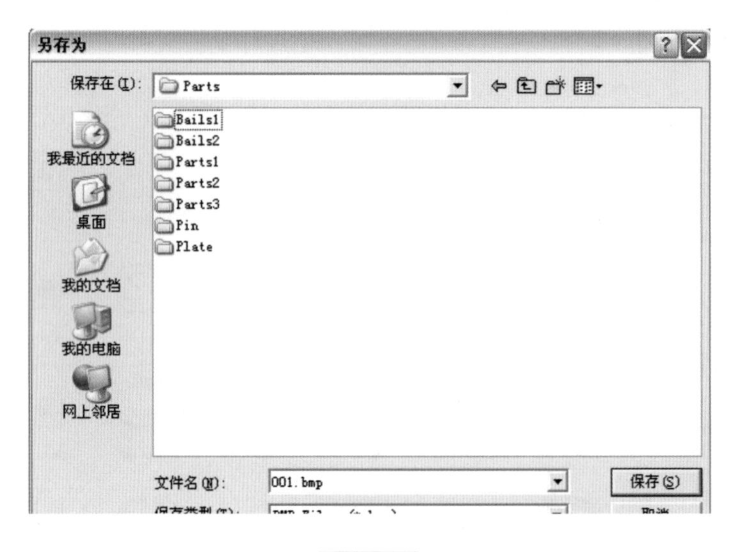

图 10-4

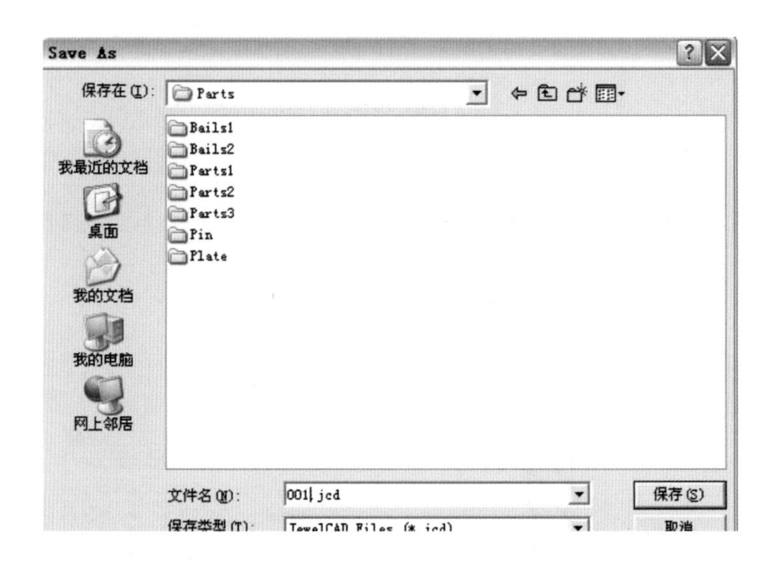

图 10-5

④ 打开【档案】菜单下的【资料库】命令，选择“Parts”，出现如图 10-6 所示的素材。

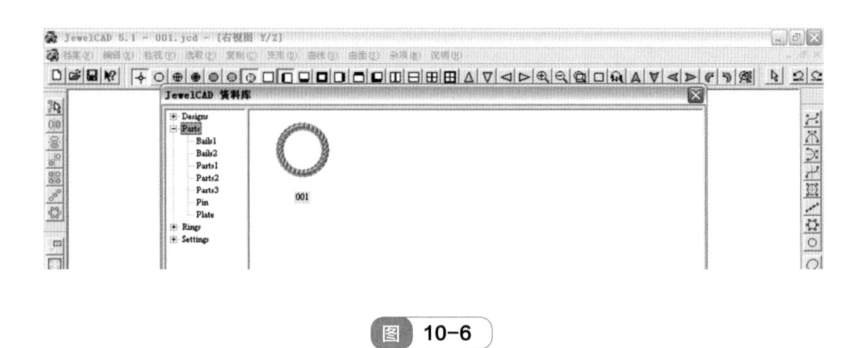

图 10-6

10.2 制作喷砂效果

在 Jewel CAD 软件中，固有的金属肌理效果为抛光，我们可以通过【编辑】菜单下的【造新 / 修改材料】命令增添金属的肌理效果，单击该命令后，弹出【Create/Edit Material】（造新 / 修改材料）对话框（图 10-7）。

Material 后对应的是材料名称，一定要对新创造的材料重新进行命名，以免覆盖原先的材质。命名时，应输入英文字母或者是数字，勿输入中文，以免出现乱码。Browse 意为“浏览”，单击该条框，可以设置材质储存的路径，默认为安装 Jewel CAD 软件文件夹下的 Material 文件夹，可以不进行改动。

Base Color 意为基础颜色，可以对 Ambient（环境颜色）、Diffuse（散射颜色）以及 Specular（亮光颜色）进行设置。设置方法为点击对应字母后面的颜色框，通过弹出来的【颜色】对话框进行设置。

Mapping 意为贴图，可以改变物体的 Texture（纹路）、Bump（粗糙度）、Reflect（反射度）、Shiny(光亮度）。具体操作方法为，单击对应的命令条框，在弹出的对话框中选择相应的材料，注意必须为“.BMP”格式，并单击“确定”。

选择好材质的贴图后，可以设置 Appearance（表面）。主要为设置 Shininess（光亮度）和 Transpatency（透明度），可以在框内输入 0 ～ 100 的数值对材质进行设置。

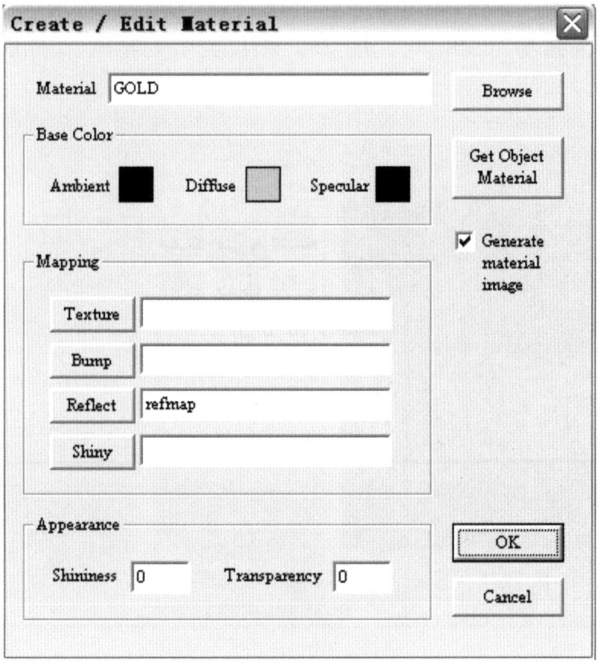

图 10-7

Get Object Material 意为选择一个材质作为基本材质，在这个基础上进行材质的编辑。可以单击该条框，在绘图区内单击选取基本材质，单击完毕会回到【Create/Edit

Material】对话框，这时“Base Color”下方三个选项也会发生相应的变化。

Generate material image 意为产生材质的缩略图，在勾选此项的情况下，在【材质】命令中可生成新材质对应的材质缩略图。

下面将以实例讲述喷砂效果的制作步骤。

①首先需要在Adobe Photoshop软件中新建一个500像素×500像素的图像，如图10-8所示。

图 10-8

②将画布填充为黑色，并在【滤镜】菜单下找到【纹理】命令，选中下面的子命令【颗粒】，弹出颗粒对话框。设置强度为90，对比度25，颗粒类型为常规。单击“确定”（图10-9）。

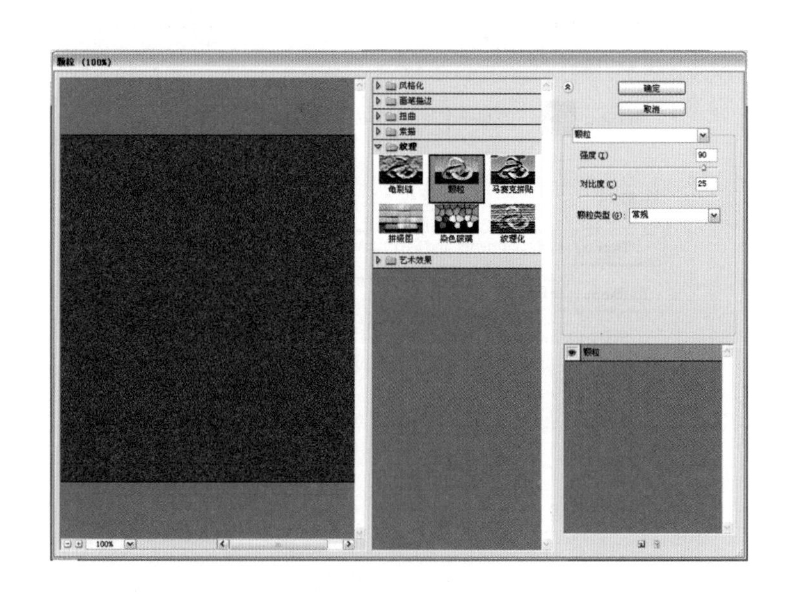

图 10-9

③将生成的图像【另存为】BMP图像（最好是存在安装Jewel CAD软件的文件夹中），作为材质的纹理图形。

④ 在 Jewel CAD 软件中，调出如图 10-10 所示的戒指，选中白金部分。选择【编辑】菜单下的【造新 / 修改材料】命令，单击对话框中的 Bump（粗糙度）条框，在对话框中找刚才存储的 BMP 图像，点击“打开”导入到粗糙度中（图 10-11）。

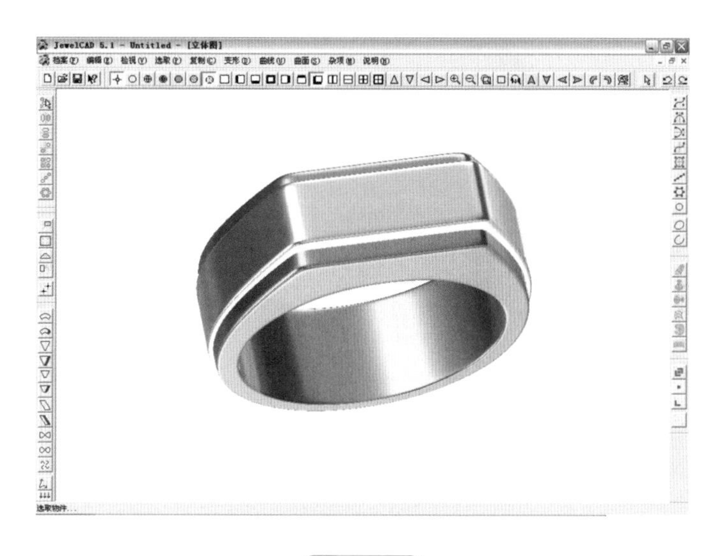

图 10-10

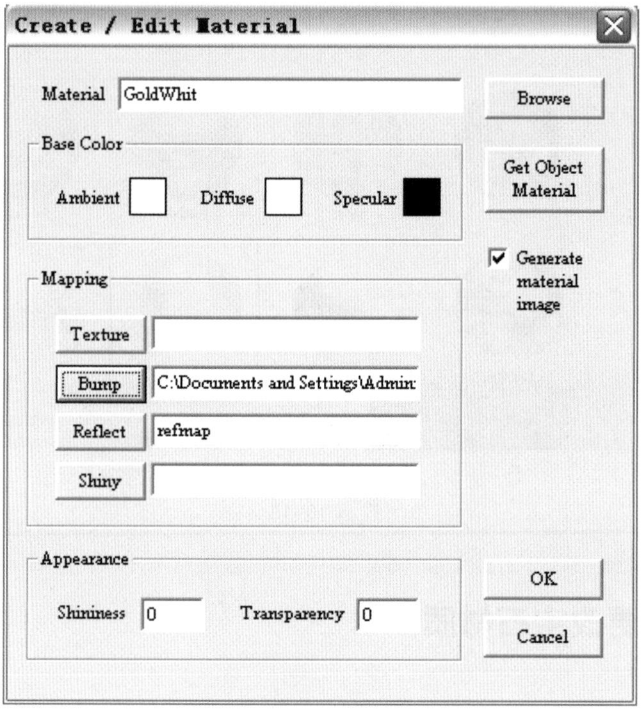

Create / Edit Material

Material GoldWhit

Browse

Base Color

Ambient Diffuse Specular

Get Object Material

Generate material image

Mapping

Texture

Bump C:\Documents and Settings\Admin

Reflect refmap

Shiny

Appearance

Shininess 0 Transparency 0

OK

Cancel

图 10-11

⑤ 将 Material 后对应的材料名称改成“GoldWhite01”，勾选“Generate material image”选项，单击“OK”，生成喷砂效果，如图 10-12 所示。

⑥ 这时用户可以在【材质】命令中找到生成新材质对应的材质缩略图（图 10-13）。

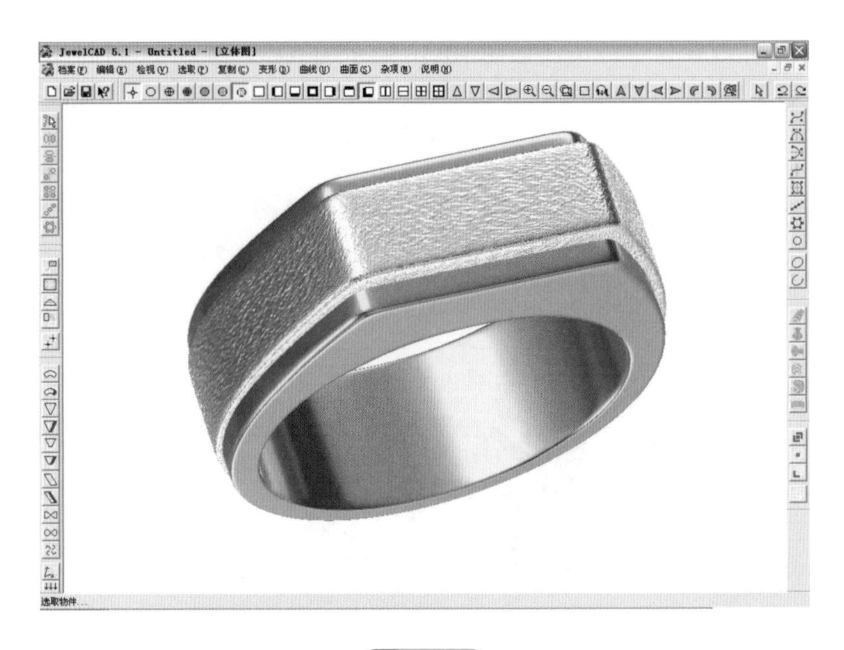

图 10-12

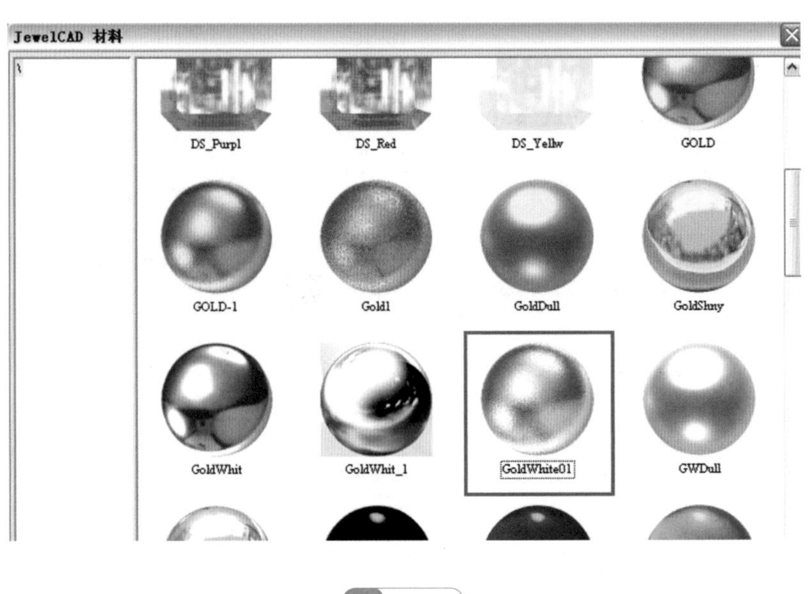

图 10-13

10.3 更改宝石材质

材料库里的宝石材料是有限的，用户如果需要一些个性化的宝石，比如孔雀石（图 10-14）、绿松石、玛瑙等有色宝石，同样可以通过【造新 / 修改材料】命令实现。下面从孔雀石材质为例说明更改宝石材质的制作过程。

① 找到相关的孔雀石图片，并在 Photoshop 中将图片修改成如图 10-15 所示，并以“.BMP”格式存储在安装 Jewel CAD 的文件夹中。

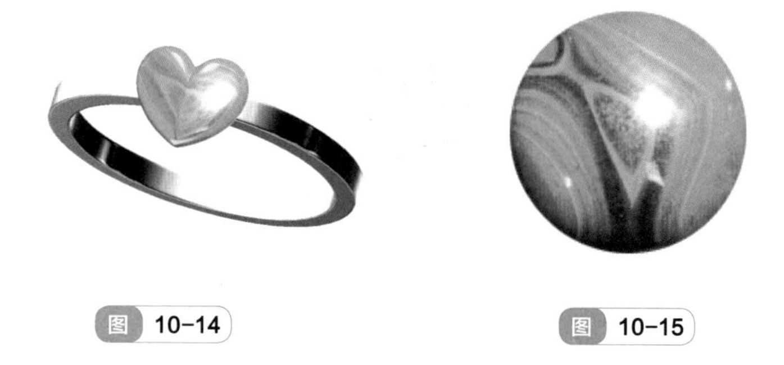

图 10-14　　图 10-15

② 打开戒指文档，将宝石改为“J-Green”材质。再打开【造新 / 修改材料】命令，弹出【Create/Edit Material】(造新 / 修改材料)对话框，将 Material 命名为“kongqueshi”，Base Color 调整为如图 10-16 所示的颜色（黑、绿、黑），并单击 Shiny 选项，打开刚才存储的 BMP 图像，单击“OK”，生成孔雀石材质。

③ 最后，用户可以观察到在材质库中生产如图 10-17 所示的孔雀石材质。

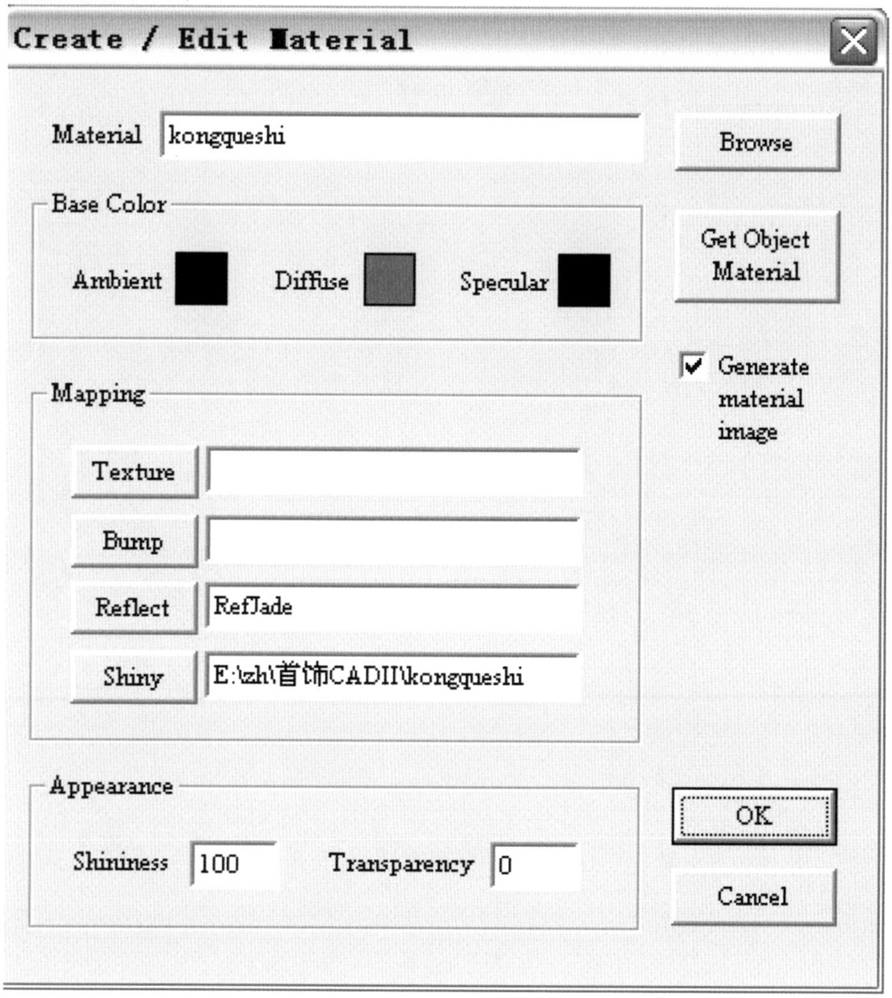

图 10-16

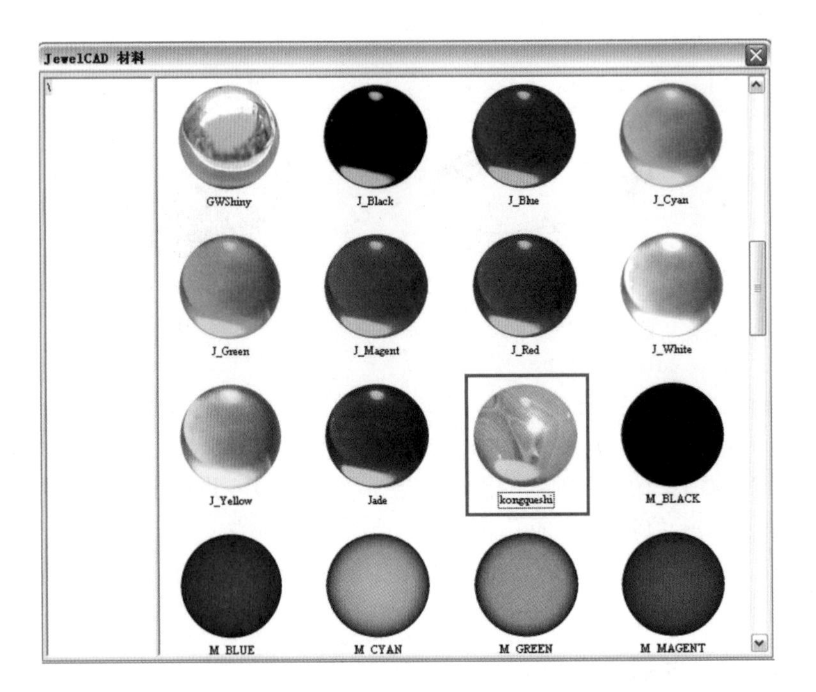
JewelCAD 材料
GWShiny
J_Black
J_Blue
J_Cyan
J_Green
J_Magent
J_Red
J_White
J_Yellow
Jade
kongqueshi
M_BLACK
M_BLUE
M_CYAN
M_GREEN
M_MAGENT

图 10-17

第 11 章　珠宝首饰加工方法简介

11.1　常用金属材料及特性

金属材料的特性决定了与之相适应的技术属性，直接制约着设计的发挥。用于首饰设计的金属一般有铂金、钯金、黄金白银和铜，由于产地、价格的不同会影响到首饰的设计和制作。

（1）铂金

铂金，英文名称 Platinum，化学符号 Pt，是一种呈银白色的贵金属，比银略灰。硬度是 4.3，密度是 $21.45g/cm^3$，比银重 2.042 倍，熔点 960.8℃，具有良好的抗腐蚀性和抗氧化性。铂族元素中的铂和钯被珠宝首饰行业所选用，因为它们相对来说易加工，比同族的其它四种元素的熔点低，而铑则用于首饰的电镀。市场一般用作首饰材料的有 Pt950、Pt900，即含铂量分别达到 95% 和 90%，通常要添加其同族元素金属铱，以加强其硬度，方便生产。

20 世纪 90 年代铂金在我国开始盛行，并且在人们眼中铂金是搭配钻石的最佳金属，因为其高贵的白色，与钻石的白色相应生辉，以及坚固的、易于加工的特性。

（2）钯金

钯金主要是铂金的替代品，化学符号 Pd。近几年，铂金受到产地的制约和市场影响，价格一路飙升。所以，价位相对较低的钯金逐渐在主流市场中出现。它和铂一样，同属于铂族元素，但比铂的颜色略暗，重量也轻得多。同样体积的铂金和钯金，钯的重量差不多是铂的一半（54.8%）。

（3）黄金

黄金，英文名称 Gold，它的化学符号是 Au，熔点为 1064℃，密度是 $19.32g/cm^3$，莫氏硬度是 2.5，是人类最早开发和利用的贵金属，有深厚的文化底蕴。黄金呈金黄色，外表柔和又光泽明亮。纯黄金的延展性极佳，1g 纯金可以拉成长 3.5km、直径 0.00434mm 的细丝。

纯金又称足金，纯度一般达到 99%，含量达 99.9% 的黄金则称为“千足金”，也是属于足金的范畴。由于纯黄金的硬度比较低，容易变形或者撞损，一般只作为摆设品或者制作金币。

（4）K 金

K 金是指黄金和其它金属熔炼在一起得到的合金，英文称为 Karat Gold，是以金为主体的合金。亚洲地区的人们喜欢足金首饰，而西方人则喜欢硬度较高的 K 金首饰。常见的颜色有黄色、白色、红色和绿色，依次称为 K 黄金、K 白金、K 红金和 K 绿金，不同颜色的 K 金配方，见表 11-1。表 11-2 列出了不同 K 金的含金量。

表 11-1　不同颜色 K 金的配方

名 称	配　方
K 黄金	黄金、镍、铜和锌
K 白金	黄金、银、铜和锌
K 红金	黄金、银含量较多，铜较少
K 绿金	黄金、较多铜，少量银

表 11-2　K 金的含金量

名　称	含金比例
24 K 金	100%
22 K 金	91.67%
18 K 金	75%
16 K 金	66.67%
14 K 金	58.33%
12 K 金	50%
10 K 金	41.67%

（5）银

银与黄金一样，早在数千年前就被人类的祖先所赏识，并且将其制成首饰、货币或者器皿。银是一种银白色的金属，化学符号为 Ag，硬度 2.7，密度 10.53 g/cm^3，熔点 960.5℃，沸点 1980℃，它的反光率达 95%，是金属中的最高者。银的延展性仅次于黄金，具有良好的导热、导电性，主要作为工业用料。

用作首饰的银通常分为以下几种：一种是标准银，即我们常在市面上看到的 925 银，即 92.5% 的银和 7.25% 的铜，这种银加入了其它金属，提高了自身的硬度，使其更适合加工制作首饰。另一种则称为足银，即含银量达到 99% 以上，也就是我们俗称的“纯银”。足银的硬度比较低，用来制作首饰或硬币表面极易受损。早期常用来加工一些器皿，如杯子、烛台、花瓶、酒杯等，优点是加工容易。第三种是币银，顾名思义，这种银仅用于制币，含量为 90% 的银、10% 的铜。

在首饰市场中常见的银饰品一般有以下几种。

① 利用银易和空气中的二氧化硫和硫化氢起硫化反应变黑的特性，制作成仿旧的首饰，这种首饰表面不镀任何金属。

② 银镀铑首饰，试图使其表面不变色，一般用来模仿 K 金和白金的款式。

③ 银的摆件或者器具，比如市面上常见的银碗、银筷子，或者是纯银的中空电铸工艺

制作的摆件。

④ 银质的纪念币，重点体现其货币的概念。

各种常用金属的密度值见表 11-3，熔点见表 11-4，沸点见表 11-5。

表 11-3 常用金属密度值

金属	密度 / （g/cm³）	金属	密度 / （g/cm³）
金	19.32	24K 黄金	19.3
银	10.53	黄 22K 金	17.8
铁	5.6	黄 18K 金	15.4
铂	21.45	红 18K 金	15.1
钯	12.0	绿 19K 金	13.3
铜	8.9	黄 14K 金	13.4
镉	8.6	黄 12K 金	12.7
镍	8.9	黄 9K 金	11.7
锌	7.2		

表 11-4 常用金属熔点

金属	熔点 /℃	金属	熔点 /℃
铂	960.8	黄 18K 金	927
金	1064	红 18K 金	902
银	960.5	绿 18K 金	988
锡	232	白 18K 金	943
镉	610	黄 14K 金	879
铅	327	红 14K 金	935
锌	419	绿 14K 金	963
铝	659	白 14K 金	996
镍	1455	黄 10K 金	907
钯	1554	红 10K 金	960
黄铜	499	绿 10K 金	860

续表

金属	熔点 /℃	金属	熔点 /℃
紫铜	1093	白 10K 金	1079
青铜	966	铜（70%）+ 铝（30%）	754
粗铜	879	铜（80%）+ 锌（20%）	994
银（92.5%）	893		

表 11-5　常用金属沸点金属

金属	沸点 /℃	金属	沸点 /℃
铂	4350	黄铜	2712
金	1950	紫铜	2336
钯	2200	锡	2306
镍	2899	锌	2910

11.2　首饰加工方法概述

从设计图纸到首饰成品，必经首饰加工过程，其中涉及一些加工的方式和法则，反过来又会制约设计图稿的发挥。作为设计师，学习首饰加工方法有助于设计的实用性发挥，减少设计上所走的弯路，并进一步提高生产效率。首饰加工的方法有许多，本节内容着重介绍的有手造法、冲压法以及铸造法。

（1）手造法

手造法是最基础的加工步骤，主要用材有金、银、铜，它的优点是款式灵活，富于变化，做工精巧，款式专一性强。缺点是用时较长，费用高，制作量有限，不适合成批量生产。

① 压片、压条、拔丝。当拿到金属锭之后，要将其表面捶打光滑，然后退火。依照各个元件所需的重量、薄厚、粗细、长短，通过压延机、拔丝板、锤子、剪钳等工具，达到片状、丝状、平面以及剪切的效果。

② 由繁到简分件制作。先制作比较零散的部件，把细节处理好，并采用锯、钻、锉、钳等工具进行精确的整修。

③ 摆坯焊接。根据图纸的设计，把零部件依序摆放在橡皮泥上，注意层次关系。然后把调配好的石膏浆浇在被橡皮泥粘住的零部件上，当石膏干燥后，去除橡皮泥。焊接的时

候注意金属的熔点，选择比金属熔点略低 60 ～ 120℃的焊料进行焊接，由高温到低温依次进行。使用焊炬、风球、油壶，以硼砂作为焊药，按照先大后小的顺序焊接。

④ 成型修整。焊接完以后，首饰的大体轮廓就出来了。但这个时候的首饰是比较粗糙的，需要使用锉、砂纸、皮砂轮等工具进行整修，去除多余的焊料、锉痕，以及氧化变黄变黑的表层。进行抛光、喷砂、电镀等表面处理工艺，并在超声波清洗机中清洁。如需镶嵌宝石的，先上副石，后镶嵌主石。出厂前还要在首饰上打印厂标、金银的 K 数以及宝石的重量等参数。

（2）冲压法

冲压法是使用机器锻造、钢制模具锻压的加工方法。冲压设备比浇铸设备昂贵，适用于需要极薄的部件和需要精致的细部图案的首饰，要求所冲压的金属有一定的硬度。其优点是冲力强，压力大，适合硬度比较高的首饰或含金量较低的合金材料，适合大批量的加工生产。缺点是不适合足金一类硬度比较低的材质。

（3）铸造法

铸造法又称失蜡浇铸法。早在四五千年前的中国和欧洲，就出现了利用失蜡浇铸的原始方法来制取青铜质和金银质的工艺品。此种方法适用于白银、黄金、铂金、钯金、K 金以及其它合金材料，是当前在珠宝工厂、中小型工作室都比较常用的珠宝首饰加工镶嵌方法。

① 手工起版过程。利用手造法使用银或铜制作出首饰的原形，考虑到收缩、损耗问题，原形尺寸比最终产品略大 15%，作为浇铸的样板，并在其适当的位置焊上水口棒，浇铸时能够引导液体的灌注。或者是直接起蜡版，用锯、锉、手术刀等制作出首饰原形。

② 压制橡胶模。用橡胶模从两边挤压首饰样板，并利用热压机使橡胶紧实，然后用手术刀依据一定的技术手法将模片分割成两半。

③ 注蜡制取蜡模。将熔化的石蜡通过水口注入胶模中，待冷却后从胶模中小心取出，形成蜡模。将所有浇铸好的蜡模依次焊接在蜡棒上，形成一株蜡树，较小的在顶部，较大的种在底部。枝丫的角度应在 45° 左右，以保证液态金属的灌注。

④ 失蜡获取石膏模。先将蜡树称重，以便换算所需熔铸的金属重量。然后将蜡树固定在铸笼内，注入预先调好的石膏。待石膏凝固后，把蜡高温蒸出，并进一步进行石膏的烘烤，制成石膏模。

⑤ 熔金浇铸，制取金属坯件。将准备好的金属原料熔成金水后浇铸到铸造机里的石膏模中，待冷却后形成首饰的毛坯。

⑥ 执模。去除石膏模，取出首饰毛坯，并对其进行精细的修整，是首饰制作后期的工序，包括修锉水口、打磨、抛光、镶石、清洗等。处理完之后，便完成了首饰制作的所有步骤。

Jewel CAD 软件能够快速制成精美的树脂首饰样版，缩短了铸造起版的时间，极大地提高了生产效率。

11.3 首饰的肌理效果

金属是制作首饰的主要材料，在进行首饰设计的时候，我们要综合考虑，以求发挥金属本身的潜在属性来丰富首饰的设计，使之表现更为丰满。首饰的表面存在很多差异，显现出多种特征，比如一些凹陷或凸出的面，有的接近镂雕，有的纹路类似木头，我们将这种经过处理的金属表面效果称为肌理。

在首饰设计的表现上，同样一个物质，如果在它的表面赋予不同的肌理效果，就会产生多种视觉语言。各种不同的肌理效果传达着不同的视觉信息，带给人们不同的心理感受，有的是犀利，有的是朦胧，有的是刚毅等。了解金属的肌理效果，有效传达出首饰表面的质地信息，能够把单一的金属多样化阐述，从而使首饰设计的表达丰富化。

金属表面的肌理主要有抛光、砂纹、拉丝等。设计师根据首饰造型风格的需要，将首饰材料刻意地处理、改造，从而产生肌理感受（图 11-1）。在绘制时，先淡淡地描影，再画上肌理，明暗交界处加强肌理的表现，明亮处少画一些，高光处甚至可以不绘制。注意过渡的自然性，可以使设计图看起来比较完美。

拉丝处理：利用线纹錾刀或砂纸锉刀在金属表面打出一条条的细线，也称擦痕处理。

砂纹处理：利用金刚砂（或极小颗的石榴石），在金属表面打出细小的痕迹，或以砂纹专用錾刀在金属上打出纹路来。或者是采用喷砂机将金属首饰工件喷成麻面的一种工艺。

錾刻处理：主要通过各式花纹的錾子在金属板上表面压印形成纹理，在压印花纹之前，金属板要进行退火处理。

皮纹处理：在金属表面将一些地方保护起来，用酸腐蚀掉未保护的地方，从而形成图案，也称蚀刻处理。或者是在蜡模阶段时打上很大很深的刻纹。

布纹处理：经线纹处理后，利用线纹刀在金属表面打出细微的交叉线，也称缎纹处理。

图 11-1

11.4 宝石的镶嵌方式

宝石的琢型和透明度在一定程度上影响到宝石的镶嵌方式。常见的镶嵌方式有爪镶、包镶、迫镶、闷镶、起钉镶等，最近也出现了一些新的镶嵌方式，如微镶、主石无爪镶等。

（1）爪镶

爪镶，顾名思义，是利用金属爪达到固定宝石的方法（图 11-2）。爪镶能够最大限度地突出宝石，透光性好，用金量少，加工方便。一般有两种工艺方式，一种是直接将金属爪压弯扣紧宝石，这种传统的爪镶主要用于弧面形、方形、梯形、随意形宝石和玉石的镶嵌。另一种则是在镶爪内侧车出一个凹槽卡位，通过向内侧挤压卡位，达到卡住宝石的目的，这种方式比较现代，主要用于圆形、椭圆形等刻面型宝石的镶嵌。根据镶爪的数量可将爪镶分为二爪、三爪、四爪和六爪镶，常用于钻石等透明刻面宝石的镶嵌。根据镶爪的形状可分为虎爪、三角爪、圆爪、矩爪、并爪和框角爪等。嵌爪形状上的变化赋予了首饰丰富的装饰效果，同时具备固有的镶嵌功能。

（2）包镶

包镶是用金属边沿宝石四周围住的一种镶嵌方式。这种镶嵌方法比较牢固，且不易修改，适合于颗粒较大的凸面和异形宝石的镶嵌（图 11-3）。由于金属边的包裹面积较大，透光性相对较弱，不利于透明宝石的镶嵌。根据金属边包裹宝石范围的大小，一般可分为全包镶和半包镶两种。

包边金属的厚度根据宝石的大小和包边的形式确定。一般用于包镶小型素面宝石的金属片厚度为：标准银 0.3mm、黄色 18K 金 0.2mm。

图 11-2 爪镶　　图 11-3 包镶

（3）轨道镶

轨道镶又称作迫镶、夹镶或槽镶，它是在首饰镶口两侧车出沟槽，将宝石腰部夹入沟槽的镶嵌方法（图 11-4）。镶嵌的宝石呈直线型夹在两条金属“轨道”中间，一般用于小颗粒宝石排镶或豪华款式的曲线排镶，宝石与宝石之间的位置排列紧密，整齐美观。

（4）闷镶

闷镶，也称打孔镶或窝镶。是预先在金属上根据宝石的腰部大小打孔，在孔内修出底座，通过挤压四周金属夹紧宝石的镶嵌方法（图 11-5）。从侧面来看，宝石的顶部与金属面基本持平。从顶部观察，宝石的外围有一圈下陷的金属环边，能够在视觉上达到增大宝石的效果。主要用于小颗粒刻面宝石或副石的镶嵌，多用于制作男款戒指。

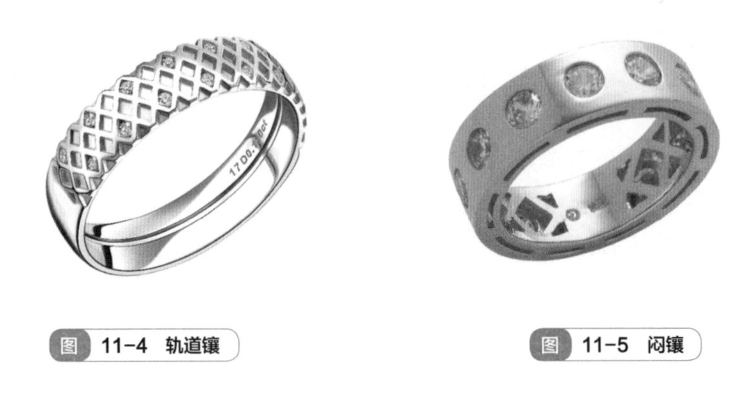

图 11-4 轨道镶　　图 11-5 闷镶

（5）钉镶

钉镶，是在镶口旁制作小钉来镶住宝石的一种方法，主要用于直径小于 3mm 的小颗粒宝石或副石的镶嵌（图 11-6）。随着技术的进步，市面上出现了更为细致的钉镶技艺——微镶，这种镶嵌方式所采用的钻石直径一般为 0.3mm，并在显微镜下制作，其构思来源于手表镶嵌钻石的工艺。除此之外，常见的钉镶方式有起钉镶，需要在金属上预先打孔，并剔出一个座口，从离宝石 1.6mm 的位置开始，铲起旁边金属起钉，接着铲掉宝石与钉之间多余的金属，并整理出相应的造型。根据镶嵌时钉与宝石相互配合的方式，可分为三角钉（三石一钉）、四方钉（四石一钉）、五角钉（五石一钉）、梅花钉（六石一钉）等形式。根据钉镶的排石方法可以分为规则群镶和不规则群镶。

图 11-6 钉镶　　图 11-7 无边镶

（6）无边镶

无边镶，是用金属槽或隐藏的轨道固定住宝石的腰部，并借助宝石之间以及宝石与金属边之间的压力达到固定宝石的一种镶嵌方法（图 11-7）。从表面上看，宝石之间排列紧密，没有金属边框。首饰整体感觉豪华，张扬跳跃。

（7）缠绕镶

缠绕镶是将金属线缠绕起来达到固定宝石的方式，多用于随形宝石的镶嵌（图 11-8）。

很多粗加工的半宝石，比如白水晶、紫水晶、发晶、芙蓉石等，色彩丰富，形状不规则，可以用缠绕镶的方法进行镶嵌。缠绕镶使首饰的表现多样化和个性化，一定程度上添加了整体的艺术感。

（8）珠镶

珠镶，也叫插镶，主要用于珍珠的镶嵌（图 11-9）。将宝石打孔之后，再孔内放置专用胶水，并插入焊接在首饰支架上的金属针，从而达到固定宝石的镶嵌方式。插镶能够最大程度上显现珍珠的特征，增加美感。

图 11-8 缠绕镶　　图 11-9 珠镶

（9）主石无爪镶嵌

主石无爪镶嵌，顾名思义，即中间的主石没有采用爪来固定，通过采用特殊的技术使旁边的配石达到抓牢主石的镶嵌方法，这种方法使较小的钻石群镶之后达到较大钻石的视觉效果（图 11-10）。目前，国内也有企业采用这种技术制作的“莲花钻石”，同样直径的宝石，采用主石无爪镶的钻石售价是同等直径整颗钻石价格的近 1/10，一定程度上可以节省成本，又不失豪华感。

（10）混镶

混镶，采用两种或者两种以上的镶嵌方法达到固定宝石的镶嵌工艺（图 11-11）。在一件首饰上采用多种方法进行镶嵌，结合迫镶的整齐有序，起钉镶的形态多变，无边镶的张扬跳跃等。种种镶嵌方法的结合使得首饰作品变化多端，给人新颖、独特的感觉。

图 11-10 主石无爪镶　　图 11-11 混镶

附录

附表 1　圆形钻石尺寸对应表

尺寸 /mm	重量 /ct	尺寸 /mm	重量 /ct
1.00	0.005	6.75	1.10
1.25	0.075	7.00	1.25
1.50	0.01	7.25	1.40
1.75	0.02	7.50	1.50
2.00	0.03	7.75	1.75
2.25	0.05	8.00	2.00
2.50	0.06	8.25	2.10
2.75	0.08	8.50	2.25
3.00	0.10	8.75	2.45
3.25	0.14	9.00	2.50
3.50	0.20	9.50	3.00
3.75	0.24	10.00	4.00
4.00	0.28	10.50	4.50
4.25	0.32	11.00	5.00
4.50	0.37	12.00	6.00
4.75	0.42	13.00	6.50
5.00	0.50	14.00	10.00
5.25	0.60	15.00	13.00
5.50	0.65	16.00	15.00
5.75	0.70	17.00	18.00
6.00	0.75	18.00	20.00
6.25	0.85	19.00	22.00
6.50	1.00	20.00	25.00

附表 2　戒指尺寸对应表

戒圈（港度）	直径 /mm	戒圈（美度）	直径 mm
1 度	12.1	0 度	11.5
2 度	12.6	0.5 度	12

续表

戒圈（港度）	直径 /mm	戒圈（美度）	直径 /mm
3 度	13	1 度	12.5
4 度	13.3	1.5 度	13
5 度	13.6	2 度	13.2
6 度	14	2.5 度	13.5
7 度	14.3	3 度	14
8 度	14.7	3.5 度	14.3
9 度	15	4 度	14.8
10 度	15.4	4.5 度	15.2
11 度	15.7	5 度	15.6
12 度	16	5.5 度	16
13 度	16.4	6 度	16.5
14 度	16.8	6.5 度	16.9
15 度	17.1	7 度	17.3
16 度	17.5	7.5 度	17.7
17 度	17.8	8 度	18.1
18 度	18.1	8.5 度	18.5
19 度	18.5	9 度	18.9
20 度	18.9	9.5 度	19.2
21 度	19.2	10 度	19.6
22 度	19.6	10.5 度	20
23 度	20	11 度	20.5
24 度	20.3	11.5 度	20.9
25 度	20.6	12 度	21.3
26 度	21	12.5 度	21.7
27 度	21.3	13 度	22.1

续表

戒圈（港度）	直径 /mm	戒圈（美度）	直径 /mm
28 度	21.7		
29 度	22.1		
30 度	22.4		
31 度	22.8		
32 度	23.1		
33 度	23.4		

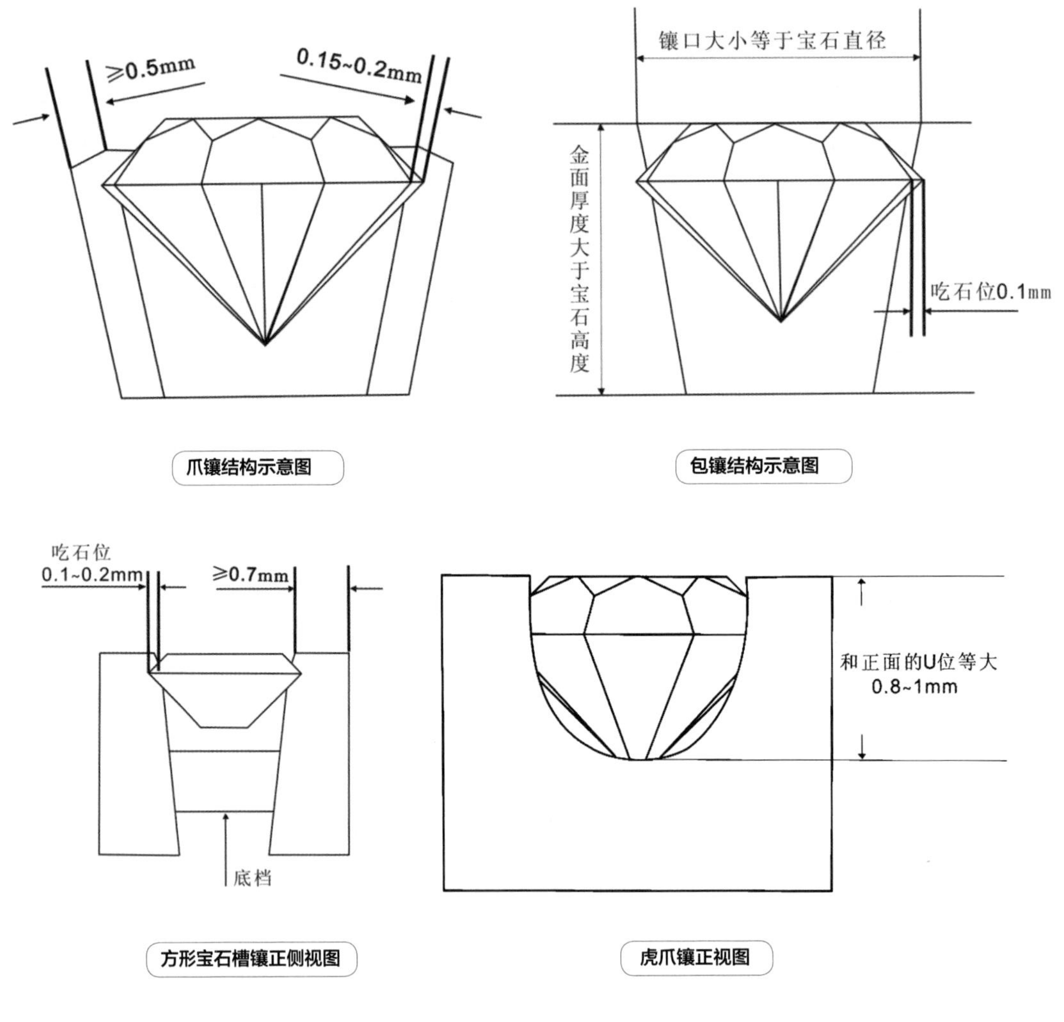

爪镶尺寸参考数据

宝石大小 /mm	爪的大小 /mm	爪吃石位 /mm	爪高出宝石台面 /mm
1～1.3	0.5	0.1～0.2	1.5
1.4～1.7	0.6		1.5
1.7～2	0.65		2
2～2.4	0.7～0.8		2
2.5～4	0.8～0.9		2～2.5
4～6.5	0.9～1.2		3～3.5
6.5 以上	1.1～1.4		3.5～4

附图 1　宝石镶嵌结构示意图及参考数据

1．常用支撑类型与数据要求。

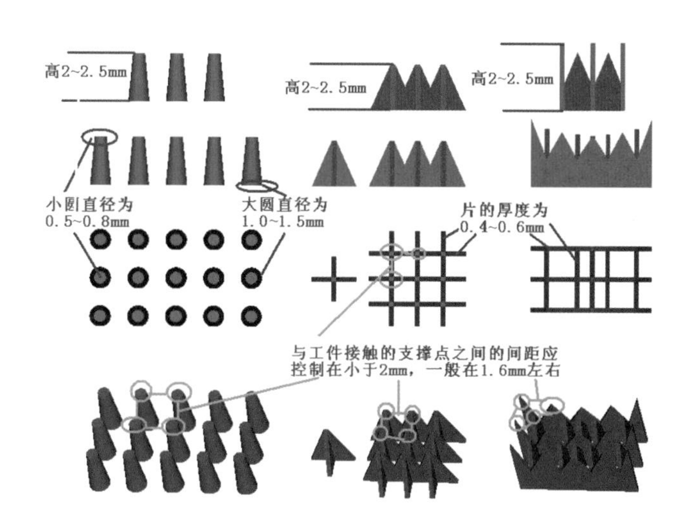

2．加支撑案例。

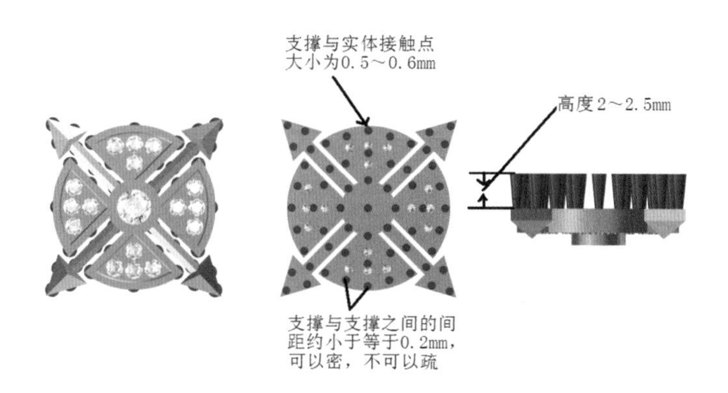

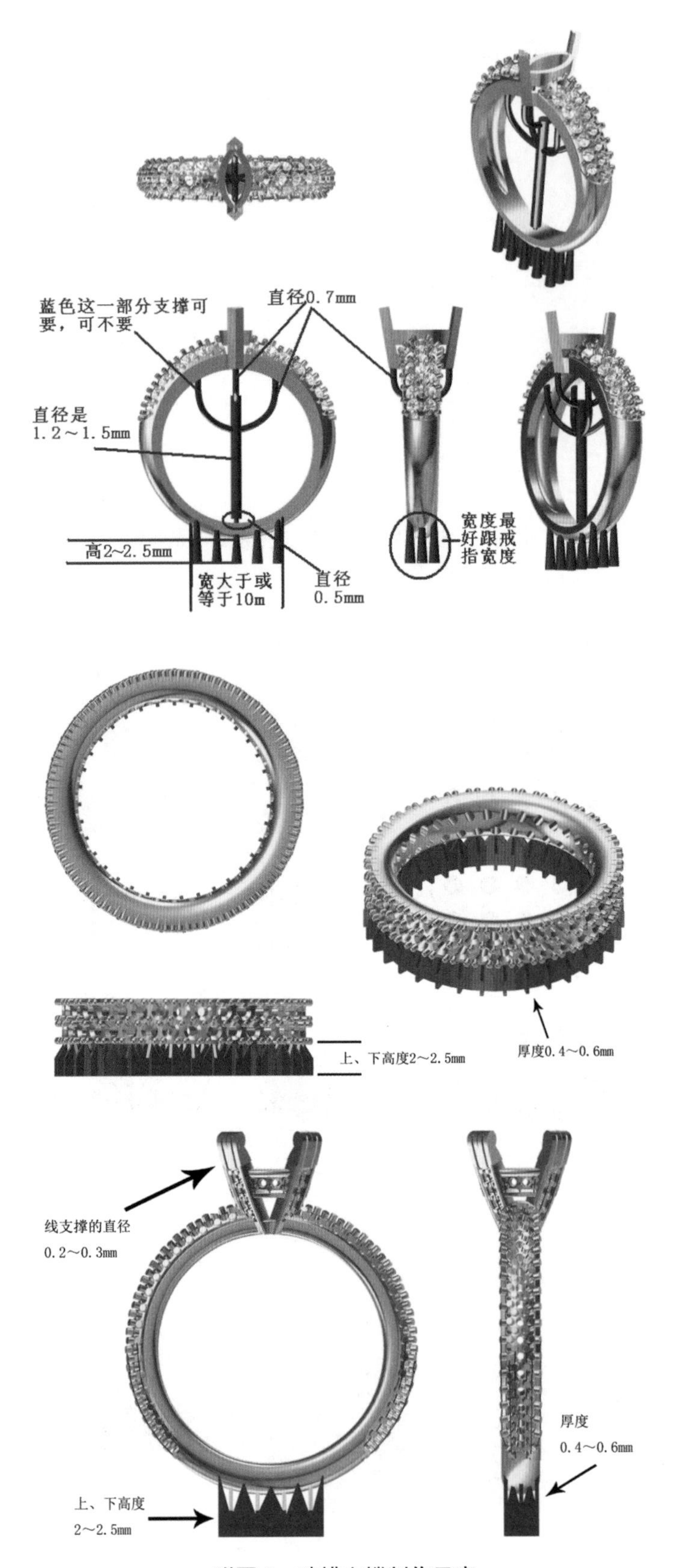

附图 2　喷蜡支撑制作示意

REFERENCES 参考文献

[1] 王晨旭，刘炎. Jewel CAD 珠宝设计实用教程 [M]. 北京：人民邮电出版社，2007.
[2] 李天兵，胡楚雁，刘敏. 首饰 CAD 及快速成型 [M]. 武汉：中国地质大学出版社，2009.
[3] 张荣红. 电脑首饰设计 [M]. 武汉：中国地质大学出版社，2006.
[4] 王渊，罗理婷. 珠宝首饰绘画表现技法 [M]. 上海：上海人民美术出版社，2009.
[5] 邹宁馨，伏永和，高伟. 现代首饰工艺与设计 [M]. 北京：中国纺织出版社，2005.

欢迎购买饰品专业图书

书　号	书名	定价/元
12200	宝石选购指南　第二版	68
11489	首饰设计	28
11764	首饰专业英语	28
01532	贵金属首饰制作工艺	26
05681	珠宝首饰鉴定	38
06437	首饰达人	26
08032	宝石人工合成技术　第二版	38
00688	实用宝石加工技法	36